Experimente der Kernphysik
und ihre Deutung III

Experimente der Kernphysik und ihre Deutung III

von
Dr. Erwin Bodenstedt
o. Prof.
an der Universität Bonn

2., durchgesehene Auflage

Bibliographisches Institut Mannheim/Wien/Zürich
B.I.-Wissenschaftsverlag

CIP-Kurztitelaufnahme der Deutschen Bibliothek

Bodenstedt, Erwin:
Experimente der Kernphysik und ihre Deutung / von
Erwin Bodenstedt. – Mannheim, Wien, Zürich:
Bibliographisches Institut.
3. – 2., durchges. Aufl. – 1979.
ISBN 3-411-01561-6

© Bibliographisches Institut AG, Zürich 1979
Druck: Zechnersche Buchdruckerei, Speyer
Bindearbeit: Pilger-Druckerei GmbH, Speyer
Printed in Germany
ISBN 3-411-01561-6

Inhalt

Die Experimente

I. TEIL

II. TEIL

(69) **Messung und Analyse von Gamma-Gamma-Richtungskorrelationen am Beispiel der Untersuchung einer Rotationsbande des ^{177}Hf**

Lit.: Hübel, Günther, Krien, Toschinski, Speidel, Klemme, Kombartzki, Gidefeldt, and Bodenstedt, Nucl.Phys. A 127, 609 (1969)

Im Zerfall des 155 d Isomers von ^{177}Lu (s. Figur 194) beobachtet man zwei Termfolgen des ^{177}Hf und eine Termfolge des ^{177}Lu, aus deren charakteristischen Spinfolgen und charakteristischen Termabständen man schließen muß, daß es sich um Rotationsbanden handelt in ähnlicher Weise, wie sie bei den Molekülspektren auftreten.

Nach Spin- und Paritätsauswahlregeln haben die sogenannten Kaskadenübergänge einer Rotationsbande, das sind die Übergänge zwischen aufeinanderfolgenden Termen, die Multipolarität $M1(E2)$. Da $E2$-Übergänge zwischen Rotationszuständen beschleunigt sind, beobachtet man bei solchen Übergängen häufig kräftige $E2$-Beimischungen.

Das Ziel dieser Untersuchung war die Bestimmung der $M1/E2$-Mischungsparameter in den Kaskadenübergängen der mit dem $9/2^+$ Zustand beginnenden Rotationsbande im ^{177}Hf.

Mißt man insbesondere die Winkelkorrelation zwischen einem Kaskadenübergang und einem vorhergehenden oder darauffolgenden „cross-over"-Übergang (Gamma-Übergang zum übernächsten Niveau), so läßt sich der Mischungsparameter des Kaskadenübergangs aus den gemessenen Winkelkorrelationskoeffizienten eindeutig ableiten, da alle Spins bekannt sind und die „cross-over"-Übergänge reine $E2$-Strahlungen sind.

Die Messung von Gamma-Gamma-Winkelkorrelationen in diesem komplizierten Zerfall erfordert Gamma-Detektoren mit sehr guter Energieauflösung. Es kommen nur Ge(Li)-Detektoren in Frage. Figur 195 zeigt das mit Hilfe eines Ge(Li)-Detektors gemessene Impulshöhenspektrum. Man erkennt die Photopeaks fast aller in Figur 194 eingetragenen Gamma-Übergänge.

Zur Messung der Richtungskorrelation zwischen zwei bestimmten Gamma-Übergängen verwendet man zwei Ge(Li)-Detektoren und macht sie für die gewünschten Gamma-Linien selektiv empfindlich, indem man mit Einkanaldiskriminatoren aus dem gesamten Impulshöhenspektrum nur die Photolinien dieser Übergänge herausschneidet.

Figur 196 zeigt den mechanischen Aufbau der für diese Messungen verwendeten Richtungskorrelationsapparatur mit drei Ge(Li)-Detektoren. An jeden Detektor sind zwei Einkanaldiskriminatoren angeschlossen, die auf die beiden Gamma-Linien der zu untersuchenden Kaskade eingestellt sind. Alle sechs

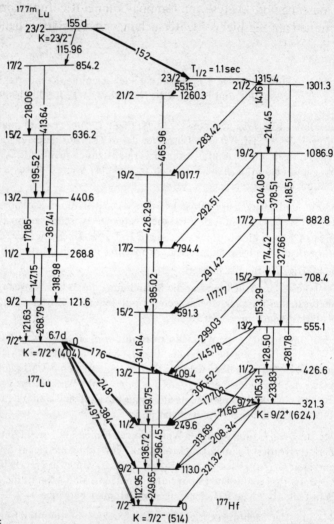

Figur 194:

Zerfallsschema des 155d Isomers von ^{177}Lu. Die Zahlen links von den Termen bedeuten die Spins. Die Zahlen rechts neben den Termen und an den Übergängen sind die Energien in keV.

möglichen Kombinationen werden für gleichzeitige, aber voneinander unabhängige Messungen der gleichen Winkelkorrelation ausgenutzt. Auf diese Weise erhält man eine, gegenüber üblichen Zweidetektoranordnungen um einen Faktor sechs vergrößerte statistische Genauigkeit. Mit Hilfe von Servo-Motoren und Steuermagneten werden alle 10 Minuten automatisch die Win-

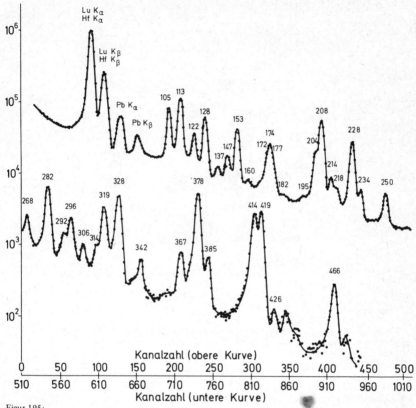

Figur 195:

Gamma-Spektrum des 155d Isomers von ^{177}Lu, aufgenommen mit Hilfe eines Ge(Li)-Detektors. Diese Figur ist der Arbeit von Hübel et al., Nucl.Phys. A 127, 609 (1969), entnommen.

kelstellungen aller drei Detektoren verändert nach dem in der folgenden Tabelle dargestellten Programm:

Tabelle 11
Winkelstellungen der Dreidetektorapparatur

	1.	2.	3.	4.	5.	6.	7.	8.	9.
Detektor 1	0°	30°	60°	60°	15°	15°	60°	60°	30°
Detektor 2	180°	135°	135°	180°	180°	150°	120°	150°	180°
Detektor 3	300°	300°	270°	240°	270°	300°	300°	255°	255°

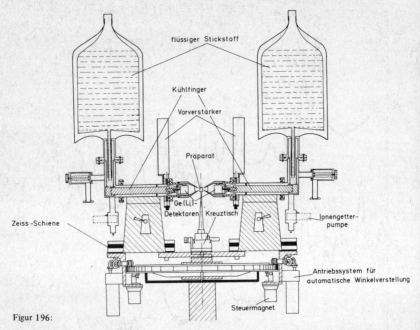

Figur 196:

Aufbau einer automatisierten Gamma-Gamma-Richtungskorrelationsapparatur mit drei koaxial ge-
drifteten Ge(Li)-Detektoren. Alle drei Detektoren sind automatisch schwenkbar. Auf dem dargestellten
Schnitt durch die Apparatur sind nur zwei Detektoren sichtbar.

Wenn die neun Winkelstellungen dieses Programms einmal durchfahren sind,
hat jede Kombination von zwei Detektoren alle Winkel zwischen 60° und
180° in Schritten von 15° je einmal eingenommen. Die Meßelektronik besteht aus sechs „fast-slow"-Koinzidenzkreisen, wie sie auf Seite 549ff. bereits
beschrieben wurden.

Obwohl die Germanium-Detektoren die Photolinien der meisten Gamma-
Übergänge sauber trennen, enthalten die gemessenen Koinzidenzen einen erheblichen Untergrund von Koinzidenzen anderer Gamma-Gamma-Kaskaden.
Dies rührt daher, daß unter den Photolinien der Compton-Untergrund von
Gamma-Übergängen höherer Energie liegt und vom Einkanaldiskriminator
mit erfaßt wird. Man muß durch Einstellung jeweils eines Einkanaldiskrimi-
nators neben die Photolinie die Richtungskorrelation des Untergrunds getrennt bestimmen und nach einer sauberen Analyse des Photopeaks eine entsprechende Korrektur anbringen. Außerdem müssen die zufälligen Koinzidenzen subtrahiert werden, und es muß eine Korrektur für die endlichen
Öffnungswinkel der Detektoren angebracht werden*.

---

*Rose, Phys.Rev. 91, 610 (1953).

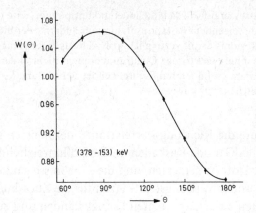

Figur 197:

Beispiel für eine integrale Messung einer Gamma-Gamma-Richtungskorrelation. Es handelt sich um die (378-153) keV Kaskade im Zerfall des 155d ^{177}Lu. Die Messung wurde der Arbeit von Hübel et al., Nucl.Phys. A 127, 609 (1969),entnommen.

Figur 197 zeigt das Meßresultat der 378 keV- 153 keV-Richtungskorrelation. Die Messung ist noch nicht korrigiert für den Untergrund und die endlichen Öffnungswinkel. Nach Anbringung dieser Korrekturen lautet das Resultat eines Angleichs der Funktion:

$$W(\theta) = 1 + A_2 \cdot P_2 \, (\cos \theta) + A_4 \cdot P_4 \, (\cos \theta)$$

an die Meßpunkte:

$$A_2 = + 0{,}220 \pm 0{,}004 \quad \text{und} \quad A_4 = - 0{,}014 \pm 0{,}014.$$

Ein Vergleich dieser Werte mit den theoretischen Koeffizienten einer

$$\frac{19}{2} \, (E2) \, \frac{15}{2} \, (M_1(E2)) \, \frac{13}{2}$$

Richtungskorrelation liefert Übereinstimmung nur für einen Mischungsparameter des Kaskadenübergangs von

$$\delta_{153 \text{ keV}} = - 0{,}362 \pm 0{,}016.$$

In der Arbeit von Hübel et al. wurden die $M1/E2$ Mischungsparameter sämtlicher Kaskadenübergänge dieser Rotationsbande bestimmt.

Da in Rotationsbanden die Kopplung des inneren magnetischen Moments mit dem kollektiven magnetischen Moment die $M1$-Übergangswahrscheinlichkeit bestimmt und das innere elektrische Quadrupolmoment die $E2$-Übergangswahrscheinlichkeit, erlaubt die Systematik der Mischungsparame-

ter Rückschlüsse darauf, ob sich die inneren Multipolmomente des rotierenden Kerns mit steigendem Rotationsdrehimpuls ändern oder nicht. Tatsächlich war das Resultat damit verträglich, daß sich das innere magnetische Moment und das innere elektrische Quadrupolmoment nicht ändern. Wir werden dieses Phänomen im letzten Kapitel bei der Behandlung des kollektiven
Modells ausführlicher diskutieren.

Man hat heute die Richtungskorrelationen der meisten gut zugäng-
lichen Gamma-Gamma-Kaskaden im Zerfall hinreichend langlebiger
radioaktiver Isotope gemessen, und die Ergebnisse sind eine der
wichtigsten und zuverlässigsten Stützen für die Zuordnung von Spin-
quantenzahlen zu den angeregten Kernzuständen und zur Bestimmung der Multipolaritäten der Gamma-Übergänge.

Eine sehr wertvolle zusätzliche Information, die fast immer Mehrdeutigkeiten in den Spinzuordnungen auszuschließen erlaubt und
die außerdem eine absolute Unterscheidung zwischen elektrischer
und magnetischer Multipolstrahlung liefert, erhält man durch die
gleichzeitige Messung der Linearpolarisation einer der beiden Gamma-Strahlungen.

(70) Messung von Gamma-Gamma-Linearpolarisationskorrelationen*

Lit.: Metzger and Deutsch, Phys.Rev. 78, 551 (1950)
    Weigt, Hübel, Göttel, Herzog, and Bodenstedt, Nucl.Instr.Meth. 57,
        295 (1967)

Metzger und Deutsch berichteten 1950 über die erste Messung einer Gamma-
Gamma-LPK. Sie nutzten aus, daß die Compton-Streuung polarisations-
empfindlich ist. Exakt lautet die Klein-Nishina-Formel für den differentiellen
Wirkungsquerschnitt für die Compton-Streuung linearpolarisierter Gamma-
Strahlung:

$$(445) \qquad \frac{d\sigma}{d\Omega} = \frac{1}{2}\, r_0^2 \cdot \left(\frac{h\nu'}{h\nu}\right)^2 \cdot \left\{ \frac{h\nu'}{h\nu} + \frac{h\nu}{h\nu'} - 2\sin^2\vartheta \cdot \cos^2\Phi \right\}.$$

---

*im folgenden LPK abgekürzt.

In dieser Formel bedeuten:

$h\nu'$ = Energie des gestreuten Gamma-Quants,

$h\nu$ = Energie des einlaufenden Gamma-Quants*,

ϑ = Streuwinkel

r_0 = klassischer Elektronenradius = $\dfrac{e^2}{4\pi\,\epsilon_0\cdot m_0\,c^2}$ = $2,818\cdot 10^{-13}$ cm,

Φ = $\sphericalangle$ zwischen Polarisationsebene (aufgespannt von Flugrichtung und elektrischem Vektor der einlaufenden Gamma-Strahlung) und Streuebene (aufgespannt von $\mathbf{p}_\gamma$ und $\mathbf{p}_\gamma'$).

Der differentielle Wirkungsquerschnitt wird maximal, wenn die Streuung in einer Ebene senkrecht zum elektrischen Vektor der einlaufenden Strahlung erfolgt, d.h. für $\Phi = 90°$. Dies entspricht der klassischen Vorstellung, daß die elektrische Feldstärke der einlaufenden Welle das Streuelektron zu Schwingungen anregt und diese schwingende Ladung die Streustrahlung emittiert; denn der Poynting-Vektor der elektromagnetischen Ausstrahlung der schwingenden Ladung ist maximal in der Richtung senkrecht zur Schwingungsrichtung.

Die experimentelle Anordnung von Metzger und Deutsch ist in Figur 198 schematisch dargestellt. Die beiden Gamma-Quanten einer Gamma-Gamma-Kaskade werden in den NaJ(Tl)-Detektoren $E1$ und Z nachgewiesen. Zusätzlich soll von Gamma 2 die Linearpolarisation gemessen werden. Dies geschieht dadurch, daß man nur diejenigen Koinzidenzereignisse registriert, bei denen Gamma 2 in Z eine Compton-Streuung gemacht hat, wobei die ge-

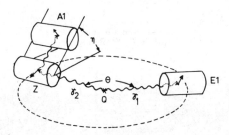

Figur 198:

Schematische Darstellung der Detektor-Anordnung von Metzger und Deutsch zur Messung einer Linear-Polarisations-Korrelation.

---

*Energie- und Impulssatz liefern den Zusammenhang:

$$(446) \qquad h\nu' = h\nu\cdot\dfrac{1}{1+\dfrac{h\nu}{m_0\,c^2}\cdot(1-\cos\vartheta)}$$

streute Gamma-Strahlung im Detektor $A1$ nachgewiesen wird. Für jeden Winkel θ zwischen den Emissionsrichtungen von Gamma 1 und Gamma 2 mißt man die Intensität der Compton-Streuung als Funktion von η, indem man den Detektor $A1$ um den Zentralkristall Z herumschwenkt. Ist Gamma 2 z.B. senkrecht zur θ-Ebene linearpolarisiert, so würde die Dreifachkoinzidenzzählrate bei $\eta = 0$ ein Maximum und bei $\eta = 90^\circ$ ein Minimum annehmen. Man mißt Dreifachkoinzidenzen zwischen allen drei Detektoren, um zufällige Koinzidenzen niedrig zu halten. Der Zentralkristall Z liefert natürlich auch Impulse, da das zurückgestoßene Compton-Elektron einen Lichtblitz erzeugt. Um das aus den Detektoren Z und $A1$ bestehende Polarimeter auch energieselektiv zu machen, addiert man elektronisch die Impulshöhen der Ausgangsimpulse von Z und $A1$. Im Summenspektrum erhält man für alle Gamma-Linien saubere „Totalabsorptions-peaks", auf die man sich mit einem Einkanaldiskriminator einstellen kann.

Man muß bei diesen Messungen natürlich verhindern, daß Gamma-Strahlung der Quelle auf direktem Weg in den Detektor $A1$ gelangt. Dieser muß deshalb sorgfältig mit Blei abgeschirmt werden.

Obwohl diese Methode schon seit 1950 bekannt war, wurden in den folgenden 15 Jahren nur einige wenige LPKen gemessen. Der Grund liegt in der technischen Schwierigkeit, daß die drei kleinen Raumwinkel zu den drei Detektoren die tatsächlichen Dreifachkoinzidenzzählraten extrem niedrig machen, so daß eine einzige Messung eine sehr lange Zeit in Anspruch nimmt.

Dieses Problem läßt sich jedoch durch Verwendung eines Mehrdetektorsystems lösen. Weigt et al. beschreiben eine 9-Detektoranordnung, mit der in den letzten Jahren eine große Zahl von LPK Messungen mit guter Genauigkeit durchgeführt worden sind. Der Aufbau ist in Figur 199 in zwei Schnitten

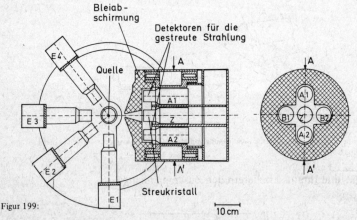

Figur 199:

Mehrdetektor-Apparatur zur Messung von Linear-Polarisations-Korrelationen. Diese Figur ist der Arbeit von Weigt et al., Nucl.Instr.Meth. 57, 295 (1967), entnommen.

dargestellt. Durch simultane Ausnutzung aller 16 Dreidetektorkombinationen wird die Statistik um einen Faktor 16 verbessert. Aus Symmetriegründen genügt es, die Messung auf die Winkel $\eta = 0$ und $\eta = 90°$ zu beschränken. Das Resultat einer Messung des sogenannten Asymmetrieverhältnisses der Dreifachkoinzidenzzählraten $N_{\eta = 0°}/N_{\eta = 90°}$ als Funktion von θ, die mit dieser 9-Detektorapparatur an der 624 keV- und 513 keV-Kaskade des ^{106}Pd durchgeführt wurde, ist in Figur 200 dargestellt. Dieses gemessene Zählratenverhältnis erlaubt, über die Klein-Nishina-Formel unmittelbar die Linearpolarisation $P(\theta)$ auszurechnen. Die Linearpolarisation $P(\theta)$ ist definiert als das Verhältnis:

$$(447) \qquad P(\theta) = \frac{I_0(\theta)}{I_{90}(\theta)}.$$

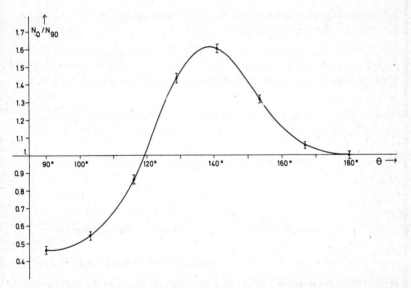

Figur 200:

Meßresultat für die Linear-Polarisations-Korrelation der (624-513) keV Kaskade des ^{106}Pd. Diese Figur ist der zitierten Arbeit von Weigt et al. entnommen. Die Messung wurde mit der in Figur 199 dargestellten Apparatur durchgeführt.

Hierin sind $I_0(\theta)$ und $I_{90}(\theta)$ die Intensitäten der parallel und senkrecht zur θ-Ebene polarisierten Komponenten der Gamma 2-Strahlung. Der Zusammenhang zwischen I_0, I_{90} und N_0 und N_{90} ist deshalb

$$(448) \qquad N_0(\theta) \sim I_0(\theta) \cdot \frac{d\sigma_0}{d\Omega} + I_{90}(\theta) \cdot \frac{d\sigma_{90}}{d\Omega}$$

und

$$(449) \qquad N_{90}(\theta) \sim I_0(\theta) \cdot \frac{d\sigma_{90}}{d\Omega} + I_{90}(\theta) \cdot \frac{d\sigma_0}{d\Omega} \ .$$

Damit erhält man:

$$(450) \qquad P(\theta) = \left[R_0 - \frac{N_0(\theta)}{N_{90}(\theta)} \right] \Big/ \left[R_0 \cdot \frac{N_0(\theta)}{N_{90}(\theta)} - 1 \right]$$

mit

$$R_0 = \frac{d\sigma_{90}}{d\Omega} \Big/ \frac{d\sigma_0}{d\Omega} \ .$$

Es ist allerdings zu beachten, daß diese Formel exakt nur für beliebig kleine Raumwinkel der Detektoren gilt.

Die Korrektur für die endlichen Öffnungswinkel der Detektoren ist bei LPK-Messungen sehr viel komplizierter als bei gewöhnlichen Gamma-Gamma-Winkelkorrelationen. Sie ist ausführlich in der Arbeit von Weigt et al. behandelt.

Die exakte quantenmechanische Theorie der LPKen ergibt für $I_0(\theta)$ und $I_{90}(\theta)$ die Ausdrücke:

$$(451) \qquad I_0(\theta) = W(\theta) + [B_2 \cdot P_2^2(\cos\theta) + B_4 \cdot P_4^2(\cos\theta)]$$

und

$$I_{90}(\theta) = W(\theta) - [B_2 \cdot P_2^2(\cos\theta) + B_4 \cdot P_4^2(\cos\theta)],$$

wo P_m^n die sogenannten zugeordneten Legendre-Polynome sind. $W(\theta)$ ist die gewöhnliche Richtungskorrelation. Durch den Angleich an die Meßpunkte nach der Methode der kleinsten Fehlerquadrate gewinnt man die Koeffizienten B_2 und B_4 der LPK.

Die Theorie der LPKen liefert für die Koeffizienten B_k den folgenden Ausdruck, wenn die Linearpolarisation der Strahlung Gamma 2 gemessen wird:

$$(452) \qquad B_k = A_k(1) \cdot B_k(2)$$

mit:

$$B_k(2) = \frac{1}{1 + \delta_2^2} \cdot \left\{ (-1)^{J(L_2)} \cdot \kappa_k(L_2, L_2) \cdot F_k(L_2 L_2 I_f I) + \right.$$

$$+ (-1)^{J(L_2')} \cdot \kappa_k(L_2', L_2') \cdot \delta_2^2 \cdot F_k(L_2' L_2' I_f I) +$$

$$\left. + 2 \cdot (-1)^{J(L_2')} \cdot \kappa_k(L_2 L_2') \cdot \delta_2 \cdot F_k(L_2 L_2' I_f I) \right\},$$

wo

$$J(L) = \begin{cases} 0, \text{ wenn die } 2^L\text{pol-Strahlung elektrisch ist} \\ \\ 1, \text{ wenn die } 2^L\text{pol-Strahlung magnetisch ist} \end{cases}$$

und

$$\kappa_k(L, L') = - \left\{ \frac{(k-2)!}{(k+2)!} \right\}^{1/2} \cdot \begin{pmatrix} L & L' & k \\ 1 & 1 & -2 \end{pmatrix} \Big/ \begin{pmatrix} L & L' & k \\ 1 & -1 & 0 \end{pmatrix}. *$$

Der Faktor $(-1)^J$ macht die LPK-Koeffizienten für den Charakter der Multipolstrahlung (elektrisch oder magnetisch) empfindlich. Die Faktoren $\kappa_k(L, L')$ haben zur Folge, daß die Koeffizienten B_k anders als die Winkelkorrelationskoeffizienten A_k von den Spins und Multipolaritäten der Gamma-Gamma-Kaskade abhängen.

Sowohl die LPK als auch die normale Gamma-Gamma-Richtungs-korrelation reagieren äußerst empfindlich auf Hyperfeinstruktur-wechselwirkungen des Kernspins im mittleren Zustand der Kaskade

---

*Die Ausdrücke in den runden Klammern sind die Wignerschen 3 - j Symbole. Sie werden häufig anstelle der Clebsch-Gordan-Koeffizienten verwendet. Der Zusammenhang ist:

$$\begin{pmatrix} j_1 & j_2 & j_3 \\ m_1 & m_2 & m_3 \end{pmatrix} = (-1)^{j_1 - j_2 - m_3} \cdot (2j_3 + 1)^{\frac{1}{2}} \cdot \langle j_1 j_2 m_1 m_2 | j_3 - m_3 \rangle.$$

(453)

Man findet sie z.B. tabelliert in: Rotenberg, Bivius, Metropolis, and Wooten, The 3 - j and 6 - j Symbols, The Technology Press MIT, Cambridge, Mass. 1959.

mit elektromagnetischen Feldern am Kernort. Man mißt nur dann die ungestörte Richtungskorrelation oder LPK, wenn die Besetzung der m-Zustände während der Verweilzeit der Atomkerne im mittleren Zustand der Kaskade nicht verändert wird.

Wendet man z.B. ein statisches äußeres Magnetfeld H senkrecht zur θ-Ebene an, so tritt der Kern-Zeeman-Effekt ein, und die Kernspins führen im mittleren Niveau der Kaskade eine Larmor-Präzession aus mit der Frequenz:

$$\omega_L = \frac{\mu \cdot H}{I \cdot \hbar} = \frac{g \cdot \mu_k \cdot H}{\hbar} \; .$$

In der quantenmechanischen Beschreibung bedeutet dies, daß die m-Zustände bezüglich der Emissionsrichtung von Gamma 1 als Quantisierungsachse keine Eigenzustände des Störoperators sind und periodisch umbesetzt werden.

In der klassischen Beschreibung bedeutet dies, daß die nach Emission von Gamma 1 in einer vorgegebenen Richtung erzeugte orientierte Quelle sich mit der Larmor-Präzessionsfrequenz ω_L um die Magnetfeldrichtung herumdreht.

Die Folge ist eine mit der Verweilzeit t der Atomkerne im mittleren Zustand proportional zunehmende Drehung der Richtungskorrelation:

$W(\theta, H, t) =$

$$1 + A_2 \cdot P_2 \left[\cos\left(\theta - \omega_L t\right)\right] + A_4 \cdot P_4 \left[\cos\left(\theta - \omega_L t\right)\right.$$

(454)

Da jedoch der Zerfall des mittleren Zustands dem radioaktiven Zerfallsgesetz gehorcht, ist die Wahrscheinlichkeit dafür, daß die Verweilzeit gerade zwischen t und $t + \mathrm{d}t$ liegt, gegeben durch

$$w(t) \cdot \mathrm{d}t = \lambda \cdot \mathrm{e}^{-\lambda t} \cdot \mathrm{d}t.$$

Damit erhält man für die gestörte Richtungskorrelation bei „integraler Beobachtung"*

$$(455) \quad W(\theta, H) = \int_{0}^{\infty} \lambda \cdot e^{-\lambda t} \cdot \{ 1 + A_2 \cdot P_2 \left[\cos(\theta - \omega_L t) \right] + $$

$$+ A_4 P_4 \left[\cos(\theta - \omega_L t) \right] \} \, dt .$$

Die Auswertung des Integrals ergibt für $\omega_L \tau < 20°$ eine Winkelkorrelationsfunktion, die gegenüber der ungestörten Korrelation etwa um den Winkel

$$(456) \quad \Delta\theta = \omega_L \cdot \tau \quad \left(\tau = \frac{1}{\lambda} = \begin{array}{l} \text{mittlere Lebensdauer des} \\ \text{mittleren Niveaus} \end{array} \right)$$

verschoben ist und deren Amplitude etwas kleiner ist als die der ungestörten Korrelation. Diese letztere Aussage ist verständlich, wenn man berücksichtigt, daß die „integrale Beobachtung" über viele, verschieden stark gedrehte Winkelkorrelationsfunktionen mittelt.

Die Beobachtung der Störung einer Gamma-Gamma-Winkelkorrelation durch ein äußeres Magnetfeld ist die wichtigste Methode zur Messung magnetischer Momente angeregter Kernzustände. Durch einen Angleich an die Meßpunkte der durch ein äußeres Magnetfeld gestörten Richtungskorrelation bestimmt man die Larmor-Präzessionsfrequenz ω_L. Daraus leitet man das magnetische Moment ab:

$$\mu = \frac{I \cdot \hbar}{H} \cdot \omega_L$$

bzw. den Kern-g-Faktor:

$$g = \frac{\hbar}{\mu_k \cdot H} \cdot \omega_L .$$

---

*Unter „integraler Beobachtung" versteht man eine Messung, bei der die Auflösezeit der Koinzidenzstufe groß gegenüber der Lebensdauer des mittleren Niveaus ist.

(71) Messung magnetischer Momente angeregter Kernzustände durch die PAC-Methode*

Lit.: Frauenfelder, Lawson, and Jentschke, Phys.Rev. 93, 1126 (1954)
Krohn and Raboy, Phys.Rev. 97, 1017 (1955)
Bodenstedt, Körner, Strube, Günther, Radeloff, Gerdau, Zeitschrift
für Physik 163, 1 (1961)
Matthias, Boström, Maciel, Salomon, and Lindqvist, Nucl.Phys. 40,
656 (1963)
Bodenstedt, Fortschritte der Physik 10, 321 (1962)
Frauenfelder and Steffen in Siegbahn: Alpha, Beta-, and Gamma-Ray
Spectroscopy, North Holland Publ.Comp., Amsterdam 1968,
II, Chapt. XIX
Grodzins, Ann.Rev.Nucl.Sc. 18, 291 (1968)

Um die Rotation einer Winkelkorrelation in einem äußeren Magnetfeld gut
messen zu können, muß der mittlere Drehwinkel:

$$\Delta\theta = \omega_L \cdot \tau$$

mindestens einige Grad betragen. In einem äußeren Magnetfeld von 10 000
Gauß – Magnetfelder dieser Größenordnung lassen sich durch einen Elektro-
magneten mit Eisenjoch leicht erzeugen, denn die Sättigungsmagnetisierung
von Eisen liegt bei etwa 21 000 Gauß – beträgt die Larmor-Präzessionsfrequenz für einen Kern-Zustand mit dem g-Faktor $g = 1$:

$$\omega_L = \frac{g \cdot \mu_k \cdot H}{\hbar}, \qquad \text{und mit:} \quad \begin{cases} \mu_k = 5{,}05 \cdot 10^{-24} \text{ erg/gauß} \\ \hbar = 1{,}05 \cdot 10^{-27} \text{ erg sec} \end{cases}$$

$$\omega_L = \frac{1 \cdot 5{,}05 \cdot 10^{-24} \cdot 10^4}{1{,}05 \cdot 10^{-27}} \; \frac{\text{erg} \cdot \text{gauß}}{\text{gauß} \cdot \text{erg sec}} = 4{,}8 \cdot 10^7 \text{ rad/sec,}$$

d. h. bei einer Lebensdauer von z.B. $\tau = 10^{-9}$ sec würde der mittlere Rota-
tionswinkel den Wert annehmen:

$$\Delta\theta = \omega_L \cdot \tau = 4{,}8 \cdot 10^7 \cdot 10^{-9} \text{ rad} = 0{,}048 \text{ rad} = \frac{0{,}048 \cdot 360°}{2\pi} = 2{,}75°.$$

Diese Abschätzung zeigt, daß das Verfahren besonders gut für Kernniveaus
mit Lebensdauern im Nanosekundengebiet anwendbar ist.

---

*PAC = Abkürzung für Perturbed Angular Correlation.

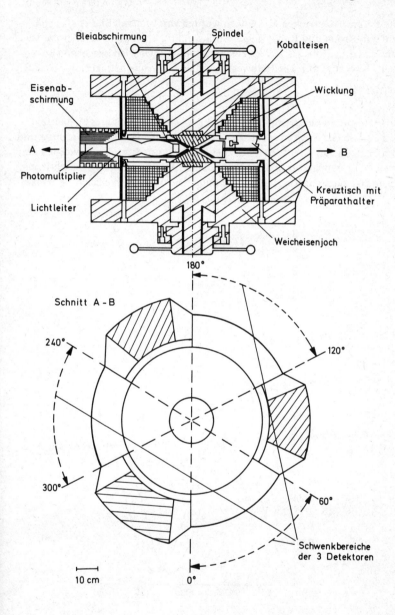

Figur 201:

55.000 gauss Magnet und Detektor-Anordnung zur Messung von *g*-Faktoren. Diese Figur ist der Arbeit von Bodenstedt et al., Z.f.Physik 163, 1 (1961),entnommen.

Die ersten erfolgreichen Messungen wurden von Frauenfelder et al. 1954 und von Krohn und Raboy 1955 durchgeführt. Als Beispiel sei hier die Messung des g-Faktors des 137 keV Niveaus von ^{186}Os wiedergegeben (Bodenstedt, Körner et al.). Die Halbwertszeit dieses Niveaus beträgt nur

$$T_{1/2} = (0{,}84 \pm 0{,}03) \cdot 10^{-9} \text{ sec.}$$

Um eine gut meßbare Drehung zu erzielen, wurde ein äußeres Magnetfeld von 53 500 Gauß angewendet. Der Magnet und die Detektoranordnung sind in Figur 201 dargestellt. Zur Messung der Richtungskorrelation wurde eine Dreidetektorapparatur benutzt, in ähnlicher Weise, wie in ⑥⑨ beschrieben. Figur 202 zeigt das Resultat der Messung. Die obere Kurve zeigt die Winkel-

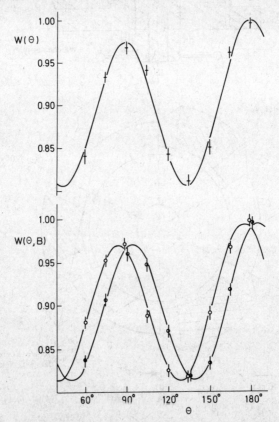

Figur 202:

Messung des g-Faktors des 137 keV Niveaus des ^{186}Os. Die obere Kurve zeigt die Winkelkorrelation der (631-137) keV Kaskade ohne äußeres Magnetfeld. Die beiden unteren Kurven zeigen die in einem äußeren Feld von 53.500 gauss rotierten Richtungskorrelationen für beide Feldrichtungen senkrecht zur Detektorebene. Die Messung ist mit Hilfe von der in Figur 201 dargestellten Anordnung durchgeführt worden. Die Figur ist der gleichen Arbeit entnommen.

korrelation der 631 keV - 137 keV Kaskade bei abgeschaltetem Magneten. Die beiden unteren Meßkurven zeigen die rotierte Winkelkorrelation für beide Magnetfeldrichtungen. Die Auswertung ergab für den g-Faktor:

$$g\,(137\text{ keV}) = + \,0{,}316 \pm 0{,}028.$$

Wenn die Lebensdauer einige 10^{-9} sec oder mehr beträgt, läßt sich eine größere Genauigkeit durch zeitlich differentielle Beobachtungen erzielen. Man spricht dann auch von der Spinrotationsmethode.

Die elektronische Anordnung zur Aufnahme der Zeitspektren von Koinzidenzen wurde bereits auf Seite 548ff. (s. auch Figur 177b) beschrieben. Mißt man die Zeitspektren der Koinzidenzen $N(t)$ bei festem Winkel $\theta = 135°$, für beide Feldrichtungen und bildet das Asymmetrieverhältnis:

$$(457) \qquad R(t) = 2 \cdot \frac{N^+(t) - N^-(t)}{N^+(t) + N^-(t)},$$

so wird die Spinpräzession direkt sichtbar. Nach Einsetzen von $N^+(t)$ und $N^-(t)$:

$$N^{+(-)}(t) = \lambda \cdot e^{-\lambda t} \cdot \{1 + A_2 \cdot P_2\,[\cos\,(135 - (+)\,\omega_L t)] +$$

$$+\, A_4 \cdot P_4\,[\cos\,(135° - (+)\,\omega_L t)]\}$$

erhält man nämlich exakt:

$$R(t) = \frac{12\,A_2 + 5\,A_4}{8 + 2\,A_2 + \dfrac{1}{8}\,A_4\,(9 - 35\cos 4\,\omega_L t)} \cdot \sin 2\,\omega_L t.$$

Wenn A_4 klein ist, kann man die Zeitabhängigkeit des Nenners vernachlässigen, und $R(t)$ ist eine reine Sinusschwingung, deren Frequenz gleich der doppelten Larmor-Präzessionsfrequenz ist. Die Winkelkorrelation dreht sich am Beobachter vorbei, und man sieht die doppelte Larmor-Frequenz, da die Winkelkorrelation eine periodische Funktion mit der Periode π ist.

Figur 203 zeigt als Beispiel eine Messung des g-Faktors des 481 keV Niveaus von ^{181}Ta nach dieser Methode durch Matthias et al. Man erkennt auf dieser Figur fast zwei volle Umläufe des Kernspins. Das Resultat dieser Messung war:

$$g\,(482\text{ keV}) = + \,1{,}29 \pm 0{,}02.$$

Bei den hier beschriebenen Methoden der g-Faktor-Messung war immer stillschweigend vorausgesetzt worden, daß das äußere Magnetfeld die einzige Störung der Richtungskorrelation liefert. Tatsächlich können jedoch auch

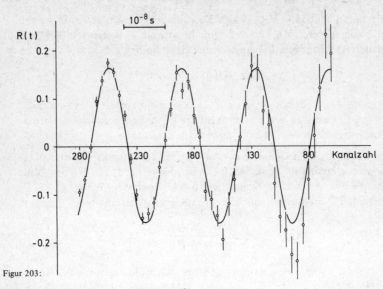

Figur 203:

Messung des g-Faktors des 481 keV Niveaus des ^{181}Ta mit Hilfe der Spinrotationsmethode. Diese Figur ist der Arbeit von Matthias et al., Nucl.Phys. 40, 656 (1963),entnommen.

statische oder zeitlich veränderliche innere Felder die Richtungskorrelation beeinflussen. Liegen solche Störungen vor, so sind die g-Faktor-Messungen zu korrigieren. Die Diskussion dieser Korrekturen geht über den Rahmen dieses Buches hinaus, und es sei auf die Spezialliteratur verwiesen (z.B. Karlson, Matthias, Siegbahn, Perturbed Angular Correlation, North Holland Publ. Comp., Amsterdam 1964, S. 217ff.). Eine zusammenfassende Darstellung der bisherigen g-Faktor-Messungen nach der PAC-Methode findet man in den Übersichtsartikeln von Bodenstedt, von Frauenfelder und Steffen sowie von Grodzins.

In den letzten Jahren ist es gelungen, die hier geschilderte Methode der Messung magnetischer Momente auch auf Niveaus noch kürzerer Halbwertszeit auszudehnen, indem man die sehr starken inneren Magnetfelder in ferromagnetischen Substanzen ausnutzte. Die radioaktive Probe muß in diesem Fall möglichst trägerfrei in das Ferromagnetikum eingebaut werden. Als Verfahren kommen Legieren, Diffundieren oder auch Einschießen mit Hilfe eines beschleunigten Teilchenstrahls (z.B. eines elektromagnetischen Isotopenseparators) in Frage. In jedem Fall liegt eine besondere Schwierigkeit darin, daß das absolute Magnetfeld am Kernort des Störatoms durch eine Eichmessung bestimmt werden muß. In Frage kommt ein Mößbauer-Experiment zur Messung der Hyperfeinstrukturaufspaltung des Grundzustands, dessen magnetisches Moment etwa durch Kernresonanz bestimmt wurde, oder auch die Beobachtung der Rotation der Winkelkorrelation in einem anderen langlebigeren Niveau, das auch schon mit Hilfe von äußeren Feldern untersucht wurde*.

Neben der Störung von $\gamma\gamma$-Winkelkorrelationen lassen sich natürlich auch γ-Winkelverteilungen nach Bevölkerung des isomeren Niveaus durch eine Kernreaktion durch äußere oder innere Magnetfelder beeinflussen, und viele g-Faktoren sind auf diese Weise bestimmt worden. Besonders interessant sind Experimente der Störung durch die starken Hyperfeinfelder nach Rückstoßimplantation der Targetkerne in Gase** oder ins Vakuum***.

Die Deutung der Ergebnisse der g-Faktor-Messungen wird im letzten Kapitel zusammenfassend behandelt.

Wir wollen uns nun mit der statischen Störung von Richtungskorrelationen durch Kristallfelder beschäftigen. Die quantenmechanische Theorie ist in den letzten Jahren sowohl für axialsymmetrische als auch für axialasymmetrische Feldgradienten, sowohl für Einkristalle als auch für polykristalline Quellen vollständig entwickelt worden. Man findet alle wichtigen Entwicklungen und Ergebnisse in dem auf Seite 598 zitierten Übersichtsartikel von Frauenfelder und Steffen. Wir wollen hier an einem experimentellen Beispiel die Spinpräzession im axialsymmetrischen Feldgradienten eines Einkristalls verfolgen:

---

*Eine eingehendere Darstellung findet man z.B. in dem Artikel von Grodzins, Ann.Rev.Nucl.Sc. 18, 291 (1968).

**siehe z.B.: Ben Zvi, Gilad, Goldberg, Goldring, Speidel, and Sprinzak, Nucl. Phys. A. 151, 401 (1970).

***siehe z.B.: Goldring, Hutcheon, Randolph, Start, Goldberg, and Popp, Phys.Rev.Letters 28, 769 (1972).

(72) Beobachtung der Kernspinpräzession im elektrischen Feldgradienten eines Einkristalls am Beispiel des ^{181}Ta

Lit.: Ouseph and Canavan, Phys.Lett. 3, 143 (1962)
  Salomon, Boström, Lindqvist, Perez, and Zwanziger, Arkiv f. Fysik 27, 97 (1964)
  Lieder, Buttler, Killig, and Beck, Z.f.Physik 237, 137 (1970)

Aus einem Einkristall aus metallischem Hafnium wurde ein kleiner Würfel mit 1,5 mm Seitenlänge mit Hilfe einer Diamantsäge herausgeschnitten und dann in einer Kugelmühle zu einer Kugel geschliffen. Die beschädigte Oberfläche wurde mit Flußsäure abgeätzt, bis der Durchmesser der Kugel nur noch etwa 0,7 mm betrug. Durch Neutronenbestrahlung der Hafnium-Kugel wurde das radioaktive Isotop ^{181}Hf erzeugt, das durch Beta-Zerfall angeregte Niveaus des ^{181}Ta bevölkert. Im Zerfall des ^{181}Ta ist die 133 keV - 481 keV Kaskade wegen ihrer großen Anisotropie und der langen Halbwertszeit des mittleren Niveaus von:

$$T_{1/2} = 1,0 \cdot 10^{-8} \text{ sec}$$

für differentielle Winkelkorrelationsmessungen besonders geeignet.

Der Einkristall produziert am Kernort einen axialsymmetrischen elektrischen Feldgradienten, der zu einer Hyperfeinstrukturaufspaltung der Kernniveaus führt (s. Gl. 384 und Figur 172):

$$\Delta E_{\text{el}} = \frac{1}{4} \, e \cdot Q_{\text{I}} \cdot V_{zz} \cdot \frac{3 \, m^2 - I(I+1)}{I \cdot (2I-1)} \, .$$

Die Symmetrie-Achse des Kristalls (z-Achse) wurde nach der Bestrahlung mit Hilfe von Röntgen-Laue-Aufnahmen bestimmt und bei einem ersten Experiment in Richtung auf den Detektor für die Gamma(1)-Strahlung ausgerichtet. In diesem Fall bleibt die nach Emission von Gamma(1) in Richtung des Detektors (1) erzeugte Orientierung der Kernspins im mittleren Niveau der Kaskade unverändert; denn die verschieden besetzten m-Zustände sind Eigenzustände des Störoperators. Die Präzession der Kernspins erfolgt um die Quantisierungsachse. Tatsächlich ergab die Messung (s. Figur 205), daß das Anisotropieverhältnis:

$$C(t) = 2 \cdot \frac{W(180°, t) - W(90°, t)}{W(180°, t) + W(90°, t)}$$

von der Verweilzeit t der Kerne im mittleren Zustand unabhängig war.

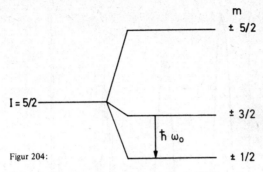

Figur 204:

Elektrische Hyperfeinstrukturaufspaltung eines $I = 5/2$ Zustands.

Dann wurde die Kristallachse senkrecht zur θ-Ebene orientiert. Nun ergab die Messung das in Figur 206 dargestellte Bild. Es tritt eine saubere Spinrotation auf, wobei allerdings eine Dämpfung der Anisotropie beobachtet wird.

Die strenge quantenmechanische Rechnung ergibt für diese Spinrotationskurve unter Verwendung der experimentellen Richtungskorrelationskoeffizienten:

$$(459) \qquad C(t) = -\frac{0,484 \cdot \cos \omega_0 t}{1 - 0,043 \cdot \cos 2\,\omega_0 t}$$

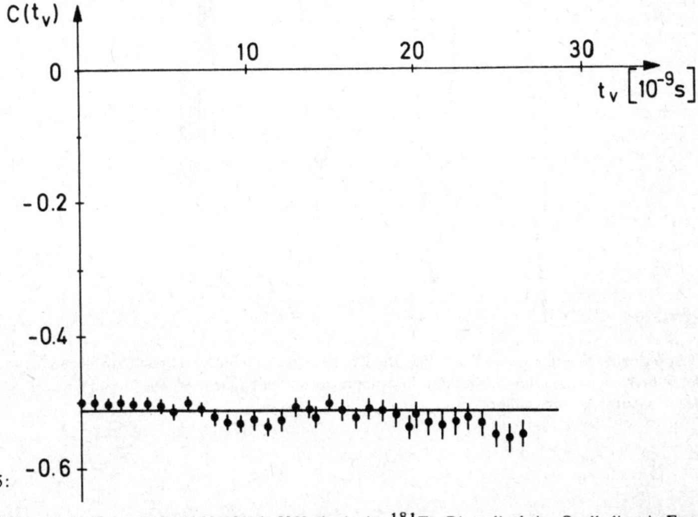

Figur 205:

Zeitlich differentielle Messung der (133-481) keV Kaskade des ^{181}Ta. Die radioaktive Quelle liegt in Form eines Hafnium-Metall-Einkristalls vor. Die Symmetrie-Achse des Kristalls liegt in Richtung der Emissionsrichtung von Gamma 1. Aufgetragen ist das Asymmetrie-Verhältnis als Funktion der Verzögerungszeit.
Die Messung wurde von Lieder, Buttler, Killig und Beck, Verhandlungen der Deutschen Physikalischen Gesellschaft 4, 334 (1968) und Z.f.Physik 237, 137 (1970), durchgeführt.

3*

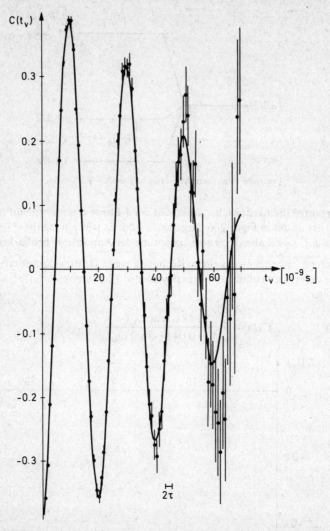

Figur 206:

Entsprechende Messung wie in Figur 205. Die Kristallachse ist jedoch senkrecht zur Ebene der beiden Detektoren orientiert. Man beobachtet die Spinpräzession im Kristallfeld. Die Messung wurde von den gleichen Autoren durchgeführt.

mit:

$$\omega_0 = \frac{e\,Q \cdot V_{zz}}{\hbar} \cdot \frac{3}{2I(I+1)}\,.$$

Die physikalische Bedeutung von ω_0 liegt darin, daß $\hbar\omega_0$ der kleinste Termabstand im Hyperfeinstrukturtermschema des mittleren Zustands ist (s. Figur 204).

Die Dämpfung der Amplitude wird wahrscheinlich dadurch verursacht, daß der verwendete Einkristall nicht ideal war, sondern daß durch Versetzungen und ähnliche Strukturfehler Verzerrungen vorliegen, die zu einer Unschärfe in ω_0 führen.

Ein Angleich ergab für die mittlere elektrische Wechselwirkungsfrequenz ω_0:

$$\omega_0 = (312 \pm 7) \text{ MHz.}$$

Wenn der elektrische Feldgradient im Hafnium-Einkristall am Kernort des Tantal-Störatoms absolut bekannt wäre, würde man aus ω_0 einen absoluten Wert für das elektrische Quadrupolmoment des 5/2 Niveaus ableiten können. Im vorliegenden Fall läßt sich jedoch das elektrische Quadrupolmoment aus dem durch Messung des Wirkungsquerschnitts für Coulomb-Anregung gewonnenen Wert von Q_0 recht genau ableiten, und man kann aus ω_0 auf den elektrischen Feldgradienten schließen. Es ergibt sich:

$$V_{zz} = 5,5 \cdot 10^{17} \text{V/cm}^2.$$

Es besteht gegenwärtig Aussicht, Messungen dieser Art systematisch für die Bestimmung von elektrischen Quadrupolmomenten angeregter Kernzustände ausnutzen zu können. Zwar stellt die Berechnung der elektrischen Feldgradienten in Kristallen ein zur Zeit noch nicht gelöstes Problem dar. In zahlreichen Fällen konnte jedoch für Atomkerne in Grundzuständen durch Hochfrequenzübergänge die elektrische Quadrupolaufspaltung im Kristallfeld ausgemessen werden (Methode der Kernquadrupolresonanz). Wo die elektrischen Quadrupolmomente dieser Grundzustände bekannt sind, etwa aus Atomstrahlresonanzexperimenten, liefert die Beobachtung der Kernquadrupolresonanz im Kristallfeld direkt den effektiven elektrischen Feldgradienten am Kernort.

Andererseits stellt die Beobachtung der Störung von $\gamma\gamma$-Richtungskorrelationen durch Kristallfelder eine wichtige mikroskopische Untersuchungsmethode für Festkörpereigenschaften dar, die entsprechende Mössbauerexperimente ergänzt und in mancher Hinsicht den Mössbauermethoden überlegen ist.

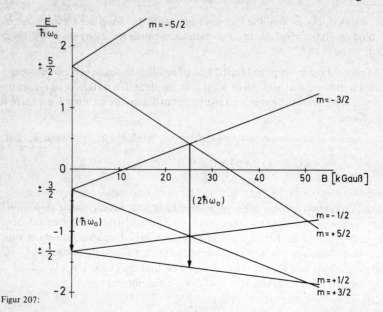

Figur 207:

Hyperfeinstrukturaufspaltung eines $I = 5/2$ Niveaus bei ko-linearer elektrischer und magnetischer Störung als Funktion der Magnetfeldstärke.

Bei Überlagerung des elektrischen Feldgradienten durch ein äußeres Magnetfeld, das ebenfalls senkrecht zur θ-Ebene orientiert ist, tritt eine Zeeman-Aufspaltung der ohne Magnetfeld zweifach entarteten Hyperfeinstrukturterme auf (s. Figur 207). In der klassischen Vorstellung erfolgt die magnetische Larmor-Präzession mit einseitigem Drehsinn unabhängig von der Richtung der Kernspins. Bei der Präzession im elektrischen Feldgradienten treten jedoch beide Drehsinne auf, je nach der Orientierung der Kernspins zum Feldgradienten. Die Überlagerung des äußeren Magnetfeldes wirkt sich deshalb auf die Larmor-Präzessions-Frequenz sowohl destruktiv als auch konstruktiv aus.

Eine genaue quantenmechanische Analyse ergibt, daß die gestörte Winkelkorrelation durch Überlagerung der beiden Präzessionsfrequenzen zustandekommt, die den Übergängen zwischen den m-Zuständen $+ 3/2 \rightarrow - 1/2$ und $- 3/2 \rightarrow + 1/2$ entsprechen. Beim Kreuzungspunkt der Terme $m = + \dfrac{1}{2}$ und $m = - \dfrac{3}{2}$ verschwindet eine dieser beiden Frequenzen. Das bedeutet, daß bei diesem Magnetfeld 50% der Zerfälle die ungestörte Korrelation ergeben, da sich elektrische und magnetische Larmor-Präzessionen genau kompensieren, und 50% zeigen die doppelte Frequenz, da sich in diesem Fall die elektrische und die magnetische Wechselwirkung konstruktiv überlagern. Man erwartet deshalb bei integraler Beobachtung ein resonanzartiges Ansteigen der Anisotropie mit steigendem Magnetfeld bis auf etwa 50% der ungestörten Korrelation beim Termkreuzungspunkt und danach wieder einen Abfall der Anisotropie.

Tatsächlich hat man dieses Resonanzphänomen beobachten können:

(73) **Beobachtung der „Resonanz" zwischen elektrischer und magnetischer Hyperfeinstrukturstörung einer Richtungskorrelation**

Lit.: Albers-Schönberg, Alder, Heer, Novey, Scherrer, Proc.Phys.Soc. A66, 952 (1953)
Lieder, Buttler, Killig, and Beck, Z.f.Physik 237, 137 (1970)

Bisher wurde über zwei Experimente dieser Art berichtet:

Die erste Beobachtung des resonanzartigen Verhaltens der integralen Anisotropie gelang Albers-Schönberg et al. am 247 keV Niveau des ^{111}Cd.

Lieder et al. gelang kürzlich eine besonders exakte Ausmessung des gleichen Phänomens am ^{181}Ta. Dieses zweite Experiment soll im folgenden beschrieben werden.

Es wurde die gleiche Hafnium-Einkristallquelle verwendet, wie bei dem Experiment (72). Das Resultat der integralen Messung der 133 keV - 482 keV Gamma-Gamma-Richtungskorrelation als Funktion des äußeren Magnetfeldes ist in Figur 208 dargestellt. Die eingetragene Kurve ist der theoretische Verlauf. Die Breite der Resonanzkurve ist durch die natürliche Linienbreite der Hyperfeinstrukturniveaus bestimmt. Eine Abschätzung unter Verwendung der Heisenbergschen Unbestimmtheitsrelation ergibt sofort, daß die natürliche Linienbreite nur wenig kleiner ist als der Termabstand $\hbar\omega_0$.

Besonders instruktiv ist das Ergebnis einer differentiellen Messung der Richtungskorrelation bei der „Resonanzmagnetfeldstärke" (s. Figur 209). Tat-

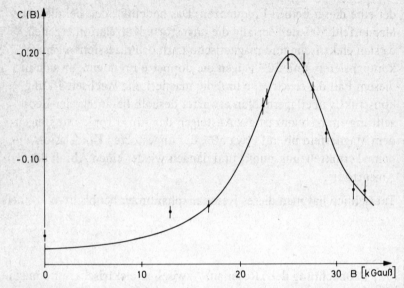

Figur 208:

Beobachtung der „Resonanz" zwischen elektrischer und magnetischer Hyperfeinstrukturstörung einer Richtungskorrelation. Es handelt sich um die entsprechende Messung der Asymmetrie wie in Figur 206. Es ist jedoch die integrale Asymmetrie aufgetragen, und es wurde ein äußeres Magnetfeld senkrecht zur Ebene der Detektoren überlagert. Die integrale Asymmetrie wurde als Funktion der Magnetfeldstärke beobachtet. Die Messung wurde von Lieder, Buttler, Killig und Beck, Verhandlungen der Deutschen Physikalischen Gesellschaft 4, 334 (1968) und Z.f.Physik 237, 137 (1970),durchgeführt.

sächlich findet man die doppelte Spinrotationsfrequenz wie ohne Magnetfeld (s. zum Vergleich Figur 206). Daß die gemessene Funktion nicht symmetrisch um die Abszissenachse schwingt, liegt natürlich daran, daß 50% der Zerfälle mit ungestörter Korrelation beitragen.

Wir wollen uns nun den zeitabhängigen Störungen von Richtungskorrelationen zuwenden.

Zeitabhängige Störungen liegen z.B. immer vor, wenn man flüssige Quellen verwendet. Durch die Brownsche Bewegung ändern sich die von der Umgebung erzeugten Felder statistisch in sehr kurzen Zeiten. Die Folge davon ist, daß sich die Wirkung der Störfelder in der ersten Näherung wegmittelt, so daß man im allgemeinen die ungestörte Korrelation beobachtet. Nur bei sehr starken Wechselwirkungen und bei langen Lebensdauern des mittleren Niveaus be-

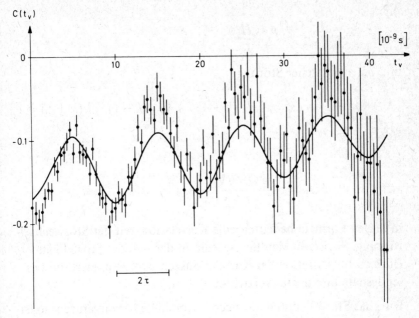

Figur 209:

Gleiche Messung wie in Figur 208. Die Asymmetrie wurde jedoch differentiell beobachtet. Die Magnetfeld-stärke bei dieser Messung ist die Resonanzfeldstärke. Man erkennt, daß die Spinpräzessionsfrequenz doppelt so groß ist wie bei der Messung ohne Magnetfeld (s. Figur 206). Die Messung wurde von den gleichen Autoren durchgeführt.

obachtet man, daß die Winkelkorrelationskoeffizienten exponentiell mit der Verweilzeit der Atomkerne im mittleren Zustand abklingen:

$$(460) \qquad A_2(t) = A_2(0) \cdot e^{-\lambda_2 t} \text{ und } A_4(t) = A_4(0) \cdot e^{-\lambda_4 t}.$$

Abragam und Pound* haben diesen Fall theoretisch gründlich untersucht. Sie finden für die Abschwächungsparameter λ_k bei magnetischer Störung:

$$(461) \qquad \lambda_k^{\text{mag}} = \frac{1}{3} \, \omega_L^2 \cdot \tau \cdot k \cdot (k+1)$$

---

*Abragam and Pound, Phys.Rev. 92, 943 (1953).

mit:

$$\omega_L = \frac{\mu \cdot \langle H_z \rangle}{\hbar \cdot I}$$

und bei elektrischer Störung:

$$\lambda_k^{el} = \frac{3}{5} \cdot \omega_E^2 \cdot \tau \cdot k \cdot (k+1) \cdot \{\, 4I \cdot (I+1) - k(k+1) - 1 \,\}$$

(462)

mit:

$$\omega_E = \frac{e\,Q \cdot \langle V_{zz} \rangle}{\hbar \cdot 4I \cdot (2I-1)}\ .$$

In diesen Formeln bedeutet τ die Korrelationszeit der Störwechsel-wirkung. Sie ist ein Maß für die Zeit, in der sich das Störfeld ändert. Die exakte Definition der Korrelationszeit ist kompliziert, und es sei deshalb hier darauf verzichtet.

Wird das Störfeld durch die eigene Atomhülle hervorgerufen, so ist die Hüllenspinkorrelationszeit τ_J einzusetzen. Es sei noch darauf hingewiesen, daß τ_J im allgemeinen Fall nicht exakt mit der Hüllen-spinrelaxationszeit τ_{rel} übereinzustimmen braucht. Diese ist definiert als die Zeit, in der eine in einem makroskopischen Bereich der Flüssigkeit zum Zeitpunkt $t = 0$ vorhandene Hüllenspinpolarisation durch Relaxationsvorgänge auf ein e-tel abgeklungen ist.

Es ist auffallend, daß λ_2 und λ_4 verschieden sind. Das Verhältnis λ_4/λ_2 hängt davon ab, ob die Störung elektrischer oder magneti-scher Natur ist.

Z.B. ergibt sich aus den obigen Formeln für den Spezialfall $I = 2$ für elektrische Störung:

$$\frac{\lambda_4}{\lambda_2} = \frac{4 \cdot 5 \cdot (24 - 20 - 1)}{2 \cdot 3 \cdot (24 - 6 - 1)} = \frac{10}{17} = 0{,}588$$

und für magnetische Störung:

$$\frac{\lambda_4}{\lambda_2} = \frac{4 \cdot 5}{2 \cdot 3} = \frac{10}{3} = 3{,}333.$$

Das Verhältnis reagiert also recht empfindlich auf den Charakter der Störung.

Experimentell findet man besonders starke Störungen bei den Elementen der Seltenen Erden. Die nicht abgeschlossenen $4f$-Elektronenhüllen der (3^+)-Ionen erzeugen sowohl starke Magnetfelder als auch große elektrische Feldgradienten am Kernort.

(74) **Beobachtung der zeitabhängigen Störung von Gamma-Gamma-Richtungs-Korrelationen bei (3^+)-Ionen der Seltenen Erden in wäßrigen Lösungen**

Lit.: Forker, Dissertation, Universität Bonn 1968
Wagner and Forker, Nucl.Inst.Meth. 69, 197 (1969)
Forker, Wagner, and Bodenstedt, Nucl.Phys. A 138, 644 (1969)
Forker, Wagner, and Schmidt, Nucl.Phys. A 138, 97 (1969)
Forker and Wagner, Nucl.Phys. A 138, 13 (1969)

Die Lebensdauer der 2^+-Rotationszustände der gg-Kerne im Gebiet der Seltenen Erden ($T_{1/2} \approx 1,5 \cdot 10^{-9}$ sec) reicht gerade aus, um die Störung von Richtungskorrelationen in diesen Niveaus differentiell beobachten zu können.

Die Existenz dieser Störungen ist seit etwa zwölf Jahren bekannt, und sie ist seither von vielen Arbeitsgruppen untersucht worden. Bei allen Messungen von g-Faktoren nach der PAC-Methode ist eine Untersuchung dieser Störungen notwendig wegen der damit verbundenen Korrekturen.

Sorgfältige Untersuchungen sind kürzlich von Forker, Wagner et al. mit Hilfe einer 4-Detektor-Apparatur durchgeführt worden. Die Zeitspektren der Koinzidenzen verschiedener über die 2^+-Rotationsniveaus führender Gamma-Gamma-Kaskaden wurden bei den drei Winkeln $\theta = 90°$, $135°$ und $180°$ mit Hilfe von Zeitimpulshöhenkonvertern in Verbindung mit einem Vielkanal-analysator aufgenommen. Aus den drei aufgenommenen Spektren wurden für jeden Zeitkanal getrennt die Winkelkorrelationskoeffizienten $A_2(t)$ und $A_4(t)$ berechnet und in logarithmischem Maßstab aufgetragen. Wenn die Abschwächung nach dem Exponentialgesetz:

$$A_k(t) = A_k(0) \cdot e^{-\lambda_k \cdot t}$$

erfolgt, dann müssen sich bei dieser Darstellung Geraden ergeben, aus deren Steigungen sich die Abschwächungsparameter entnehmen lassen.

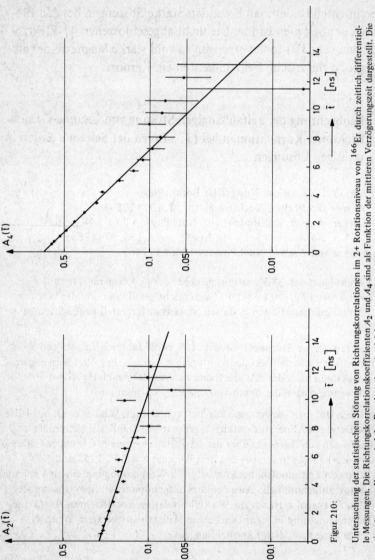

Figur 210:

Untersuchung der statistischen Störung von Richtungskorrelationen im 2+ Rotationsniveau von ^{166}Er durch zeitlich differentielle Messungen. Die Richtungskorrelationskoeffizienten A_2 und A_4 sind als Funktion der mittleren Verzögerungszeit dargestellt. Die eingetragenen Kurven sind das Resultat eines Angleichs entsprechend Gleichung 460 an die Meßpunkte. Diese und die beiden folgenden Figuren sind den oben zitierten Arbeiten von Wagner et al. und Forker et al. entnommen. In allen drei Fällen wurden die Quellen in Form von wäßrigen Lösungen der 3+ Ionen verwendet.

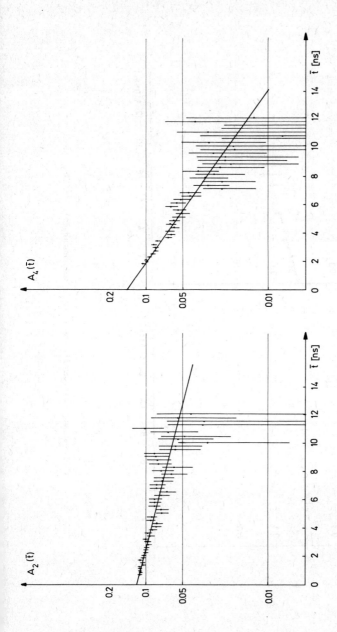

Figur 211:

Entsprechende Messung wie in Figur 210 am 2+ Rotationszustand von ^{160}Dy.

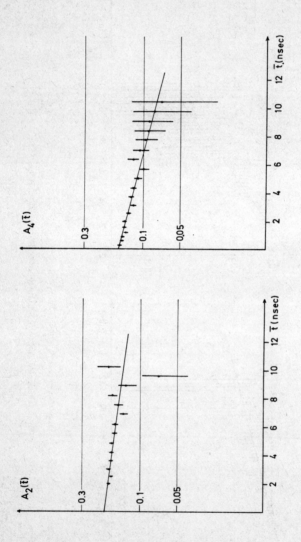

Figur 212:

Entsprechende Messung wie in Figur 210 und 211 am 2+ Rotationszustand von ^{172}Yb.

Figuren 210, 211 und 212 zeigen die Ergebnisse für [166]Er, [160]Dy und [172]Yb.

Beim [166]Er ist das Verhältnis:

$$\frac{\lambda_4}{\lambda_2} = 3,34 \pm 0,33.$$

Daraus ist zu schließen, daß innerhalb der Meßgenauigkeit reine magnetische Abschwächung vorliegt. Da das magnetische Moment des 2^+-Zustandes bekannt ist und da das Magnetfeld der $4f$-Elektronenhülle mit Hilfe von Hartree-Fock-Wellenfunktionen recht genau berechnet werden kann*, kann man aus den Absolutwerten von λ_4 und λ_2 unter Verwendung der Formel von Abragam und Pound die Korrelationszeit der $4f$-Hülle berechnen. Das Ergebnis für Er^{+++} in wäßriger $1N$ Perchlorsäurelösung bei Zimmertemperatur war:

$$\tau_J = (3,44 \pm 0,31) \cdot 10^{-13} \text{ sec.}$$

Bei [160]Dy und [172]Yb lauten die experimentellen Resultate:

$$\frac{\lambda_4}{\lambda_2} = 3,10 \pm 0,15, \qquad \text{bzw.} \quad \frac{\lambda_4}{\lambda_2} = 2,02 \pm 0,35$$

Diese beiden Werte liegen zwischen den Grenzen für reine elektrische und reine magnetische Wechselwirkung. Unter Verwendung der einfachen Beziehung:

$$\lambda_k = \lambda_k^{el} + \lambda_k^{mag} \qquad **$$

leiteten die Autoren aus den experimentellen Werten für λ_4/λ_2 das Verhältnis der Wechselwirkungsfrequenzen ω_E/ω_L ab.

Dieses Verhältnis ist gegeben durch:

$$(463) \qquad \frac{\omega_E}{\omega_L} = \frac{1}{4\,(2I-1)} \cdot \frac{e\,Q_I \cdot \langle V_{zz} \rangle}{\mu \cdot \langle H_z \rangle}.$$

Man kann auch $\langle V_{zz} \rangle$ unter Verwendung der Hartree-Fock-Wellenfunktionen berechnen. Allerdings ist noch ein Sternheimerkorrekturfaktor für die Polari-

---

*s. z.B. Karlsson, Matthias, and Siegbahn: Perturbed Angular Correlation, North Holland Publ.Comp., Amsterdam 1964, S. 357ff.

**Günther, Dissertation, Bonn 1964.

sation der inneren Elektronenhüllen, $(1 - R)$, anzubringen. Dieser Faktor ist bis heute keiner genauen Berechnung zugänglich. Man nimmt an, daß R ungefähr 0,3 beträgt. Nun läßt sich diese Beziehung ausnutzen, um aus dem gemessenen Wert von ω_E/ω_L das elektrische Quadrupolmoment des 2^+-Rotationsniveaus abzuleiten.

Die Ergebnisse sind:

$$(1 - R) \cdot \left| Q_{2+} (^{160}\mathrm{Dy}) \right| = 1{,}52 \begin{array}{c} + 0{,}47 \\ - 0{,}66 \end{array} \cdot 10^{-24} \, \mathrm{cm}^2$$

und

$$(1 - R) \cdot \left| Q_{2+} (^{172}\mathrm{Yb}) \right| = 2{,}22 \begin{array}{c} + 0{,}64 \\ - 0{,}49 \end{array} \cdot 10^{-24} \, \mathrm{cm}^2.$$

Allerdings ist hierbei vorausgesetzt, daß tatsächlich die Störung der Richtungskorrelation allein durch die Wechselwirkung mit der $4f$-Schale hervorgerufen wird und daß die Störung durch die das Ion umgebenden Wassermoleküle zu vernachlässigen ist.

Die Autoren konnten experimentell nachweisen, daß diese Voraussetzung recht gut erfüllt zu sein scheint.

Die Diskussion der experimentellen Resultate für die elektrischen Quadrupolmomente der 2^+-Zustände von ^{160}Dy und ^{172}Yb sei auf das letzte Kapitel verschoben, wo die Rotationsbewegungen der Kerne zusammenfassend behandelt werden. Leider sind die Resultate noch recht ungenau, und es zeigt sich auch, daß der 2^+-Zustand des ^{172}Yb der einzige Fall ist, bei dem die elektrische und die magnetische Störung der $4f$-Schale vergleichbare Stärke haben, so daß das Verhältnis λ_4/λ_2 empfindlich von Q abhängt.

Für die Atomphysik sind die Resultate für die Spinkorrelationszeiten von besonderem Interesse. Das hier geschilderte Verfahren ist die einzige bisher bekannte Methode zur Messung derartig kurzer Korrelationszeiten*.

---

*Hüllenspinrelaxationszeiten lassen sich direkt aus der Linienbreite der Resonanzkurve bei paramagnetischen Resonanzexperimenten entnehmen. Leider funktioniert die „Paramagnetische Resonanz" nur bei wesentlich größeren Relaxationszeiten. Deshalb ist z.Zt. noch kein direkter Vergleich zwischen den hier gemessenen Hüllenspinkorrelationszeiten mit Hüllenspinrelaxationszeiten möglich.

Wenn eine Richtungskorrelation durch statische oder dynamische elektromagnetische Wechselwirkungen gestört ist, dann sollte es im Prinzip möglich sein, durch Anwendung eines sehr starken äußeren Magnetfeldes in Richtung der Emission von Gamma (1) die Kernspins im mittleren Zustand der Kaskade von den Störfeldern zu entkoppeln. Zahlreiche Entkopplungsversuche sind bisher unternommen worden. Ein positiver Effekt wurde nur in wenigen Fällen beobachtet. Es zeigte sich, daß im allgemeinen die Stärke der technisch verfügbaren äußeren Magnetfelder nicht ausreicht.

Ein interessantes Entkopplungsphänomen beobachteten Stiening und Deutsch* am ^{154}Gd. Hier gelingt es durch Anwendung verhältnismäßig schwacher äußerer Magnetfelder, die 4f-Elektronenhülle von ihrem Relaxationsmechanismus praktisch vollständig zu entkoppeln. Der Hüllenspin präzediert dann in sauber definierten m-Zuständen um das äußere Magnetfeld.

Allerdings ist dies ein Sonderfall; er ist dadurch begründet, daß die 4f-Schale des Gadoliniums sich in einem S-Zustand befindet. Dies hat zur Folge, daß die Relaxationswechselwirkungen extrem schwach sind. Tatsächlich ist die Korrelationszeit der 4f-Schale des Gd um etwa drei Zehnerpotenzen länger als bei allen übrigen Seltenen Erden.

Die Bedeutung der zahlreichen hier geschilderten Experimente der Störung einer Gamma-Gamma-Richtungskorrelation durch statische und dynamische elektromagnetische Wechselwirkungen liegt für die Kernphysik vor allem darin, daß man bei Kenntnis der Felder das magnetische Dipolmoment und in günstigen Fällen auch das elektrische Quadrupolmoment angeregter Kernzustände bestimmen kann. Die Genauigkeit ist allerdings nicht sehr hoch, und es ist schwierig, systematische Fehler kleinzuhalten. Man hat deshalb schon oft diskutiert, die NMR-Methode zur Umbesetzung der m-Zustände im mittleren Niveau einer Gamma-Gamma-Kaskade anzuwenden, die bei den Grundzuständen zu präzisen Werten der magnetischen Momente geführt hat.

---

*Stiening und Deutsch, Phys.Rev. 121, 1484 (1961).

Die Schwierigkeit liegt offensichtlich einmal darin, daß man sehr hohe Hochfrequenzfeldstärken benötigt; denn die Wechselwirkung wird nur dann die γγ-Richtungskorrelation in meßbarer Weise verändern, wenn innerhalb der kurzen Lebensdauer des mittleren Niveaus der Kaskade mit merklicher Wahrscheinlichkeit eine Umbesetzung der m-Zustände stattfindet. Die zweite Schwierigkeit liegt in der Langwierigkeit des Aufsuchens der Resonanz.

1966 gelang Matthias et al. das erste erfolgreiche NMR-Experiment an einer Gamma-Gamma-Richtungskorrelation:

(75) **Das NMR-Experiment am 235 nsec-Niveau des ^{100}Rh von Matthias, Shirley, Klein und Edelstein**

Lit.: Matthias, Shirley, Klein, and Edelstein, Phys.Rev.Letters 16, 974 (1966)
Matthias, Shirley, Edelstein, Körner, and Olsen in Matthias and Shirley: Hyperfine Structure and Nuclear Radiations, North Holland Publ.Comp., Amsterdam 1968, S. 878

Die Autoren verwendeten die in Figur 213 skizzierte Anordnung.

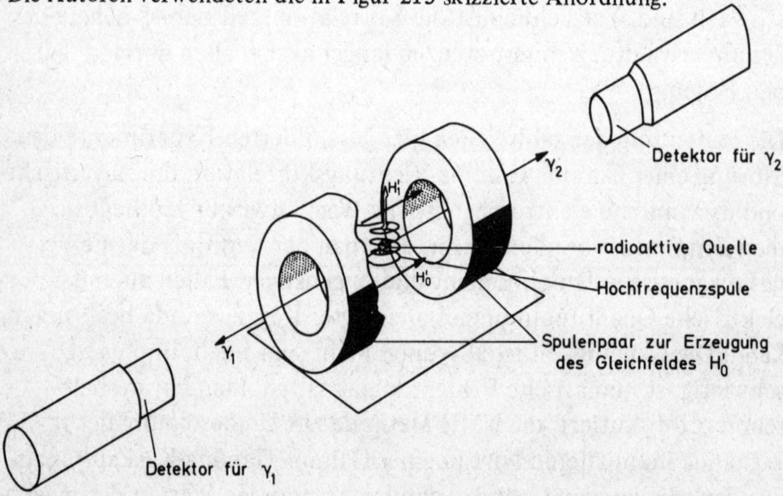

Detektor für γ_2
radioaktive Quelle
Hochfrequenzspule
Spulenpaar zur Erzeugung des Gleichfeldes H_0'
Detektor für γ_1

Figur 213:

Schematische Darstellung der experimentellen Anordnung von Matthias et al. zur Beobachtung der NMR-Störung von Gamma-Gamma-Richtungskorrelationen. Die Figur ist dem Buch Matthias and Shirley, „Hyperfine Structure and Nuclear Radiation", North Holland Publ.Comp., Amsterdam 1968, Seite 878ff., entnommen.

Das radioaktive Isotop ^{100}Pd bevölkert durch Beta-Zerfall angeregte Zustände des ^{100}Rh. Im weiteren Zerfall wird die 84 keV - 74,8 keV Gamma-Gamma-Kaskade untersucht, deren mittleres Niveau eine Halbwertszeit von

$$T_{1/2} = 235 \cdot 10^{-9} \text{ sec}$$

hat. Der g-Faktor dieses Niveaus war bereits durch Beobachtung der Spinrotation der 84 keV - 74,8 keV Winkelkorrelation in einem äußeren Magnetfeld bestimmt worden. Matthias und Shirley hatten hierbei ein spezielles Verfahren der digitalen Zeitanalyse* angewendet, das bei sehr langen Lebensdauern des mittleren Niveaus dem üblichen Verfahren überlegen ist und eine sehr hohe Genauigkeit liefert. Das Resultat war:

$$g = + 2,160 \pm 0,004.$$

Im NMR-Experiment wurde die Richtungskorrelation der 84 keV - 74,8 keV-Kaskade bei dem festen Winkel $\theta = 180°$ mit zwei NaJ(Tl)-Detektoren beobachtet. Sie hat bei diesem Winkel ihr Maximum.

Um Hochfrequenzübergänge im mittleren Niveau induzieren zu können, müssen die Kernzustände zunächst durch Anwendung eines Magnetfeldes energetisch getrennt werden. Damit dieses Magnetfeld die Richtungskorrelation nicht stört, wird es in Richtung der Emission von Gamma (1) gerichtet. Man wird natürlich nur dann eine scharfe Resonanz der Hochfrequenzübergänge beobachten können, wenn die Zeeman-Aufspaltung der m-Zustände groß gegenüber der natürlichen Linienbreite der Kernniveaus ist.

Aus der Lebensdauer von 235 nsec folgt eine natürliche Linienbreite von:

$$\Gamma = \frac{\hbar}{\tau} = \frac{\ln 2 \cdot \hbar}{T_{1/2}} = \frac{0,694 \cdot 0,658 \cdot 10^{-15}}{235 \cdot 10^{-9}} \cdot \frac{\text{eV sec}}{\text{sec}}$$

$$= 1,94 \cdot 10^{-9} \text{ eV}.$$

Andererseits beträgt die Zeeman-Aufspaltung benachbarter m-Zustände im Magnetfeld H:

$$\Delta E = g \cdot \mu_k \cdot H = 2,16 \cdot 3,15 \cdot 10^{-12} \cdot H \; \frac{\text{eV}}{\text{Gauß}}$$

$$= 6,8 \cdot 10^{-12} \cdot H \; \frac{\text{eV}}{\text{Gauß}},$$

---

*Matthias and Shirley, Nucl.Instr.Meth. 45, 307 (1966).

4*

d.h., bei z.B. $H \approx 300$ Gauß würde ΔE gerade erst gleich der natürlichen Linienbreite sein.

Die Autoren nutzten das innere Feld in einer ferromagnetischen Nickelfolie und später in einer Eisenfolie aus, in die die Aktivität trägerfrei hineingebracht wurde. Durch die beiden in Figur 213 dargestellten Spulen wird ein äußeres Magnetfeld von etwa 200 Gauß erzeugt, das ausreicht, um die in Feldrichtung montierte Folie* zu magnetisieren und damit das innere Feld in der gleichen Richtung auszurichten. Seine Größe liegt bei Eisen bei mehreren 100 000 Gauß, so daß man jetzt für $\Gamma/\Delta E$ und damit für die Linienbreite der Resonanz einen Wert in der Nähe von 1% erwartet.

Die Verwendung einer ferromagnetischen Trägerfolie hat darüber hinaus noch folgende, für das Gelingen des Experiments entscheidende Bedeutung: sie führt zu einer Verstärkung der Amplitude des Hochfrequenzfeldes am Kernort um etwa einen Faktor 1000; denn es hat sich gezeigt, daß das innere Feld auch bei Frequenzen von einigen 100 Megahertz dem Hochfrequenzfeld folgt. Voraussetzung ist natürlich, daß das Hochfrequenzfeld in das Innere der Metallfolie eindringt. Die klassische Elektrodynamik lehrt, daß die Eindringtiefe von Hochfrequenzstrahlung in Metalle durch den „Skin-Effekt" beschränkt ist. Bei den hier vorliegenden Frequenzen beträgt die Eindringtiefe nur etwa 10^{-4} cm. Aus diesem Grund darf die Trägerfolie nicht wesentlich dicker als 10^{-4} cm oder 1μ sein.

Matthias et al. führten ihre Experimente mit Hochfrequenzleistungen zwischen 20 und 80 Watt durch. Bei diesen Leistungen liegt die Amplitude des Magnetfeldes in der Hochfrequenzspule in der Größenordnung von 1 Gauß und damit das Feld am Kernort in der Größenordnung von 1000 Gauß. Dieses Feld reicht aus, um in der Lebensdauer der angeregten Zustände von 235 nsec mit großer Wahrscheinlichkeit einen Hochfrequenzübergang zu induzieren. Die Wirkung ist ein Abbau der nach Emission von Gamma (1) in den ersten Detektor vorhandenen Unterschiede in der Besetzung der m-Zustände und damit eine Zerstörung der Anisotropie der Richtungskorrelation. Da die Richtungskorrelation bei 180° ihr Maximum hat, führt dies zu einer Erniedrigung der Koinzidenzzählrate.

Tatsächlich gelang es Matthias et al., die Resonanzfrequenz zu finden und durch eine Verringerung der Koinzidenzzählrate nachzuweisen. Figur 214 zeigt das Ergebnis einer Messung mit der Eisenfolie. Die Breite der Resonanz liegt etwa in der erwarteten Größenordnung. Die Resonanzfrequenz beträgt:

$$\nu_{res} = (882,7 \pm 2,0) \text{ MHz.}$$

---

*Nach den Gesetzen der Elektrodynamik erfordert die Magnetisierung einer Folie senkrecht zur Oberfläche sehr viel stärkere Felder.

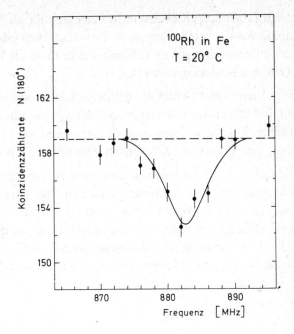

Figur 214:

Resonanzkurve, aufgenommen mit der in Figur 213 dargestellten Anordnung. Diese Figur ist der gleichen Arbeit entnommen.

Aus der Beziehung:

$$h \cdot \nu_{res} = \Delta E = 6,8 \cdot 10^{-12} \cdot H_{in}$$

folgt für die absolute Größe des inneren Feldes am Kernort der implantierten Rh-Atome im Eisen-Wirtsgitter:

$$H_{in} = \frac{h \cdot \nu_{res}}{6,8 \cdot 10^{-12}} \quad \frac{\text{Gauß}}{\text{eV}}$$

$$= \frac{2\pi \cdot 0,658 \cdot 10^{-15} \cdot 882,7 \cdot 10^{9}}{6,8 \cdot 10^{-12}} \text{ Gauß} = 538000 \text{ Gauß}.$$

Die Anwendung des NMR-Verfahrens zur Störung von Richtungskorrelationen setzt so viele Nebenbedingungen voraus, daß diese Methode wohl immer auf einige wenige Fälle beschränkt bleiben wird.

Sie hat wahrscheinlich große Zukunftsaussichten für die Störung von Gamma-Winkelverteilungen nach Kernreaktionen oder von Gamma-Winkelverteilungen an radioaktiven Proben, die bei extrem tiefen Temperaturen ausgerichtet sind.

Wir wollen hiermit das Gebiet der gestörten Richtungskorrelationen verlassen und uns einem anderen Prozeß der dynamischen elektromagnetischen Wechselwirkung zwischen Atomkern und Umgebung zuwenden, dem Prozeß der Konversion oder inneren Umwandlung.

Dem Phänomen der Konversion sind wir bereits mehrfach begegnet. Es handelt sich um einen elektromagnetischen Übergang des Atomkerns, bei dem über die Wechselwirkung mit dem elektromagnetischen Feld des oszillierenden Multipols einem Elektron der eigenen Atomhülle die gesamte Ausstrahlungsenergie $\Delta E = E_i - E_f$ übertragen wird. Wenn die Bindungsenergie dieses Elektrons den Wert E_B hat, so erhält es die kinetische Energie:

$$(464) \qquad E_{kin}(e^-) = \Delta E - E_B.$$

Beobachtet man das Konversionselektronenspektrum eines radioaktiven Präparats mit Hilfe eines magnetischen Beta-Spektrometers oder mit Hilfe eines Halbleiterdetektors, so beobachtet man zu jedem Gamma-Übergang eine ganze Serie von Konversionslinien. Dies rührt daher, daß Elektronen im Prinzip aus allen Elektronenbahnen der Atomhülle konvertieren können. Je weiter außen die Bahn liegt, um so kleiner ist die Bindungsenergie E_B und um so größer ist deshalb die Energie der Konversionselektronen. Es zeigt sich jedoch, daß wegen des raschen Abfalls der Feldstärke des elektromagnetischen Feldes des nuklearen Oszillators mit steigendem Abstand vom Kern im allgemeinen die Konversionswahrscheinlichkeit nur für Elektronen der innersten Schalen, d.h. der K-, L- und M-Schale groß ist. Dies ist ein für die theoretische Berechnung der Konversionswahrscheinlichkeit günstiger Umstand; denn die Elektronenwellenfunktionen der innersten Elektronenschalen kennt man besonders genau, da hier die Abschirmung des statischen elektrischen Feldes des Atomkerns durch die Elektronenhülle noch fast vernachlässigbar klein ist.

Die Berechnung der Wahrscheinlichkeit des Konversionsprozesses ist in vielen verschieden guten Näherungen durchgeführt worden. Wir wollen den Ansatz für die primitivste Näherung verfolgen:

Wir gehen von dem schon oft benutzten Ausdruck der Störungstheorie für die Übergangswahrscheinlichkeit zwischen zwei quantenmechanischen Zuständen i und f aus:

$$W_{i \to f} = \frac{2\pi}{\hbar} \cdot \left| \langle f \mid H \mid i \rangle \right|^2 \cdot \rho(E_f).$$

Wir wollen in nichtrelativistischer Näherung die Wahrscheinlichkeit berechnen, mit der ein Kernübergang unter Übertragung der Übergangsenergie auf ein Elektron der K-Schale erfolgt.

Der Anfangszustand ist deshalb der Kern im angeregten Zustand und ein Elektron in der K-Schale, der Endzustand ist der Kern im Grundzustand und eine auslaufende Elektronenwelle mit der Energie: $E_{kin} = \Delta E - E_B(K)$. Als Wechselwirkungsenergie wollen wir in dieser Näherung allein die elektrostatische Wechselwirkung zwischen den Ladungen im Atomkern und der Ladung des K-Elektrons einsetzen, d.h., der Wechselwirkungsoperator lautet:

$$(465) \qquad H = \sum_{i=1}^{Z} - \frac{e^2}{4\pi\,\epsilon_0 \mid \mathbf{R} - \mathbf{r}_i \mid} \,,$$

mit: $\mathbf{R}$ = Ortsvektor des Elektrons,
      $\mathbf{r}_i$ = Ortsvektor des i-ten Protons im Kern.

Als Ursprung des Koordinatensystems ist der Schwerpunkt des Atomkerns gewählt. Das negative Vorzeichen rührt daher, daß die Vorzeichen der elektrischen Ladung des Elektrons und des Protons verschieden sind.

Wir erhalten deshalb für die Übergangswahrscheinlichkeit für den K-Konversionsprozeß:

$$W_{i \to f} = \frac{2\pi}{\hbar} \cdot \left| \langle \varphi_f \cdot \psi_f \left| \sum_{i=1}^{z} \frac{-e^2}{4\pi \epsilon_0 \left| \mathbf{R} - \mathbf{r}_i \right|} \right| \varphi_i \cdot \psi_i \rangle \right|^2 \cdot \rho(E_f)$$
(466)

mit:

$$\varphi = \varphi(\mathbf{R}) = \text{Wellenfunktion des Elektrons}$$

und:

$$\psi = \psi(\mathbf{r}_1, \mathbf{r}_2, \ldots \mathbf{r}_z) = \text{Wellenfunktion der Protonen im Kern.}$$

Für die Elektronenwellenfunktionen setzen wir die Ausdrücke ein:

(467) $$\varphi_i = (\pi a^3)^{-\frac{1}{2}} \cdot e^{-\frac{R}{a}}, \quad \text{mit} \quad a = \frac{4\pi \epsilon_0 \hbar^2}{Z \cdot me^2} \quad *$$

und:

$$\varphi_f = V^{-\frac{1}{2}} \cdot e^{i\mathbf{k} \cdot \mathbf{R}}, \quad \text{mit} \quad k = \frac{2\pi}{\lambda} = \frac{p}{\hbar} = \frac{1}{\hbar} \cdot \sqrt{2m(\Delta E - E_B)} .**$$
(468)

Wir erhalten dann allerdings zunächst die differentielle Übergangswahrscheinlichkeit für Konversionsprozesse, bei denen das Konversionselektron in die Richtung $\mathbf{k}$ emittiert wird. Um die gesamte

---

*Die K-Elektronen der Atomhülle befinden sich bekanntlich im $\left| 1s \right\rangle$-Zu-
stand. Für $Z = 1$ findet man die Wellenfunktion des $\left| 1s \right\rangle$-Zustands, des
Grundzustands des Wasserstoffatoms, in jedem Lehrbuch der Atomphysik
oder der Quantenmechanik hergeleitet. Führt man die entsprechende Rechnung für die Kernladung $Z \cdot e$ unter Verwendung des unabgeschirmten
Coulomb-Feldes durch, so erhält man den obigen Ausdruck.

**Dies ist die Wellenfunktion einer ebenen, in Richtung von $\mathbf{k}$ auslaufenden
Elektronenwelle, deren Amplitude so normiert ist, daß im Volumen V gerade ein Elektron enthalten ist; denn

$$\langle \varphi_f \left| \varphi_f \rangle = \int_V \varphi_f^* \varphi_f \, d\tau = 1.$$

Übergangswahrscheinlichkeit zu erhalten, müssen wir noch über den gesamten Raumwinkel Ω integrieren.

Die Energiedichte der Endzustände für Emission eines K-Konversionselektrons in das Raumwinkelelement $d\Omega$ beträgt:

$$(469) \qquad d\rho(E) = V \cdot \frac{m\hbar \cdot k}{(2\pi\hbar)^3} \cdot d\Omega, \,*$$

und man erhält damit insgesamt:

$$W_{i \to f} = 2 \cdot \int \frac{2\pi}{\hbar} \cdot$$

$$\cdot \left| \left\langle e^{ik \cdot R} \cdot \psi_f \left| \sum_{i=1}^{Z} \frac{-e^2}{4\pi\epsilon_0 \,|\, R - r_i \,|} \right| \psi_i \cdot (\pi a^3)^{-\frac{1}{2}} \cdot e^{-\frac{R}{a}} \right\rangle \right|^2 \cdot$$

$$(470) \qquad\qquad\qquad\qquad\qquad \cdot \frac{m\hbar k}{(2\pi\hbar)^3} \, d\Omega.$$

Der Faktor 2 wurde angebracht, da jedes Atom zwei Elektronen in der K-Schale enthält. Da die Elektronenwellenfunktion explizit

---

* Zur Ableitung muß man die Zahl der Quantenzellen im Phasenraum der Endzustände pro Einheitsenergieintervall berechnen. Das Volumen im Phasenraum (Produktraum aus Ortsraum und Impulsraum) für die Emission des Elektrons in den Raumwinkel $d\Omega$ beträgt:

$$d(\Delta V_{ph}) = V \cdot \Delta p \cdot p^2 d\Omega.$$

Oder mit:

$$p = (2mE)^{\frac{1}{2}} \quad \text{und} \quad \Delta p = \frac{1}{2} \cdot \frac{1}{(2mE)^{\frac{1}{2}}} \cdot 2m\Delta E = \frac{m}{p} \cdot \Delta E$$

erhält man:

$$d(\Delta V_{ph}) = V \cdot m \cdot p \cdot \Delta E \cdot d\Omega = V \cdot m \cdot \hbar \cdot k \cdot \Delta E \cdot d\Omega$$

und damit:

$$d(\rho(E)) = \frac{1}{h^3} \cdot \frac{\Delta V_{ph}}{\Delta E} \cdot d\Omega = V \cdot \frac{m\hbar \cdot k}{(2\pi\hbar)^3} \cdot d\Omega.$$

eingesetzt wurde, kann man nun versuchen, die Integration über den Ortsraum der Elektronen auszuführen. Wegen der geringen Ausdehnung des Kerns im Verhältnis zur Ausdehnung der Elektronenwellenfunktion kann man im allgemeinen die Integration auf den Außenraum des Kerns beschränken und den Beitrag des Kerninneren vernachlässigen.

Diese Näherung bedeutet eine erhebliche mathematische Vereinfachung; man kann nämlich für $R > r_i$ den Störoperator in folgender Weise nach Kugelflächenfunktionen entwickeln*:

$$-\frac{e^2}{4\pi\,\epsilon_0\,|\,\mathbf{R} - \mathbf{r}_i\,|} =$$

$$-\sum_{L=0}^{\infty}\ \sum_{M=-L}^{+L}\ \frac{e}{\epsilon_0(2L+1)} \cdot \frac{1}{R^{L+1}} \cdot Y_L^M(\theta,\phi) \cdot e\,r_i^L \cdot Y_L^{M*}(\theta_i\phi_i)$$

(471)

wobei θ und ϕ die Polarkoordinaten des Ortsvektors der Elektronen, **R**, und entsprechend θ_i und ϕ_i des Ortsvektors $\mathbf{r}_i$ des i-ten Protons im Kern bedeuten. Jeder Summand dieser Entwicklung ist in Faktoren aufgespalten, von denen der eine nur auf die Koordinaten der Kernwellenfunktion und der andere nur auf die Koordinaten der Elektronenwellenfunktion wirkt.

Es ist wesentlich zu erkennen, daß der auf die Kernwellenfunktion wirkende Operator:

(472) $\qquad e\,r_i^L \cdot Y_L^{M*}(\theta_i, \phi_i)$

identisch mit dem elektrischen Multipoloperator M_{LM}^E (s. Seite 544) für die Gamma-Übergangswahrscheinlichkeit ist. (Der zweite Term des Ausdrucks für M_{LM}^E in Gl. 395 ist nur ein kleiner Spinkorrekturterm, der auch in der Übergangswahrscheinlichkeit für Konversion

---

*s. auch Gleichung (314).

auftritt, wenn man die Wechselwirkungsenergie vollständig ansetzt.) Die Folge davon ist, daß die Wahrscheinlichkeit für den Konversionsprozeß bei Vernachlässigung des Beitrags der Elektronen im Kerninneren streng proportional zur γ-Übergangswahrscheinlichkeit ist und daß der Proportionalitätsfaktor durch eine Integration über die gut bekannten Elektronenwellenfunktionen der inneren Elektronenbahnen des Atoms mit guter Genauigkeit berechnet werden kann.

Wir wollen hier auf das Einsetzen der Reihenentwicklung des Störoperators in den Ausdruck für die Konversionswahrscheinlichkeit $W_{i \to f}$ und auf die Durchführung der Integration über den Raum der Elektronenwellenfunktionen verzichten. Diese Rechnungen lassen sich trotz der komplizierten Ausdrücke ohne besondere Schwierigkeiten durchführen, wenn man die Orthogonalitätseigenschaften der Kugelflächenfunktionen berücksichtigt. Sie führen schließlich auf das Resultat:

(473) $$W_{i \to f}(e_K) = \alpha_K \cdot W_{i \to f}(\gamma).$$

Der Konversionskoeffizient α_K nimmt bei Beschränkung der Rechnung auf die niedrigste mit den Auswahlregeln für elektrische Multipolübergänge verträgliche Multipolordnung L und bei Vernachlässigung der Bindungsenergie E_B des K-Elektrons gegenüber ΔE die Form an:

(474) $$\alpha_k(L) = Z^3 \cdot \left(\frac{e^2}{4\pi \, \epsilon_0 \, \hbar c} \right)^4 \cdot \frac{L}{L+1} \cdot \left(\frac{2mc^2}{\hbar \omega} \right)^{L + \frac{5}{2}}$$

mit:

$$\hbar \omega = E_i - E_f = \Delta E.$$

Man erkennt die starke Abhängigkeit des Konversionskoeffizienten von der Ordnungszahl, der Übergangsenergie $\hbar \omega$ und vor allem von der Multipolordnung L. Diese letzte Eigenschaft hat die Kernspektroskopie in ganz großem Umfang ausgenutzt, um Multipolaritäten und Multipolmischungen von Gamma-Übergängen aus gemessenen Konversionskoeffizienten abzuleiten. Dies setzt natürlich voraus, daß die theoretischen Konversionskoeffizienten mit hinreichender

Genauigkeit bekannt sind. Die hier gezeigte Näherung ist für diesen Zweck völlig unzureichend. Eine genauere Berechnung hat u.a. folgende Punkte zu berücksichtigen:

1. Die elektromagnetische Wechselwirkung zwischen den Nukleonen und den Hüllenelektronen muß vollständig eingesetzt werden;

2. der Ansatz für die auslaufende Elektronenwelle muß die Störung durch das Coulomb-Feld des Kerns berücksichtigen;

3. da die Elektronen in der Umgebung des Atomkerns, vor allem bei großem Z, relativistische Geschwindigkeiten annehmen und die auslaufenden Elektronen oft relativistische Geschwindigkeiten haben, ist anstelle der Schrödinger-Gleichung die Dirac-Gleichung zu verwenden;

4. für die auslaufende Elektronenwelle ist die Wechselwirkung mit dem in der Atomhülle zurückgelassenen Loch zu berücksichtigen;

5. für φ_i sind exakte Hartree-Fock-Wellenfunktionen anstelle der Wasserstoffeigenfunktionen einzusetzen;

6. die Berechnung der exakten Elektronenwellenfunktionen hat die endliche Ausdehnung des Atomkerns zu berücksichtigen;

7. man muß versuchen, auch den Beitrag der Konversion im Inneren des Kernvolumens mit zu berücksichtigen.

Die Kernspektroskopie des vergangenen Jahrzehnts hat fast ausschließlich die Tabellen der 1958 von Rose* und der 1956 und 1958 von Sliv und Band** mit Hilfe von elektronischen Rechenmaschinen berechneten Konversionskoeffizienten verwendet. Die Punkte 1) bis 6) sind in beiden Tabellen berücksichtigt; Rose vernachlässigt den Beitrag der Konversion im Kerninneren, während Sliv und Band ihn unter Verwendung des einfachen Modells mitberücksichtigen, daß alle Kernladungen und Übergangsströme auf

---

*Rose, Internal Conversion Coefficients, North Holland Publ.Comp., Amsterdam 1958.

**Sliv und Band, Tables of Internal Conversion Coefficients, Siegbahn, Alpha-, Beta-, and Gamma-Ray Spectroscopy, North Holland Publ.Comp., Amsterdam 1965, II, S. 1639ff.

die kugelförmige Kernoberfläche konzentriert sind. Die beiden Berechnungen unterscheiden sich außerdem noch in Feinheiten der zur Berechnung der Elektronenwellenfunktion verwendeten Näherung.

Kürzlich ist eine ausführlichere und verbesserte Tabellierung der Konversionskoeffizienten von Hager und Seltzer* durchgeführt worden. Sie umfaßt die Konversionskoeffizienten für elektrische und magnetische Dipol-, Quadrupol-, Oktupol- und Sechzehnpolübergänge für die K-Schale, die drei Terme der L-Schale und die fünf Terme der M-Schale** für alle Elemente von $Z = 30$ bis $Z = 103$. Unabhängig von Hager und Seltzer führte Pauli*** eine weitere Neuberechnung durch. Die Übereinstimmung dieser beiden Tabellen ist ausgezeichnet. Experimentell lassen sich die Intensitätsverhältnisse der einzelnen Konversionslinien aus naheliegenden Gründen meist mit größerer Genauigkeit bestimmen als die absoluten Konversionskoeffizienten. Man nennt das Verhältnis der Intensität der K-Linie zur Summe der Intensitäten der drei L-Linien auch das K/L-Verhältnis und das Verhältnis der drei L-Intensitäten untereinander das L-Unterschalenverhältnis $L_I/L_{II}/L_{III}$ (L-subshell ratios). Beide Größen hängen meist recht empfindlich von der Multipolarität der Strahlung ab und erlauben deshalb, auch Multipolmischungsverhältnisse abzuleiten.

Die Methode sei an einem experimentellen Beispiel erläutert:

---

*Hager und Seltzer, Nuclear Data A 4, 1 (1968).

**In der üblichen Nomenklatur charakterisiert man die Konversionslinien durch die Röntgenterme, die mit der Emission des entsprechenden Konversionselektrons angeregt werden. Z.B. bedeutet die L_I-Konversion die Konversion eines $2s_{1/2}$-Elektrons, L_{II}-Konversion die des $2p_{1/2}$-Elektrons und L_{III}-Konversion die des $2p_{3/2}$-Elektrons usw.

***Pauli, ,,Tables of Conversion Coefficients", Purdue University Report COO-1420-137 (1967).

(76) Bestimmung von Multipolmischungen aus Konversionsdaten unter Verwendung der L-Unterschalenverhältnisse am Beispiel des ^{177}Hf

Lit.: Hübel, Günther, Krien, Toschinski, Speidel, Klemme, Kumbartzki, Gidefeldt, and Bodenstedt, Nucl.Phys. A 127, 609 (1969)

Wir hatten in (69) eine Gamma-Gamma-Richtungskorrelationsuntersuchung zur Bestimmung der $M1/E2$ Mischungsparameter der Kaskadenübergänge einer Rotationsbande des ^{177}Hf beschrieben. Als Beispiel war gezeigt worden, wie aus der 378 keV - 153 keV Richtungskorrelation der Mischungsparameter δ des 153 keV Übergangs bestimmt wurde.

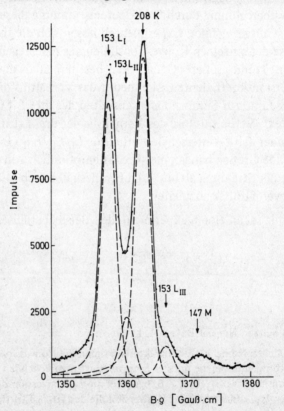

Figur 215:

Ableitung der Multipolmischung des 153 keV Übergangs im ^{177}Hf aus L-Unterschalenverhältnissen. Diese Figur ist der Arbeit von Hübel et al., Nucl.Phys. A 127, 609 (1969), entnommen. Dargestellt ist ein Ausschnitt aus dem Konversionselektronen-Spektrum, das mit dem in Figur 110 dargestellten Orangenspektrometer gemessen wurde.

Die Multipolarität des gleichen Übergangs konnte auch aus einer Messung der *L*-Unterschalenverhältnisse der 153 keV Konversionslinien bestimmt werden.

Figur 215 zeigt den interessierenden Ausschnitt aus dem Konversionselektronenspektrum, das übrigens mit Hilfe des in Figur 110 dargestellten eisenfreien „Orangenspektrometers" aufgenommen wurde.

Zur Analyse dieses Spektrums ist neben dem kontinuierlichen Untergrund die starke 208 keV *K*-Konversionslinie zu subtrahieren. Dies gelingt recht exakt, da die Linienform und vor allem die für die Analyse wichtige linke Flanke des 208 keV peaks durch Übertragung der Linienform der fast untergrundfreien 153 keV L_I-Linie sehr genau gewonnen werden können.

Die gestrichelten Kurven geben das Resultat eines mit einem Computer durchgeführten Angleichs wieder. Nach Integration ihres Flächeninhalts erhält man für den 153 keV Übergang:

$$L_{II}/L_I = 0,2215 \pm 0,0080$$

und

$$L_{III}/L_I = 0,116 \pm 0,010.$$

Aus der Definition des Mischungsparameters δ (s. Seite 582) folgt für die Intensitäten der *M*1- und *E*2-Anteile an der gesamten Gamma-Intensität:

(475) $$I_\gamma(M1) = \frac{1}{1 + \delta^2} \cdot I_\gamma,$$

(476) $$I_\gamma(E2) = \frac{\delta^2}{1 + \delta^2} \cdot I_\gamma$$

und aus der Definition der Konversionskoeffizienten für die Intensität der *L*-Konversionslinie:

(477) $$I_{e^-}(L_I) = \alpha_{L_I}(M1) \cdot I_\gamma(M1) + \alpha_{L_I}(E2) \cdot I_\gamma(E2)$$

oder

$$I_{e^-}(L_I) = \frac{\alpha_{L_I}(M1) + \delta^2 \cdot \alpha_{L_I}(E2)}{1 + \delta^2} \cdot I_\gamma.$$

Entsprechende Formeln gelten für die Intensitäten der L_{II}- und L_{III}-Konversionslinien und natürlich auch für die *K*-Linien.

Für das *L*-Unterschalenverhältnis L_{II}/L_I ergibt sich damit:

(478) $$L_{II}/L_I = \frac{\alpha_{L_{II}}(M1) + \delta^2 \cdot \alpha_{L_{II}}(E2)}{\alpha_{L_I}(M1) + \delta^2 \cdot \alpha_{L_I}(E2)}$$

oder nach Auflösung nach δ^2:

$$(479) \qquad \delta^2 = \frac{\alpha_{L_I}(M1) \cdot L_{II}/L_I - \alpha_{L_{II}}(M1)}{\alpha_{L_{II}}(E2) - \alpha_{L_I}(E2) \cdot L_{II}/L_I} \, .$$

Setzt man die vier Konversionskoeffizienten aus der Tabelle von Hager und Seltzer* und den experimentellen Wert für L_{II}/L_I ein, so erhält man:

$$\delta^2_{153 \text{ keV}} = 0{,}143 \pm 0{,}019$$

und entsprechend aus dem experimentellen L_{III}/L_{II} Verhältnis:

$$\delta^2_{153 \text{ keV}} = 0{,}142 \pm 0{,}021.$$

Die Übereinstimmung mit dem Resultat der Richtungskorrelationsmessungen (s. Seite 589):

$$\delta_{153 \text{ keV}} = -0{,}362 \pm 0{,}016$$

oder damit

$$\delta^2_{153 \text{ keV}} = 0{,}131 \pm 0{,}012$$

ist befriedigend.

Für die Benutzung der tabellierten Konversionskoeffizienten zur Bestimmung von Multipolmischungen wäre es von großem Wert zu wissen, wie groß die absolute Genauigkeit der berechneten Werte ist. Es ist schwierig, hierüber eine sichere Information durch Abschätzung der systematischen Fehler zu gewinnen, die in den Näherungen enthalten sind. Man versucht deshalb, durch direkten Vergleich mit gemessenen Konversionskoeffizienten an Übergängen bekannter reiner Multipolarität die berechneten Tabellen zu prüfen. Die bisher genauesten Messungen zeigen eine sehr gute Übereinstimmung mit den neuen Tabellen, und es ist zu vermuten, daß eine Genauigkeit von besser als etwa 5% erzielt wurde.

Die Vernachlässigung der Konversion im Kerninneren liefert im allgemeinen einen verschwindend kleinen Fehler und beeinflußt die Zuverlässigkeit der Methode kaum.

---

*Hager and Seltzer, Nuclear Data A 4, 1 (1968).

Man hat jedoch bei einigen $M1$- und $E1$-Übergängen anormal große Konversionskoeffizienten beobachtet, was darauf zurückzuführen ist, daß in diesen Fällen die Konversion im Kerninneren einen merklichen Beitrag liefert. Dies wird in allen bekannten Fällen dadurch verursacht, daß aufgrund spezieller Eigenschaften der Kernstruktur das Gamma-Matrix-Element, das die Konversion im Außenraum bestimmt, um mehrere Zehnerpotenzen kleiner ist, als die Weisskopf-Abschätzung voraussagt. Eine solche Retardierung hat nämlich nicht automatisch auch eine entsprechende Retardierung der Konversion im Kerninneren zur Folge, denn eine Berechnung der Konversion im Kerninneren führt auf andere Kernmatrixelemente.

Die Operatoren in diesen Matrixelementen, auch „penetration"-Matrixelemente genannt, unterscheiden sich von den Operatoren des Gamma-Matrixelements durch zusätzliche, von r_i abhängige Faktoren.

Bei $M1$-Übergängen tritt genau ein „penetration"-Matrixelement auf, und man führt einen „penetration"-Parameter λ durch die Definition ein:

$$(480) \qquad \lambda = \frac{\langle \psi_f \parallel M1 \text{ (penetration)} \parallel \psi_i \rangle}{\langle \psi_f \parallel M1(\gamma) \parallel \psi_i \rangle} \, .$$

Bei $E1$-Übergängen führt die Berechnung der Konversion im Kerninneren auf zwei neue Matrixelemente, und man führt die beiden „penetration"-Parameter η und ξ ein:

$$(481) \qquad \eta = \frac{\langle \psi_f \parallel E1_1 \text{ (penetration)} \parallel \psi_i \rangle}{\langle \psi_f \parallel E1 (\gamma) \parallel \psi_i \rangle}$$

und

$$(482) \qquad \xi = \frac{\langle \psi_f \parallel E1_2 \text{ (penetration)} \parallel \psi_i \rangle}{\langle \psi_f \parallel E1 (\gamma) \parallel \psi_i \rangle} \, .$$

Die Entwicklung der genauen Gestalt der „penetration"-Matrixelemente geht über den Rahmen dieses Buches hinaus. Zum eingehenderen Studium sei der Artikel von Church und Weneser:

„Nuclear Structure Effect in Internal Conversion" (Ann.Rev.Nucl. Sc. 10, 193 (1960)) sowie die Arbeit von Pauli: „Finite Nuclear Size Effects in Internal Conversion", Helv.Phys.Acta 40, 713 (1967), empfohlen.

Während bei erlaubten $M1$- und $E2$-Übergängen die „penetration"-Matrixelemente in der gleichen Größenordnung wie die Gamma-Matrixelemente liegen, d.h. die „penetration"-Parameter λ etwa den Wert 1 haben, kann bei retardierten Gamma-Übergängen $\lambda \gg 1$ werden, und dann ist die Konversion im Kerninneren nicht mehr zu vernachlässigen.

Bezeichnet man die ohne Berücksichtigung des Kerninneren berechneten Konversionskoeffizienten für $M1$-Übergänge mit β und für $E1$-Übergänge mit α, so erhält man für die exakten Konversionskoeffizienten die Ausdrücke:

$$(483) \qquad \frac{W_{i \to f}(e^-)}{W_{i \to f}(\gamma)} = \beta \cdot \Delta_m , \quad \text{mit } \Delta_m = 1 + B_1 \lambda + B_2 \lambda^2$$

für $M1$-Übergänge und

$$(484) \qquad \frac{W_{i \to f}(e^-)}{W_{i \to f}(\gamma)} = \alpha \cdot \Delta_e,$$

mit

$$\Delta_e = 1 + A_1 \eta + A_2 \eta^2 + A_3 \eta\, \xi + A_4 \xi + A_5 \xi^2$$

für $E2$-Übergänge.

Man nennt die Faktoren Δ_m und Δ_e auch die Anomaliefaktoren. Die Koeffizienten B_i und A_i stellen Gewichtsfaktoren dar, die durch Integration über die radialen Elektronenwellenfunktionen zu erhalten sind.

Ein sorgfältiges Studium der wenigen Fälle, in denen Abweichungen von den tabellierten Konversionskoeffizienten, d.h. also anormale Konversion, sicher nachgewiesen wurden, ist für die Erforschung der Kernstruktur von großem Wert. Wenn es gelingt, aus den Meßergebnissen die „penetration"-Parameter abzuleiten, so erhält man damit über das etwa aus der Halbwertszeit des Übergangs abgeleitete Gamma-Matrixelement auch absolute Zahlenwerte der „penetration"-Matrixelemente. Jedes experimentell bestimmte Kernmatrixelement stellt aber eine neue direkte Information über die Kernwellenfunktionen dar.

(77) Die Beobachtung anormaler Konversion und die experimentelle Bestimmung von „penetration"-Matrixelementen

Lit.: Gerholm and Pettersson in Siegbahn: Alpha-, Beta-, and Gamma-Ray Spectroscopy, North Holland Publ.Comp., Amsterdam 1968, II, S. 981ff.
Pauli and Alder, Zeitschrift für Physik 202, 255 (1967)
Pauli, Helv.Phys.Acta 40, 713 (1967)
Grabowski, Pettersson, Gerholm, and Thun, Nucl.Physics 24, 251 (1961)

Seit 1954 wurde in vielen verschiedenen Fällen über Abweichungen zwischen experimentell beobachteten Konversionskoeffizienten und theoretisch berechneten Koeffizienten berichtet. Diese Unterschiede waren jedoch keineswegs immer durch „penetration"-Effekte verursacht. Zum Teil enthielten die Messungen systematische Fehler, zum Teil lag die Ursache in der mäßigen Genauigkeit der berechneten Koeffizienten.

Mit Sicherheit hat man heute jedoch „penetration"-Effekte in einer ganzen Reihe von stark verzögerten $E1$-Übergängen und bei einigen stark verzögerten $M1$-Übergängen nachgewiesen.

Tabelle 12

Konversionskoeffizienten und Anomaliefaktoren des 396 keV-$E1$-Übergangs des ^{175}Lu:

Konversionslinie (σ)	exp. Konversionskoeff. α (σ)	Anomaliefaktor $\Delta_e(\sigma)$
K	$4{,}2 \pm 0{,}3 \cdot 10^{-2}$	$4{,}67 \pm 0{,}33$
L_I	$6{,}4 \pm 0{,}6 \cdot 10^{-3}$	$5{,}9 \pm 0{,}55$
L_{II}	$6{,}2 \pm 0{,}7 \cdot 10^{-4}$	$5{,}4 \pm 0{,}61$
L_{III}	$1{,}09 \pm 0{,}12 \cdot 10^{-4}$	$1{,}01 \pm 0{,}11$

Eine sorgfältige Analyse der anormalen Konversion bei den $E1$-Übergängen wurde von Pauli und Alder 1967 unter Verwendung der neuberechneten Konversionskoeffizienten durchgeführt. Die Tabellen 12 und 13 zeigen als Beispiel die gemessenen Konversionskoeffizienten und Anomaliefaktoren bei retardierten $E1$-Übergängen des ^{175}Lu und ^{177}Hf.

Tabelle 13

Konversionskoeffizienten und Anomaliefaktoren des 321 keV-$E1$-Übergangs des ^{177}Hf:

Konversionslinie (σ)	exp. Konversionskoeff. $\alpha\,(\sigma)$	Anomaliefaktor $\Delta_e(\sigma)$
K	$0{,}084 \pm 0{,}004$	$5{,}5 \pm 0{,}26$
L_I/L_{III}	54 ± 19	$6{,}5 \pm 2{,}3$
L_{II}/L_{III}	$6{,}3 \pm 3{,}2$	$6{,}0 \pm 3{,}2$

Die Anomaliefaktoren sind alle größer als 1; dies muß so sein, denn die zusätzliche Konversion im Kerninneren vergrößert den Konversionskoeffizienten gegenüber dem berechneten Wert.

Es fällt auf, daß die L_{III}-Konversionslinie des ^{175}Lu den Anomaliefaktor 1 hat, d.h., daß hier Übereinstimmung mit dem theoretisch berechneten Konversionskoeffizienten vorliegt und damit der Beitrag der Konversion im Kerninneren vernachlässigbar klein ist. Dieses Phänomen wird generell bei allen L_{III}-Konversionslinien beobachtet. Es hat folgende Erklärung: Das L_{III}-Elektron befindet sich im $p_{3/2}$-Zustand und seine Wellenfunktion hat am Kernort einen Null-Durchgang. Deshalb werden die durch Integration der radialen Wellenfunktionen über das Kerninnere berechneten Gewichtsfaktoren A_i vernachlässigbar klein. Starke „penetration"-Effekte erwartet man dagegen bei den K- und den L_I-Linien, da es sich hier um s-Elektronen handelt, deren Wellenfunktionen am Kernort ein Maximum haben.

Unverständlich erscheint zunächst, warum auch die L_{II}-Konversionslinien eine starke Anomalie zeigen, obwohl es sich hier um einen $p_{1/2}$-Zustand handelt. Die Erklärung liegt darin, daß es sich bei Verwendung exakter relativistischer Wellenfunktionen herausstellt, daß die $p_{1/2}$-Welle im Gegensatz zur $p_{3/2}$-Welle am Kernort eine kräftige Amplitude hat.

Pauli und Alder leiteten für diese beiden $E1$-Übergänge am ^{175}Lu und ^{177}Hf, sowie für eine Reihe weiterer $E1$-Übergänge mit anormaler Konversion aus den Anomaliefaktoren unter Verwendung berechneter Werte für die

Gewichtsfaktoren A_i Zahlenwerte für die „penetration"-Parameter ab. Es ist zu beachten, daß in der Literatur mehrere etwas verschiedene Definitionen der „penetration"-Matrixelemente und damit auch der „penetration"-Parameter verwendet werden. Näherungsweise gilt für die von Pauli und Alder verwendeten Parameter η und ξ:

$$(485) \qquad \eta = \frac{\langle \psi_f \, \| \, i \cdot (j_n \cdot \mathfrak{r}_0) \cdot \left(\frac{r}{R_N}\right)^2 \cdot Y_1 \, \| \, \psi_i \rangle}{\langle \psi_f \, \| \, \rho_n \cdot \left(\frac{r}{R_N}\right) \cdot Y_1 \, \| \, \psi_i \rangle}$$

$$(486) \qquad \xi = \frac{\langle \psi_f \, \| \, \rho_n \cdot \left(\frac{r}{R_N}\right)^3 \cdot Y_1 \, \| \, \psi_i \rangle}{\langle \psi_f \, \| \, \rho_n \cdot \left(\frac{r}{R_N}\right) \cdot Y_1 \, \| \, \psi_i \rangle} \cdot \quad *$$

Im Nenner beider Ausdrücke steht genau das reduzierte $E1$-Gamma-Matrixelement. Die beiden Zähler stellen die beiden $E1$-„penetration"-Matrixelemente dar.

Pauli und Alder fanden, daß bei $E1$-Übergängen der Beitrag des „penetration"-Parameters ξ zur anormalen Konversion vernachlässigbar klein ist gegenüber

---

*In diesen Ausdrücken bedeuten:

R_N = Kernradius;
r = Nukleonenabstand vom Schwerpunkt des Kerns;
$\mathfrak{r}_0$ = Einheitsvektor in Richtung des Nukleonenortsvektors;
ρ_n = Ladungsdichteoperator;
j_n = Stromdichteoperator;
Y_1 = reduzierter Tensoroperator der Kugelflächenfunktion.

Der Zusammenhang zwischen dem reduzierten Matrixelement und dem normalen Matrixelement des Tensoroperators ist durch das Wigner-Eckart-Theorem gegeben (s. Gl. 325):

$$\langle \tau_f, I_f, m_f \mid i (j_n \cdot \mathfrak{r}_0) \left(\frac{r}{R_N}\right)^2 \cdot Y_1^m \mid \tau_i, I_i, m_i \rangle$$

$$= \frac{1}{\sqrt{2I_f + 1}} \cdot \langle \tau_f I_f \, \| \, i (j_n \cdot \mathfrak{r}_0) \cdot \left(\frac{r}{R_N}\right)^2 \cdot Y_1 \, \| \, \tau_i I_i \rangle \cdot \langle I_i \, 1 \, m_i \, m \mid I_f \, m_f \rangle .$$

Das Wigner-Eckart-Theorem wird in vielen Lehrbüchern der Quantentheorie ausführlich behandelt.

dem Beitrag von η, und sie werteten deshalb die Anomaliefaktoren allein zu einer Bestimmung von η aus.

Wegen der quadratischen Abhängigkeit von η (s. Gl. 484) gibt es im allgemeinen zwei Lösungen. Berücksichtigt man jedoch die Anomaliefaktoren mehrerer Konversionslinien, so läßt sich meistens die Mehrdeutigkeit beseitigen.

Die folgende Tabelle zeigt die Ergebnisse der Analyse von Pauli und Alder:

Tabelle 14

Penetration-Matrixelemente η , abgeleitet aus $E1$-Übergängen mit anormaler Konversion.

Isotop	^{175}Lu	^{175}Lu	^{175}Lu	^{177}Lu	^{231}Pa	^{233}Pa	^{237}Np	^{237}Np	^{239}Pa
E_γ[keV]	144,8	282,0	396,0	150,3	84,2	86,4	26,4	59,6˙	106,1
Retardierung (Weisskopf-Einheiten)	$1,27 \cdot 10^6$	$9,1 \cdot 10^5$	$1,98 \cdot 10^6$	$2,70 \cdot 10^6$	$1,78 \cdot 10^6$	$9.1 \cdot 10^5$	$2,54 \cdot 10^5$	$2,04 \cdot 10^5$	$1,59 \cdot 10^6$
η	8,0 ± 2,5	5,75 ± 0,50	− 12,8 ± 0,75	14,0 ± 2,0	$^{+ 8,5}_{- 7,5}$ $^{± 0,5}_{± 0,5}$	5,0 ± 1,0	2,4 ± 0,3	2,2 ± 0,5	2,0 ± 0,2

Es ist interessant, die Korrelation zwischen der Retardierung des Gamma-Übergangs und der Größe des ,,penetration''-Parameters zu untersuchen. Man erwartet aufgrund der Definition, daß η proportional zum Retardierungsfaktor zunimmt. Figur 216 zeigt, daß dieser Zusammenhang tatsächlich näherungsweise realisiert ist.

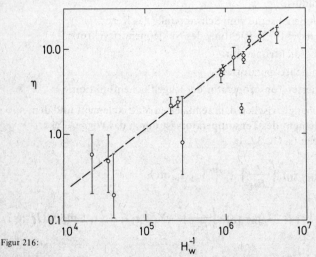

Figur 216:

Korrelation zwischen dem ,,penetration''-Parameter und dem Retardierungsfaktor. Diese Figur ist der Arbeit von Pauli, Helv.Phys.Acta 40, 713 (1967), entnommen.

Bei retardierten $M1$-Übergängen ist die Analyse der experimentellen Konversionsdaten komplizierter, da hier im allgemeinen kräftige Beimischungen von $E2$-Strahlung vorliegen. Man ist deshalb darauf angewiesen, zunächst den $M1/E2$-Mischungsparameter durch Gamma-Gamma-Richtungskorrelationsmessungen oder L.P.-Korrelationsmessungen direkt zu bestimmen. Das bekannteste Beispiel für anormale Konversion bei einem retardierten $M1$-Übergang ist der 482 keV-Übergang in ^{181}Ta.

Der Mischungsparameter δ dieses Übergangs wurde von verschiedenen Arbeitsgruppen durch Gamma-Gamma-Richtungskorrelationsmessungen und L.P.-Korrelationsmessungen ermittelt. Schlecht zu eliminierende Beimischungen störender Kaskaden beeinträchtigen die Genauigkeit. Das Resultat:

$$\delta = + 6{,}25 \pm 0{,}75$$

bedeutet, daß überwiegend ($\delta^2/1 + \delta^2 \approx 97\%$) $E2$-Strahlung vorliegt und damit die retardierte $M1$-Strahlung im Gamma-Übergang nur schwach beteiligt ist. Der K-Konversionskoeffizient des 482 keV-Übergangs wurde von Hager und Seltzer kürzlich mit besonders hoher Genauigkeit gemessen. Wir wollen aus dem Resultat:

$$\alpha_K = 0{,}0239 \pm 0{,}001$$

den Anomaliefaktor der $M1$-Konversion ableiten.

Auf Seite 633 war für den Konversionskoeffizienten gemischter Übergänge der Ausdruck abgeleitet worden (s. Gl. 477):

$$\frac{I_{e^-}(K)}{I_\gamma(K)} = \alpha_k = \frac{\alpha_K(M1) + \delta^2 \cdot \alpha_K(E2)}{1 + \delta^2}.$$

Wir lösen nach $\alpha_K(M1)$ auf und erhalten:

(487) $$\alpha_K(M1) = \alpha_K + \delta^2 \cdot (\alpha_K - \alpha_K(E2)).$$

Setzt man für α_K den experimentellen Wert ein und für $\alpha_K(E2)$ den berechneten Wert für $E2$-Übergänge (hier ist kein „penetration"-Effekt zu berücksichtigen, denn der $E2$-Übergang ist nicht retardiert):

$$\alpha_{K_{th}}(E2) = 1{,}6 \cdot 10^{-2},$$

so ergibt sich:

$$\alpha_K(M1) = 0{,}0239 + 39 \cdot (0{,}0239 - 0{,}016) = 0{,}33.$$

Der Vergleich mit dem Tabellenwert:

$$\alpha_{K_{th}}(M1) = 0{,}044$$

zeigt eine sehr starke Anomalie; der Anomaliefaktor beträgt:

$$\Delta(M1) = \frac{0{,}33}{0{,}044} = 7{,}5.$$

Zur Sicherstellung dieses Resultats und zur Beseitigung von Mehrdeutigkeiten in der Ableitung der „penetration"-Parameter hat man in diesem speziellen Fall sowie auch in einer Reihe weiterer $M1$- und $E1$-Gamma-Übergänge mit anormaler Konversion ausgenutzt, daß der „penetration"-Effekt auch die Korrelation zwischen den Emissionsrichtungen des Konversionselektrons und eines vorhergehenden oder nachfolgenden Gamma-Übergangs empfindlich beeinflußt. Die Ursache dieses Effekts ist für $M1$-Übergänge besonders durchsichtig.

Wir betrachten den K-Konversionsprozeß und denken uns die auslaufende Elektronenwelle nach Partialwellen mit definiertem Bahndrehimpuls entwickelt. Dann folgt aus den Auswahlregeln für $M1$-Übergänge, daß nur die $s_{1/2}$- und $d_{3/2}$-Partialwellen zur e^--Emission beitragen können (s. Figur 217). Die $M1$-Auswahlregeln verlangen nämlich, daß das Konversionselektron einen Übergang macht, bei dem der Drehimpuls $1 \cdot \hbar$ übernommen wird und bei dem die Parität unverändert bleibt.

Liegt nun ein Übergang mit anormaler Konversion vor, so bedeutet dies, daß zusätzlich zur Konversion im Außenraum mit merklicher Wahrscheinlichkeit Konversion im Kerninneren stattfindet. Die von dort austretenden Elektronen können natürlich nur die $s_{1/2}$-Partialwelle bevölkern*.

Der Effekt auf die Richtungskorrelation ist offensichtlich: nur die Amplitude der $d_{3/2}$-Partialwelle zeigt eine Winkelabhängigkeit, die $s_{1/2}$-Partialwelle ist

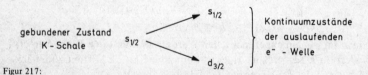

Figur 217:

Mögliche Kontinuumszustände der auslaufenden e^--Wellen bei K-Konversion eines $M1$-Übergangs.

---

*Formal liegt das daran, daß zu den durch Integration über die radiale Wellenfunktion der Elektronen berechneten Koeffizienten B_i nur die $s_{1/2}$-Welle einen merklichen Beitrag liefert, denn die Amplitude der $d_{3/2}$-Welle verschwindet am Kernort.

kugelsymmetrisch. Dies bedeutet, daß die zusätzlich durch den „penetration"-Effekt emittierten Konversionselektronen eine isotrope Winkelkorrelation haben müssen, und daraus folgt, daß bei retardierten $M1$-Übergängen der „penetration"-Effekt die Anisotropie der (e^-, γ)-Richtungskorrelation erniedrigt.

Um diesen Effekt nachweisen zu können, muß man wissen, wie die (e^-, γ)-Richtungskorrelation ohne den „penetration"-Effekt, d.h. also bei Konversion im Außenraum des Kerns, aussieht. Sie ist anders als die entsprechende Gamma-Gamma-Richtungskorrelation, da die auslaufende Elektronenwelle durch das Coulomb-Feld des Kerns beeinflußt wird.

Die Theorie der (e^-, γ)-Richtungskorrelation wurde von Rose, Biedenharn und Arfken entwickelt* .

Wir hatten auf Seite 581 die theoretische Form der Gamma-Gamma-Richtungskorrelation dargestellt. Wenn der erste Gamma-Übergang durch einen K-Konversionsübergang ersetzt wird, so erhält man die entsprechende (e^-, γ)-Richtungskorrelation, indem man die $A_k^{(1)}$-Koeffizienten durch den Ausdruck ersetzt:

$$A_k^{(1)}(e^-) = \frac{1}{1 + \delta^2(e^-)} \cdot \{ b_k(L_1 L_1) \cdot F_k(L_1 L_1 I_i I) +$$

(488)
$$+ 2\delta(e^-) \cdot b_k(L_1 L_1') \cdot F_k(L_1 L_1' I_i I)$$

$$+ \delta^2(e^-) \cdot b_k(L_1' L_1') \cdot F_k(L_1' L_1' I_i I)$$

mit:

$$\delta(e^-) = \delta \cdot \sqrt{\frac{\alpha(L')}{\alpha(L)}} \ .$$

Die Abweichung von dem entsprechenden Ausdruck für einen Gamma-Übergang liegt einmal in den zusätzlichen Faktoren $b_k(L_1 L_1)$, $b_k(L_1 L_1')$ und $b_k(L_1' L_1')$, den sogenannten „particle"-Parametern und zum anderen darin, daß wegen der verschieden starken Konversion der L_1- und der L_1'-Strahlung eine Änderung des Mischungsparameters auftritt. Die „particle"-Parameter sind natürlich von der Elektronenenergie abhängig. Mit $E_{kin}(e^-) \to \infty$ müssen sie asymptotisch gegen 1 gehen, da dann das Coulomb-Feld die Bahnen der auslaufenden Elektronen nicht mehr beeinflussen kann.

---

*Rose, Biedenharn und Arfken, Phys.Rev. 85, 5 (1952).

Die „particle"-Parameter wurden zunächst von Biedenharn und Rose* tabelliert.

Das asymptotische Verhalten für $E_{kin}(e^-) \to \infty$ wird von den Tabellen richtig wiedergegeben bis auf das Interferenzglied $b_k(L_1 L_1')$, das merkwürdigerweise asymptotisch gegen (-1) geht. Die Physiker haben diese Tabelle von Biedenharn und Rose zehn Jahre lang verwendet, bis Geiger** 1963 darauf aufmerksam machte, daß seine (e^-, γ)-Richtungskorrelationsmessungen am ^{127}J in offensichtlichem Widerspruch zu den tabellierten „particle"-Parametern standen. Seine Messungen ergaben Evidenz für das umgekehrte Vorzeichen der $b_k(L_1 L_1')$-Parameter. Kurz darauf bestätigten neue theoretische Berechnungen***, daß die alte Tabellierung des Interferenzgliedes tatsächlich einen Vorzeichenfehler enthielt. Eine neue Berechnung der „particle"-Parameter unter Verwendung besserer Näherungen wurde kürzlich von Hager und Seltzer veröffentlicht****.

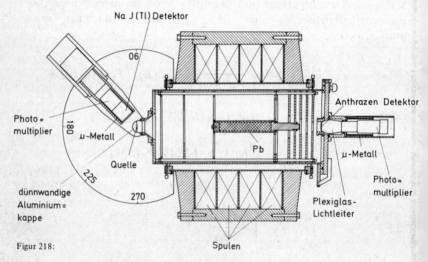

Figur 218:

Meßanordnung von Grabowski et al., Nucl.Phys. 24, 251 (1961), zur Messung von Konversionselektron-Gamma-Richtungskorrelationen.

---

*Biedenharn und Rose, Rev.Mod.Phys. 25, 729 (1953).

**Geiger, Phys.Lett. 7, 48 (1963).

***Church, Schwarzschild, and Weneser, Phys.Rev. 133, B35 (1964).
Biedenharn and Rose, Phys.Rev. 134, B8 (1964).

****Hager and Seltzer, „Directional Polarisation Particle Parameter",
Nuclear Data A4 (1968).

Die Schwächung der Anisotropie der 133 keV (γ) - 482 keV (e^-)-Richtungskorrelation durch den „penetration"-Effekt wurde zuerst von Grabowski, Pettersson, Gerholm und Thun beobachtet. Figur 218 zeigt die experimentelle Anordnung zur Messung der (e^-, γ)-Korrelation. Die Konversionselektronen werden mit Hilfe eines magnetischen Linsenspektrometers auf einen Anthrazen-Kristall abgebildet, während zum Nachweis der Gamma-Strahlung ein NaJ(Tl)-Detektor verwendet wird. Das Linsenspektrometer ist so konstruiert, daß sich die Quelle außerhalb des Spektrometers befindet, so daß der Gamma-Detektor über einen weiten Winkelbereich geschwenkt werden kann. Der Vakuumabschluß des Spektrometers ist um die Quelle herum so dünnwandig ausgeführt, daß die Gamma-Strahlung praktisch ungeschwächt und unabgelenkt austreten kann.

Eine besondere Schwierigkeit der Messung am ^{181}Ta liegt darin, daß die verwendeten festen Quellen immer eine starke Abschwächung der Winkelkorrelation durch innere Felder verursachen. Die Größe dieser Abschwächung wurde durch Messungen der Gamma-Gamma-Richtungskorrelation experimentell bestimmt.

Figur 219 zeigt die gemessene (e^-, γ)-Richtungskorrelation zusammen mit einer theoretischen Kurve, die unter Verwendung der tabellierten „particle"-Parameter berechnet wurde. Sie wurde für die Abschwächung der Richtungskorrelation durch innere Felder korrigiert*. Man erkennt, daß tatsächlich die

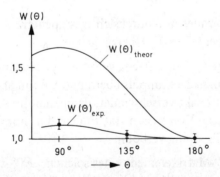

Figur 219:

Meßresultat für die 133 keV (Gamma)-482 keV (e^-, γ)-Richtungskorrelation des ^{181}Ta. Die theoretische Kurve ist im gleichen Diagramm eingetragen. Diese Ergebnisse wurden der Arbeit von Voß, Dissertation Bonn 1968, entnommen.

*Die dargestellte Kurve ist das Ergebnis einer kürzlichen Wiederholung der Messung von Grabowski et al. durch Voß (Dissertation, Bonn 1968). Die Aktivität wurde mit Hilfe eines Isotopenseparators in eine Aluminiumfolie eingeschossen. Aluminium hat ein kubisches Gitter. Auf diese Weise wurde erreicht, daß die Abschwächung durch innere Felder wesentlich kleiner war als bei der Messung von Grabowski et al.

Anisotropie in drastischer Weise reduziert wird. Die Auswertung aller bisherigen Messungen unter Verwendung der Konversionsdaten und der Gamma-Gamma-Richtungskorrelationsmessungen ergibt für den „particle"-Parameter:

$$\lambda = + 170 \pm 30.*$$

Im Falle der $M1$-Übergänge ist das „penetration"-Matrixelement definiert durch

(489)
$$\lambda = \frac{\langle \psi_f \| \left(\dfrac{r}{R_N} \right)^2 \cdot M1_\gamma \| \psi_i \rangle}{\langle \psi_f \| M1_\gamma \| \psi_i \rangle}.$$

Da das $M1$-Gamma-Matrixelement experimentell bekannt ist, erhält man damit einen absoluten Wert für das im Zähler dargestellte $M1$ „penetration"-Matrixelement.

Es ist eine lohnende Aufgabe der Theorie zu prüfen, ob die in den bekannten Kernmodellen verwendeten Kernwellenfunktionen die „penetration"-Matrixelemente richtig wiedergeben. Einige wenige Rechnungen liegen bisher vor. Sie ergeben zumindest die richtige Größenordnung.

Ein besonders reizvolles und durchsichtiges „penetration"-Phänomen beobachtet man bei $0^+ \rightarrow 0^+$-Übergängen.

Gamma-Übergänge sind hier streng verboten, da ein emittiertes Gamma-Quant immer Drehimpuls übernimmt. Wenn aber das Gamma-Matrixelement exakt verschwindet, dann kann im Außenraum des Kerns auch keine Konversion stattfinden, d.h. normale Konversion ist ebenfalls streng verboten.

Das „penetration"-Matrixelement eines solchen „$E0$"-Übergangs verschwindet dagegen nicht, und Konversionsübergänge sind allein aufgrund des „penetration"-Matrixelements möglich. Church und Weneser haben in einer bekannten Arbeit* die Theorie der elektrischen Monopol-Konversionsübergänge entwickelt und auf die Bedeutung der experimentellen Bestimmung absoluter Übergangswahrscheinlichkeiten hingewiesen.

---

*Church and Weneser, Phys.Rev. 103, 1035 (1956).

Das „$E0$"-„penetration"-Matrixelement hat nämlich eine besonders einfache Gestalt und ist deshalb für eine Analyse der Kernstruktur sehr wertvoll. Näherungsweise lautet dieses Matrixelement:

$$(490) \qquad \rho = \langle\, \psi_f \,\left|\, \sum_{i=1}^{Z} \left(\frac{r_i}{R_N}\right)^2 \,\right|\, \psi_i \,\rangle,$$

und die absolute Konversionsübergangswahrscheinlichkeit ist gegeben durch:

$$(491) \qquad W_{i \to f}\,(e^-) = \Omega \cdot \rho^2,$$

wobei der Faktor Ω durch Integration über die Elektronenwellenfunktionen im Kerninneren recht genau berechnet werden kann.

Tatsächlich gelang es, die „$E0$"-Konversion in einigen Fällen zu beobachten und aus der absoluten Konversionsübergangswahrscheinlichkeit Zahlenwerte für das „$E0$"-„penetration"-Matrixelement abzuleiten.

⑦⑧ Die Beobachtung von „$E0$"-Konversionsübergängen und die Bestimmung von „$E0$"-„penetration"-Matrixelementen

Lit.: Ellis and Aston, Proc.Royal Soc. 129A, 180 (1930)
    Gerholm and Pettersson in Siegbahn: Alpha-, Beta-, and Gamma-Ray
        Spectroscopy, North Holland Publ.Comp., Amsterdam 1968,
        II, S. 987

Die erste Beobachtung von Konversionselektronen bei $0^+ \to 0^+$-Übergängen gelang Ellis und Aston 1930. Seitdem sind eine Reihe von weiteren Fällen untersucht worden.

Wenn der erste angeregte Zustand eines gg-Kerns ein 0^+-Zustand wäre und die Anregungsenergie unterhalb der doppelten Elektronenruheenergie liegen würde, dann würde die Emission eines Konversionselektrons die einzige Zerfallsmöglichkeit sein. Aus der Beobachtung der Halbwertszeit würde unmittelbar die absolute Übergangswahrscheinlichkeit für die „$E0$"-Konversion folgen.

Tatsächlich liegen im allgemeinen jedoch Niveaus mit anderen Spins zwischen beiden 0^+-Niveaus, und das obere 0^+-Niveau hat damit weitere Zerfallskanäle zur Verfügung. Wenn der Abstand der beiden 0^+-Niveaus größer als $2 \cdot m_e c^2$ ist, ist außerdem ein Zerfall durch (e^-, e^+)-Paarbildung im Kern möglich. Die Messung von ρ erfordert deshalb neben der Bestimmung der Halbwertszeit des oberen 0^+-Niveaus und der Beobachtung der „$E0$"-Konversionselektronen eine Messung des Verzweigungsverhältnisses zwischen den verschiedenen Zerfallskanälen.

Folgende Ergebnisse wurden bisher an $0^+ \rightarrow 0^+$-Übergängen erzielt:

Tabelle 15

Gemessene $E0$-„penetration"-Matrixelemente für $0^+ \rightarrow 0^+$-Übergänge:

Isotop	^{12}C	^{16}O	^{40}Ca	^{42}Ca	^{70}Ge	^{72}Ge	^{90}Zr	^{240}Pu
ΔE [MeV]	7,680	6,060	3,348	1,836	1,215	0,680	1,750	0,858
ρ	$\approx 0,5$	$\approx 0,5$	0,15	$0,41_4$	0,03	0,11	0,06	$0,2_1$

„$E0$"-Konversionsübergänge sind natürlich zwischen allen Niveaus möglich, die gleiche Spins und gleiche Paritäten haben. Bei solchen Übergängen ist deshalb immer Vorsicht angebracht, wenn die gemessenen Konversionskoeffizienten analysiert werden, um etwa Multipolmischungen daraus abzuleiten.

Wir haben in diesem Kapitel eine große Zahl von Experimenten zur elektromagnetischen Wechselwirkung zwischen Kern und Umgebung beschrieben. Einige dieser Experimente sind heute Standardmethoden der Kernspektroskopie, und an mehr oder weniger willkürlich herausgegriffenen Beispielen wurden diese Methoden erläutert.

Die heute vorliegenden experimentellen Ergebnisse der Kernspektroskopie sind in umfangreichen Tabellen zusammengefaßt.

Die systematischen Untersuchungen der Kernspektroskopie haben dazu geführt, daß man heute von sehr vielen Atomkernen die Spins, Paritäten und Anregungsenergien der meisten niederenergetischen

Zustände kennt; von den meisten beobachteten Gamma-Übergängen kennt man die Multipolarität, und in vielen Fällen sind auch die Lebensdauern und die magnetischen Momente und in einigen Fällen auch die elektrischen Quadrupolmomente bekannt. Wir wollen die Interpretation der wichtigsten aus der Systematik dieser Daten abgeleiteten Eigenschaften der Atomkerne zusammen mit weiteren gezielten Experimenten zur Kernstruktur im folgenden Kapitel behandeln.

VII. EXPERIMENTE ZUR ERFORSCHUNG DER INNEREN STRUKTUR DER ATOMKERNE

Wir hatten im letzten Kapitel gesehen, daß die Eigenschaften der Atomkerne in den Grundzuständen vom Schalenmodell in den wesentlichen Zügen richtig wiedergegeben werden. Voraussetzung ist hierbei allerdings, daß die Quadrupolmomente klein sind, d.h., daß es sich nicht um stark deformierte Kerne handelt. Es ist interessant, die Voraussagen des Schalenmodells an den niedrig angeregten Kernzuständen zu prüfen:

(79) Systematik niedrig angeregter Zustände sphärischer Kerne

Der laufende Stand der experimentellen Erforschung der niedrig angeregten Kernniveaus wird regelmäßig von der Nuclear Data-Gruppe in der Zeitschrift „Nuclear Data" (Section B) in systematischer Form publiziert. Sehr viele, niedrig angeregte Kernniveaus werden im radioaktiven β^--, EC- oder β^+-Zerfall erreicht. An zwei willkürlich herausgegriffenen Beispielen, den Zerfallsketten mit den Massenzahlen $A = 146$ und $A = 147$, seien die wichtigsten charakteristischen Merkmale der Termschemata nicht deformierter Kerne erläutert.

Wir hatten bei der Diskussion des Tröpfchenmodells gesehen, daß die Grundzustände isobarer Kerne ungerader Massenzahl auf einer Parabel liegen, während bei geraden Massenzahlen die gg-Kerne systematisch niedriger liegen als die uu-Kerne. Der Grund lag in der Paarungsenergie.

Figur 220 zeigt die tatsächliche Lage der Grundzustände für $A = 146$ und $A = 147$. Die Flanken des Energietales sind steil, und die β^-, EC- und β^+-Zerfälle können hochangeregte Terme der Tochterkerne bevölkern.

Wir wollen uns zunächst mit der Zerfallskette für $A = 147$ beschäftigen. Figur 221 zeigt das Ergebnis aller bisherigen Untersuchungen.

Der Übersichtlichkeit wegen sind nur die beobachteten Terme und nicht die beobachteten Gamma-Übergänge eingetragen.

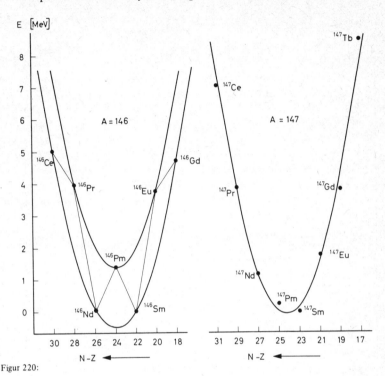

Figur 220:

Die energetische Lage der Grundzustände der isobaren Kerne mit $A = 146$ und $A = 147$.

Der Zerfall des neutronenreichsten Isobars ^{147}Ce ist noch nicht sorgfältig untersucht. Erschwerend ist die kurze Halbwertszeit von nur 70 s. Auch der Zerfall des ^{147}Pr ist nur teilweise aufgeklärt. 18 beobachtete Gamma-Übergänge konnten noch nicht identifiziert werden. Ein großer Teil der eingetragenen Terme wurde durch ^{146}Nd(d,p) ^{147}Nd-„stripping"-Reaktionen gefunden. Man mißt das Energiespektrum der in definierter Richtung auslaufenden Protonen bei fester Energie der einlaufenden Deuteronen. Die Energie- und Impulsbilanz liefert zu jeder auslaufenden Protonengruppe eindeutig die Anregungsenergie des Reaktionsprodukts ^{147}Nd. Das Termschema des ^{147}Pm ist unvollständig, da noch zwölf schwache Gamma-Übergänge beobachtet wurden, die nicht im vorliegenden Termschema eingeordnet werden konnten.

Die Zerfälle des ^{147}Eu und des ^{147}Gd sind besonders komplex. In Figur 222 und Figur 223 sind beide Zerfallsschemata mit allen beobachteten Gamma-Übergängen noch einmal separat dargestellt. Der Zerfall des ^{147}Tb schließlich ist noch nicht bekannt. Hier ist einmal wieder die Halbwertszeit sehr

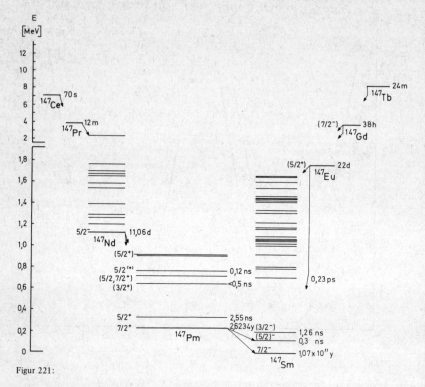

Figur 221:

Graphische Darstellung aller beobachteten Terme in der Zerfallskette der Massenzahl $A = 147$. Der Übersichtlichkeit halber sind die beobachteten Gamma-Übergänge weggelassen. Die Daten sind der Tabelle der Nuclear Data Gruppe entnommen.

kurz, und andererseits erwartet man wegen des großen Energieunterschieds zum ^{147}Gd die Bevölkerung hochangeregter Terme und damit einen äußerst komplexen Zerfall.

Das Schalenmodell* sagt für die niedrigen Terme** folgendes aus:

Bei ungeradem Z bilden alle Neutronen und Protonen Paare mit antiparallelem j bis auf das letzte unpaarige Proton, das damit Träger des gesamten Drehimpulses des Kerns wird. Die 50er Protonenschale ist abgeschlossen, und die restlichen Protonen bevölkern die dicht beieinanderliegenden Terme $2d_{5/2}$ und $1g_{7/2}$. Insgesamt haben in diesen beiden Unterschalen 14 Protonen Platz. Tatsächlich findet man bei den beiden gut bekannten Termschemata des ^{147}Pm und ^{147}Eu als niedrigste Niveaus Terme mit $I = 5/2^+$ und

---

*s. Seite 486ff.

**s. Figur 156.

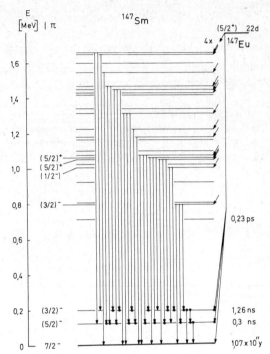

Figur 222:

Zerfallsschema des ^{147}Eu.

$I = 7/2^+$. Der nächsthöhere Term des ^{147}Eu hat den Spin $11/2^-$. Dies entspricht dem Schalenmodellterm $1h_{11/2}$. Oberhalb etwa 1 MeV steigt die Termdichte erheblich an. Die Erklärung ist folgende: hier reicht die Anregungsenergie dazu aus, ein weiteres Nukleonenpaar aufzubrechen, so daß jetzt beliebige Kopplungen der Spins dreier unpaariger Nukleonen auftreten können. Dies führt selbstverständlich zu einer sehr großen Zahl von Kopplungsmöglichkeiten.

Andererseits ist bei der Diskussion beobachteter Termschemata immer folgendes zu beachten. Man ist niemals sicher, daß das beobachtete Termschema vollständig ist. Selbst bei den tiefsten Anregungsenergien können Terme unbeobachtet bleiben, wenn sie wegen irgendwelcher Auswahlregeln nicht bevölkert werden.

Im Beta-Zerfall des ^{147}Nd zum ^{147}Pm dürfte man allerdings recht sicher sein, daß es keine tiefliegenden Niveaus negativer Parität zwischen $I = 3/2$ und $I = 7/2$ gibt; denn sie würden direkt durch einen erlaubten Beta-Übergang vom $5/2^-$-Grundzustand des ^{147}Nd erreicht werden. Die tatsächlich

6*

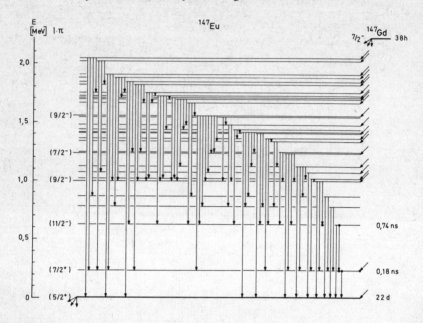

Figur 223:   Zerfallsschema des ^{147}Gd.

beobachteten Beta-Übergänge sind alle einfach verboten. Andererseits erkennt man, daß im Zerfallsschema des ^{147}Nd der $1h_{11/2}$-Schalenmodellzustand sich der Beobachtung entziehen muß, auch wenn er hinreichend tief liegen sollte; denn jeder Beta- oder Gamma-Übergang, der ihn bevölkern würde, wäre hoch verboten.

Neben der Spektroskopie radioaktiver Präparate mit hochauflösenden Germanium-Detektoren (die wichtigste Technik ist heute die Aufnahme der Koinzidenzspektren mit einem zweidimensionalen Vielkanalanalysator unter Verwendung zweier Germanium-Detektoren und anschließender Computer-Analyse) ist die wichtigste Methode zur Auffindung von Termen die Anregung durch Teilchenreaktionen wie (d,p)-Reaktionen und andere. Wir werden diese Technik später (Experiment 83) noch ausführlicher verfolgen. Hohe Drehimpulse können durch $(\alpha, 4n); (\alpha, 5n)$ etc.-Prozesse übertragen werden. Diese Prozesse sind deshalb besonders geeignet, tiefliegende Terme von hohem Drehimpuls zu erreichen. Man hat daraus eine Methode zur systematischen Suche nach Kernisomeren entwickelt (s. Experiment 88). Schließlich gelangt man zu einem angeregten Term bei ca. 8 MeV durch den Neutroneneinfangprozeß. Da das einlaufende thermische Neutron nur als S-Welle absorbiert wird, überträgt das Neutron nur den Eigendrehimpuls $s = 1/2$. Bestrahlt man also einen gg-Kern im thermischen Neutronenstrahl eines Reaktors, so bevölkert man primär einen Term vom Spin $1/2^+$. Die hohe Anregungsenergie führt zu einem äußerst komplexen Gamma-Zerfall; heute ist die (n, γ)-Spektroskopie hochentwickelt, und man hat viele Zerfallsschemata vollständig analysieren können. Da der Ausgangsterm festliegt, wird nur eine spezielle Auswahl der tatsächlich vorliegenden Terme erreicht.

Bei den Isobaren $A = 147$ mit ungerader Neutronenzahl befindet sich das unpaarige Neutron in der Schale oberhalb der magischen Zahl $N = 82$. Für diese Schale sagt das Schalenmodell im wesentlichen Terme mit negativer Parität voraus. Es sind dies die Terme (nach ansteigender Energie geordnet) $2f_{7/2}$, $1h_{9/2}$, $3p_{3/2}$, $2f_{5/2}$ und $3p_{1/2}$. Schließlich folgt ein Term mit positiver Parität: $1i_{13/2}$.

Tatsächlich beobachtet man beim ^{147}Nd und beim ^{147}Sm tiefliegende Terme mit den Spins $7/2^-$, $5/2^-$ und $3/2^-$; wieder erkennt man beim ^{147}Sm ein merkliches Ansteigen der Termdichte oberhalb von etwa 1 MeV.

Wir wollen uns jetzt der Zerfallskette mit der Massenzahl $A = 146$ zuwenden.

Figur 224 zeigt die beobachteten Terme. Die Termschemata der uu- und der gg-Kerne zeigen wesentliche Unterschiede. Alle gg-Kerne haben im Grundzustand den Spin 0, und der tiefste angeregte Zustand hat in der Regel den Spin 2^+. Der $E2$-Übergang zum Grundzustand ist gegenüber der Weisskopf-Abschätzung wesentlich beschleunigt. Es handelt sich um eine Kollektivanre-

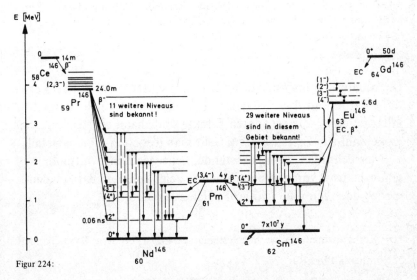

Figur 224:

Graphische Darstellung der beobachteten Terme in der Zerfallskette der Massenzahl $A = 146$.

gung, und zwar bei nichtdeformierten Kernen um eine Quadrupolschwingung*;
Erst oberhalb von etwa 1 MeV setzt eine große Termdichte ein. Die Erklärung
liegt darin, daß erst bei diesen Anregungsenergien ein Nukleonenpaar aufge-
brochen werden kann; die verschiedenen Kopplungsmöglichkeiten führen zu
einer großen Vielzahl von Termen. Zusätzlich treten weitere Schwingungszustände* auf. Die (4$^+$)-Zustände in ^{146}Sm und ^{146}Nd sind wahrscheinlich
Zweiphononen-Anregungen und die beiden (3$^-$)-Zustände sogenannte
Oktupolschwingungen*.

Bei den uu-Kernen setzt offensichtlich schon direkt oberhalb des Grundzustands eine hohe Termdichte ein. Dies ist zu erwarten, da das unpaarige Proton mit dem unpaarigen Neutron viele Kopplungsmöglichkeiten hat, ohne
daß die Paarungsenergie aufzuwenden ist. Trotzdem gibt es einfache Kopplungsregeln für die energetisch günstigste Einstellung der Spins der beiden
Teilchen zueinander. Offensichtlich wird diejenige Einstellung zum tiefsten
Term führen, bei der die beiden Wellenfunktionen sich am stärksten überlappen und damit die gegenseitige Anziehung dieser beiden Teilchen am stärksten
zum Tragen kommt.

Die beste Überlappung tritt auf, wenn die Bahndrehimpulse weitgehend
parallel stehen. Man findet deshalb bei den Grundzuständen der uu-Kerne
sehr oft hohe Spin-Werte. Die Kopplungsregeln für uu-Kerne wurden systematisch von Nordheim** und von Brennan und Bernstein*** untersucht.

In unserem Fall hat das unpaarige Proton positive Parität und das unpaarige
Neutron negative Parität; diese beiden Teilchen können nur zu Zuständen
negativer Parität koppeln. Die niedrigsten Terme des ^{146}Eu und des ^{146}Pr
haben deshalb ausnahmslos negative Parität. Außerdem findet man tatsächlich den größten Spin beim Grundzustand.

Die wichtigsten ins Auge fallenden Eigenschaften der Zerfallsketten
für $A = 146$ und $A = 147$ lassen sich sehr gut im Schalenmodell
interpretieren. Alle genannten Effekte sind charakteristisch für eine
große Zahl von Zerfallsketten. Geht man jedoch in feinere Details
und versucht man, Energieabstände, Lebensdauern, Multipolmischungen usw. vorauszuberechnen, so zeigt sich, daß das Schalenmodell doch nur eine sehr grobe Näherung darstellt.

---

*Die Kernschwingungen werden systematisch im Experiment 98 behandelt.

**Nordheim, Phys.Rev. 78, 294 (1950).

***Brennan and Bernstein, Phys.Rev. 120, 927 (1960).

Wir hatten bei der ausführlichen Beschreibung des Schalenmodells (s. Seite 486 ff.) gesehen, daß erst die Annahme einer starken Spinbahnkopplung zu den richtigen „magischen Zahlen" geführt hatte, eine Annahme, für deren Berechtigung es damals keinerlei experimentelle Hinweise gab. Bis heute ist es auch noch nicht in überzeugender Weise gelungen, aus den experimentellen Daten über die Nukleon-Nukleon-Kraft die Spinbahnwechselwirkung für die Bewegung eines einzelnen Nukleons in dem mittleren Potential der Wechselwirkung aller übrigen Nukleonen des Atomkerns herzuleiten. Umso wichtiger war es, durch direkte Experimente nachzuweisen, daß die Wechselwirkung eines einzelnen Nukleons mit einem zusammengesetzten Atomkern tatsächlich eine starke Spinbahnkraft enthält.

Das erste erfolgreiche Experiment gelang Heusinkveld und Freier durch ein Doppelstreuexperiment mit Protonen an ^{4}He-Kernen als Target:

(80) Das Doppelstreuexperiment von Heusinkveld und Freier und der direkte Nachweis der Spinbahnkopplung im Kernpotential

Lit.: H. Heusinkveld and H. Freier, Phys.Rev. 85, 80 (1952)

^{4}He ist der einfachste gg-Kern. Alle vier Teilchen befinden sich entsprechend dem Schalenmodell im $1s$-Zustand; die beiden Protonen und die beiden Neutronen bilden je ein Nukleonenpaar mit antiparallelem Eigendrehimpuls, so daß der Spin des ^{4}He-Kerns verschwindet und die Parität positiv wird. Die Streuphasenanalyse der Streuung von Protonen an He* ergab schon bei ca. 2 MeV einen starken Beitrag des Kernpotentials zur p-Wellenstreuung. Man kann dies nur so deuten, daß hier ein ungebundener $p_{1/2}$- oder $p_{3/2}$-Zustand des compound-Kerns ^{5}Li vorliegt, der zu einer Vergrößerung des Streuquerschnitts führt.

Falls eine Spinbahnwechselwirkung vorliegt, müssen die beiden ungebundenen Zustände $p_{1/2}$ und $p_{3/2}$ verschiedene Energien haben, und die Kernstreuphasen $\delta_{p_{1/2}}$ und $\delta_{p_{3/2}}$ müssen verschieden sein.

---

*Cretchfield and Dodder, Phys.Rev. 76, 602 (1949).

Die quantenmechanische Behandlung der Streuung eines Teilchens vom Spin 1/2 an einem Potential mit Spinbahnkopplung:

(492) $$V = V(r) + V'(r) \cdot \mathbf{l} \cdot \mathbf{s}$$

geht über den Rahmen dieses Buches hinaus. Zum Studium sei z.B. die Darstellung in Messiah (Quantum Mechanics II, North Holland Publ.Comp., Amsterdam 1965, p. 563) empfohlen.

Wir hatten beim Studium der Wechselwirkung zwischen zwei Nukleonen bereits gesehen, daß eine Spinbahn-Wechselwirkung zu einer Polarisation der gestreuten Teilchen führt. Auf S. 268ff. hatten wir das Zustandekommen dieser Polarisation unter Verwendung anschaulicher Vorstellungen erklärt.

Wolfenstein* zeigte, daß die Polarisation $\langle \mathbf{P} \rangle$** der gestreuten Teilchen sich in folgender Weise mit Hilfe der Streuphasen qualitativ beschreiben läßt:

$$\langle \boldsymbol{\sigma} \rangle = - \frac{1}{d\sigma/d\Omega} \cdot \frac{2}{k^2} \cdot \sin \theta \cdot \sin (\delta_{p3/2} - \delta_{p1/2}) \cdot \frac{\mathbf{k} \times \mathbf{k}'}{|\mathbf{k} \times \mathbf{k}'|} \times$$

$$\times \left\{ \sin \delta_0 \cdot \sin (\delta_{p3/2} + \delta_{p1/2} - \delta_0 + 2 \operatorname{ctg} \eta) \leftarrow \right.$$

(493)
$$- \frac{\eta}{2 \sin^2 \frac{\theta}{2}} \cdot \sin \left(\delta_{p3/2} + \delta_{p1/2} + 2 \operatorname{ctg} \eta + 2\eta \ln \sin \frac{\theta}{2} \right) +$$

$$\left. + 3 \cos \theta \cdot \sin \delta_{p3/2} \cdot \sin \delta_{p1/2} \right\},$$

mit:

$$\eta = \frac{Ze^2}{\hbar v} ; \qquad \delta_0 = S\text{-Wellen-Streuphase}.$$

Man entnimmt dieser Formel einmal, daß die Polarisationsrichtung die Richtung der Normalen auf der Streuebene ist und zum anderen, daß die Polarisation verschwindet, wenn die Streuphasen $\delta_{p3/2}$ und $\delta_{p1/2}$ gleich sind, was gleichbedeutend wäre mit dem Wegfall der Spinbahnwechselwirkung.

---

*Wolfenstein, Phys.Rev. 75, 1664 (1949).

**Wir hatten oben als Polarisation von Spin 1/2-Teilchen $\langle \mathbf{P} \rangle$ definiert:

$$\langle \mathbf{P} \rangle = \frac{2}{\hbar} \cdot \langle \mathbf{s} \rangle = \langle \boldsymbol{\sigma} \rangle,$$

wo $\boldsymbol{\sigma}$ der Paulische Spinoperator ist (s. Gl. 184).

Bei kleiner Spinbahnaufspaltung ist die Polarisation direkt proportional zur Differenz der Streuphasen $\delta_{p_{3/2}}$ und $\delta_{p_{1/2}}$.

Heusinkveld und Freier gelang es, diese Polarisation durch ein Doppelstreuexperiment nachzuweisen. Wir hatten schon bei der Diskussion der Nukleon-Nukleon-Streuexperimente gezeigt, daß beim Auftreten einer Polarisation eine zweite Streuung zu einer Asymmetrie führen muß, aus deren Größe man die Polarisation direkt berechnen kann.

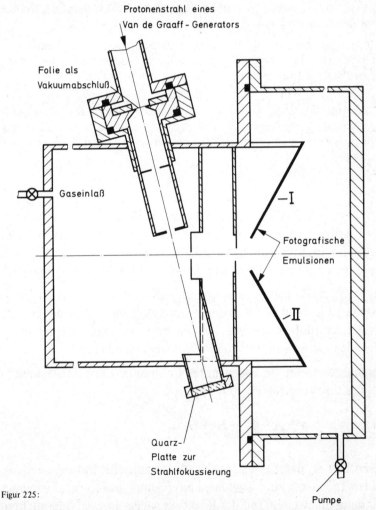

Figur 225:

Anordnung von Heusinkveld und Freier, Phys.Rev.85, 80 (1952), für ein Doppelstreu-Experiment mit Protonen an einem gasförmigen Helium-Target.

Die Apparatur zur Durchführung des Doppelstreuexperiments ist in Figur 225 dargestellt. Der Protonenstrahl eines Van-de-Graaff-Generators tritt durch ein dünnes Fenster in das ^{4}He-Gastarget ein. Der Gasdruck beträgt etwa 1 atm. Durch Blenden sind das empfindliche Volumen und die Richtung der auslaufenden gestreuten Protonen definiert. Nach der Streuung in der zweiten Streukammer werden die Protonen mit Hilfe von zwei Fotoplatten registriert. Die Spuren werden nach der Entwicklung unter einem Mikroskop einzeln identifiziert und ausgezählt.

Das Ergebnis war, daß in der Platte I etwa zweimal so viele Spuren auftraten wie in der Platte II.

Es sei noch erwähnt, daß die Protonen durch den Impulsübertrag bei der ersten Streuung und durch ionisierende Stöße im Gas vor der zweiten Streuung erhebliche Energie verlieren, so daß beim Analysator nicht die gleichen Bedingungen herrschen wie beim Polarisator.

Für den Fall, daß das $p_{1/2}$-Niveau etwas unterhalb des $p_{3/2}$-Niveaus liegen würde und der Energieverlust ausgereicht hätte, um bei der zweiten Streuung in die $p_{1/2}$-Resonanz zu kommen, hätte sich das Vorzeichen der Asymmetrie umgedreht.

Seit diesen ersten Experimenten konnte in vielen weiteren Fällen eine kräftige Polarisation nach der Streuung von Protonen an Atomkernen beobachtet werden, und die Existenz einer starken Spinbahnkopplung im Kernpotential war damit experimentell sichergestellt.

Die Erforschung von Resonanzen im Wirkungsquerschnitt von Kernreaktionen ist heute eine vielseitige und wertvolle Methode der Kernstrukturuntersuchung geworden, und wir wollen deshalb im folgenden die wichtigsten Phänomene näher studieren.

Resonanzen treten bei sogenannten Compound-Kern-Reaktionen auf, das sind Reaktionen vom Typ:

$$a + A \to C \to B + b.$$

Wesentlich ist, daß der Targetkern A sich zunächst mit dem einlaufenden Teilchen a zum Zwischenkern (Compound-Kern) C vereinigt und dann im zweiten Teil der Reaktion wieder in zwei oder mehrere Teile zerfällt.

Es ist äußerst instruktiv, die Kinematik solcher Prozesse zu studieren, d.h., die Erhaltungssätze von Energie und Impuls auf sie anzuwenden. Im allgemeinen ist es nicht notwendig, die elektromagnetische Wechselwirkung des Targetatoms mit seiner Umgebung zu berücksichtigen; denn diese Wechselwirkung ist soviel schwächer als die nukleare Wechselwirkung, daß ihre Beteiligung am Austausch von Impuls und Energie vernachlässigt werden kann. Wir können deshalb so tun, als handele es sich um eine Reaktion zwischen völlig freien, ungebundenen Partikeln.

Das einlaufende Teilchen a habe die kinetische Energie E_a, und der Targetkern A sei in Ruhe. Dann ist der Impuls des Systems vor der Reaktion:

$$p_i = p_a + p_A = (2\, m_a E_a)^{1/2}. \ *$$

Diesen Impuls muß der Compound-Kern wegen des Impulserhaltungssatzes übernehmen:

$$p_C = m_C \cdot v_C = (2\, m_a E_a)^{1/2}.$$

Die kinetische Energie des Compound-Kerns ist damit:

$$E_c = \frac{p_C^2}{2\, m_C} = \frac{2\, m_a E_a}{2\, m_C} = E_a \cdot \frac{m_a}{m_a + m_A}.$$

Wenden wir jetzt den Energiesatz an:

$$E_i(\text{tot}) = E_C(\text{tot})$$

oder:

$$m_a \cdot c^2 + m_A \cdot c^2 + E_a = m_C \cdot c^2 + E_C + \Delta E_C,$$

so ergibt sich, daß der Prozeß zu einer scharf definierten Anregungsenergie ΔE_C des Compound-Kerns führt:

$$(494) \qquad \Delta E_C = (m_a + m_A - m_C) \cdot c^2 + E_a \cdot \left(1 - \frac{m_a}{m_a + m_A}\right).$$

---

*Die Rechnung ist nichtrelativistisch durchgeführt.

Der erste Summand ist die aufgrund des Massendefekts freiwerdende Energie, der zweite Summand gibt den im Schwerpunktsystem
verfügbaren Anteil der Einschußenergie E_a wieder.

Nun ist aber der compound-Kern selbst ein quasi-stationäres quan-
tenmechanisches System, das nur in wohldefinierten konkreten
Energiezuständen existieren kann.

Man erwartet deshalb, daß eine Kernreaktion nur dann stattfinden
kann, wenn die Einschußenergie zufällig exakt auf einen möglichen
Anregungszustand des compound-Kerns führt, in allen übrigen Fällen sollte der Wirkungsquerschnitt für die Reaktion verschwinden.
Experimentelle Untersuchungen des Wirkungsquerschnitts für Kernreaktionen als Funktion der Einschußenergie bestätigen die Richtigkeit dieser Überlegung:

(81) Messung der Energieabhängigkeit des Wirkungsquerschnitts für Kernreaktionen und die Beobachtung von Resonanzen

Lit.: Broström, Huus, and Tangen, Phys.Rev. 71, 661 (1947)
Sailor and Borst, Phys.Rev. 87, 161 (1952)
Borst and Sailor, Rev. of Scientific Instruments 24, 141 (1953)

Das im folgenden beschriebene Experiment von Broström et al. ist ein willkürlich herausgegriffenes Beispiel aus einer Vielzahl ähnlicher Untersuchungen.
Es behandelt die Kernreaktion:

$$^{27}\text{Al} + \text{p} \rightarrow \, ^{28}\text{Si*} \rightarrow \, ^{28}\text{Si} + \gamma. \, *$$

Die Reaktion wurde mit dem Protonenstrahl des Van-de-Graaff-Generators
am Niels Bohr Institut im Energiegebiet zwischen 500 keV und 1,4 MeV
durchgeführt. Ein Van-de-Graaff-Generator erlaubt in einfacher Weise, die
Energie des Teilchenstrahls kontinuierlich zu variieren. Die Energieschärfe
des Strahls betrug ca. 4 keV.

Figur 226 zeigt das Ende des Strahlrohrs mit dem Target und einen Geiger-
zähler als Detektor für die Gammastrahlung. Zur Messung der sogenannten
„Anregungsfunktion" (relativer Wirkungsquerschnitt der Reaktion als Funk-

---

*Der Stern in $^{28}\text{Si*}$ bedeutet angeregter Zustand von ^{28}Si.

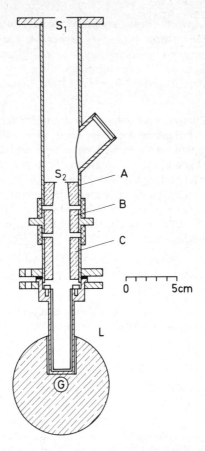

Figur 226:

Target und Detektoranordnung zur Messung der Anregungsfunktion einer (p, γ)-Reaktion. Der Protonen-
strahl eines Van-de-Graaff Generators passiert zunächst die beiden Blenden S_1 und S_2. Danach folgen drei
Bleiblenden A, B und C. An der Bleiblende B liegt ein negatives Potential an, um zu verhindern, daß Sekundärelektronen in den Targetraum eintreten und umgekehrt auch, daß Sekundärelektronen, die im
Target entstehen, nach oben austreten können. G ist ein Geigerzählrohr, das sich direkt unterhalb des am
Ende des Strahlrohrs angebrachten Targets in einer Bleiabschirmung befindet. Die skizzierte Anordnung
wurde von Broström et al., Phys.Rev. 71, 661 (1947), verwendet.

tion der Energie) wurde die mit dem Geigerzählrohr beobachtete Gamma-
zählrate als Funktion der Energie der einfallenden Protonen aufgenommen.
Um für Schwankungen der Strahlstromstärke korrigieren zu können, wurde
der Targetstrom gemessen. Ein negatives Potential bei B gegenüber den Bleiblenden A und C verhindert das Eindringen von Sekundärelektronen aus der
Blende A in den Targetraum und umgekehrt auch das Austreten von im Target erzeugten Sekundärelektronen. Beide Effekte würden die Messung der
Targetstromstärke verfälschen. Die Integration des Targetstroms während

der Dauer jedes einzelnen Meßpunkts wurde nach folgendem Prinzip durchgeführt: der Targetstrom wurde dazu verwendet, einen Kondensator aufzu-
laden. Der Kondensator wird jedesmal über eine Glimmlampe entladen, wenn
seine Spannung die Zündspannung dieser Glimmlampe erreicht hat. Die Zahl
der Kondensatorentladungen wurde mit Hilfe eines elektronischen Zählers
registriert.

Das Aluminiumtarget muß natürlich so dünn sein, daß der Energieverlust der
Protonen beim Durchgang durch das Target zu vernachlässigen ist. Es wurde
durch Aufdampfen einer dünnen Aluminiumschicht auf eine Kupfer- oder
Silberplatte hergestellt. Der Protonenenergieverlust betrug 1 keV bzw. 4 keV
(„Ein-keV-Target" oder „Vier-keV-Target"). Die massive Kupfer- oder Silber-
unterlage stört nicht, da für diese Elemente die Protonenenergie noch nicht
hoch genug ist, um gegen die Coulomb-Abstoßung bis in die Kerne eindringen
zu können; d.h., die Protonenenergie liegt für diese Kerne noch unterhalb
der „Coulomb-Schwelle".

Bei einer Strahlstromstärke von nur 1 bis 2μA ist die im Target produzierte
Wärme bereits erheblich; durch direkten Kontakt mit der Bleiabschirmung L
wurde diese Wärme abgeführt.

Das Ergebnis einer mit dieser Anordnung durchgeführten Meßreihe ist in
Figur 227 dargestellt. Aufgetragen ist die Ausbeute der Reaktion in der Ein-

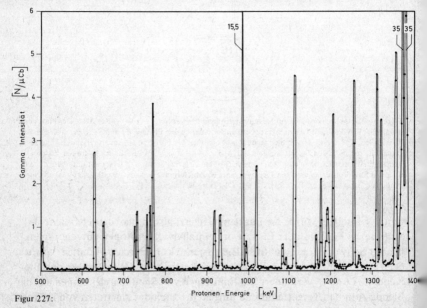

Figur 227:

Diese Figur zeigt ein mit der in der Anordnung von Figur 226 gemessenes Anregungsspektrum bei einem
^{27}Al Target. Die Figur ist der gleichen Arbeit entnommen.

heit Zählrohrimpulse/Mikro-Coulomb integrierter Targetstrom für ein 1 keV Aluminiumtarget.

Man erkennt, daß tatsächlich nur für ganz konkrete, scharf definierte Energien der einfallenden Protonen eine Reaktion stattfindet. Man nennt diese Energien auch die Resonanzstellen der (p,γ)-Reaktion.

Die Schärfe dieser Resonanzen ist bemerkenswert; bei dem vorliegenden Experiment ist sie durch die Energiebreite des Strahls und durch die Dicke des Targets bestimmt. Eine Verbreiterung der Resonanzen durch die natürliche Linienbreite der angeregten Terme des compound-Kerns läßt sich offensichtlich nicht erkennen.

Die natürliche Linienbreite muß deshalb kleiner sein als etwa 1 keV, woraus für die Lebensdauer der Resonanzniveaus $\tau = \hbar/\Delta E$ folgt:

$$\tau > \frac{0,6582 \cdot 10^{-15}}{1000} \frac{\text{eV sec}}{\text{eV}} = 0,658 \cdot 10^{-18} \text{ sec.}$$

Daß die Lebensdauern länger als 10^{-18} sec sind, ist nicht verwunderlich, wenn im Ausgangskanal kein Teilchen emittiert wird, sondern nur Gamma-Zerfälle vorkommen.

Die absolute apparative Linienbreite läßt sich um Größenordnungen kleiner halten, wenn man im Eingangskanal anstelle der Protonen niederenergetische Neutronen verwendet. Da die Neutronen keine Coulomb-Schwellen zu überwinden haben, finden Einfangprozesse auch schon bei sehr tiefen Energien statt. Andererseits verlieren die einlaufenden Neutronen auch in ziemlich dicken Targets keine Energie, wenn sie nicht gerade einen Kern direkt treffen und einen Streuprozeß machen.

Als Beispiel sei hier eine Untersuchung der Energieabhängigkeit des totalen Wirkungsquerschnitts von natürlichem Indium für Neutronen im Energiegebiet zwischen 0,01 eV und 100 eV von Sailor und Borst beschrieben.

Der totale Wirkungsquerschnitt ist die Summe aus dem Streuquerschnitt und dem Wirkungsquerschnitt für die Reaktion:

$$^{113}\text{In} + \text{n} \rightarrow {}^{114}\text{In*} \rightarrow {}^{114}\text{In} + \gamma$$

bzw.:

$$^{115}\text{In} + \text{n} \rightarrow {}^{116}\text{In*} \rightarrow {}^{116}\text{In} + \gamma.$$

Als Monochromator für die Neutronen wurde ein Beryllium-Einkristallspektrometer verwendet (s. Figur 228). Die thermischen Neutronen, die aus einem Strahlrohr des Reaktors in Brookhaven austreten, treffen unter definiertem Winkel auf den Beryllium-Einkristall. Nur diejenigen Neutronen, für

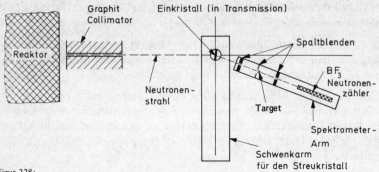

Figur 228:

Anordnung von Sailor und Borst, Phys.Rev. 87, 161 (1952) zur Messung der Energieabhängigkeit des totalen Wirkungsquerschnitts für langsame Neutronen. Durch Braggsche Reflexion an einem Einkristall wird ein monochromatischer Neutronenstrahl erzeugt, der reflektierte Strahl passiert drei Spaltblenden. Hinter der mittleren Spaltblende befindet sich das zu untersuchende Target. Die Transmission wird mit Hilfe eines BF_3-Neutronenzählers untersucht.

die dieser Einfallswinkel die Braggsche Reflexionsbedingung erfüllt (Gangunterschied der an verschiedenen Gitterebenen reflektierten Wellen = ganzzahliges Vielfaches der Wellenlänge) werden reflektiert. Die Probe wird in den reflektierten Strahl gebracht und die Schwächung der Strahlung gemessen. Aus der Schwächung wird der Wirkungsquerschnitt nach der Gleichung berechnet:

$$I - I_0 = - I_0 \cdot \sigma_{tot}(E) \cdot N,$$

mit: I = Zählrate mit Absorber,

I_0 = Zählrate ohne Absorber,

N = Zahl der Indium-Atome/cm^2 der Absorberfolie.

Das Resultat der Messung ist in Figur 229 dargestellt. Man erkennt mehrere ausgeprägte Resonanzen im Wirkungsquerschnitt, deren Breite fast in allen Fällen größer als die Energieauflösung des Kristallspektrometers ist. Die Dreiecke an der Abszissenachse geben für die jeweilige Energie die apparative Breite wieder. Durch Vergleichsmessungen mit angereicherten Proben der einzelnen Isotope [115]In und [113]In konnten den beobachteten Resonanzen Terme der compound-Kerne [116]In und [114]In zugeordnet werden. Die Analyse dieser Messung ergab z.B. für die natürliche Linienbreite der Resonanz des [115]In bei 1,46 eV:

$$\Gamma \ (1,46 \ eV) \approx 0,075 \ eV,$$

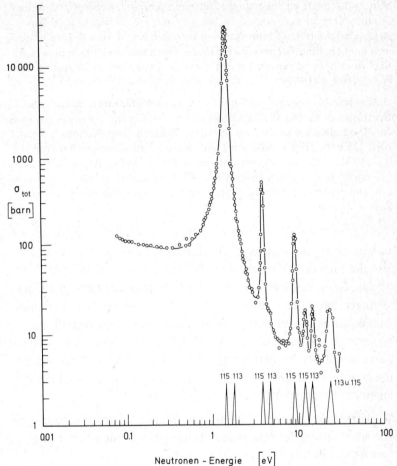

Figur 229:

Meßresultat für die Energieabhängigkeit des totalen Wirkungsquerschnitts für ein Target aus natürlichem Indium. Die Messung wurde mit der in Figur 228 dargestellten Anordnung aufgenommen. Die unter den einzelnen Resonanzen eingezeichneten Dreiecke geben die apparative Breite wieder. Die Zahlen geben an, ob es sich um Resonanzen des Isotops ^{115}In oder ^{113}In handelt. Diese Figur ist der zitierten Arbeit von Sailor und Borst entnommen.

was einer mittleren Lebensdauer des Resonanzniveaus von

$$\tau = \frac{\hbar}{\Gamma} = \frac{0,6582 \cdot 10^{-15}}{0,075} \; \frac{\text{eV sec}}{\text{eV}} \approx 10^{-14} \text{ sec}$$

entspricht.

Man hat bis heute eine sehr große Zahl von angeregten Kernzuständen (metastabile Kernzustände) durch die Beobachtung von Resonanzen im Wirkungsquerschnitt von Kernreaktionen vor allem bei leichten Kernen bestimmen können. Eine Zusammenstellung der Ergebnisse findet man in dem Artikel von Endt und van der Leun: Energy Levels of $Z = 11$ - 21 Nuclei, Nucl. Phys. A105, 1 (1967).

Die Energieabhängigkeit des Wirkungsquerschnitts für niederenergetische Neutronen ist für fast alle Kerne mit sehr großer Genauigkeit gemessen worden. Die Ergebnisse sind in den Tabellen „Neutron Cross Sections": Report BNL 325 und „High Resolution Total Neutron Cross-Sections Between 0.5 - 30 MeV, Kernforschungszentrum Karlsruhe (1968), Report KFK 1000, dargestellt. In sehr vielen Fällen findet man hier sauber aufgelöste Resonanzen, und oft konnte auch die Gestalt der Resonanzkurven sehr genau ausgemessen werden.

Es war nicht sehr schwierig, die Gestalt der Resonanzkurven, d.h. also die Energieabhängigkeit des Wirkungsquerschnitts in der Umgebung einer Resonanz zu verstehen. Die dazu notwendigen Überlegungen führen zu interessanten Einblicken in den Reaktionsmechanismus bei Resonanzreaktionen, und wir wollen deshalb die wesentlichen Gedanken verfolgen*. Wir gehen von dem Formalismus aus, den wir bei der Behandlung der Neutron-Proton-Streuung für die quantenmechanische Beschreibung der Streuung von Teilchen an einem Potential $V(r)$ entwickelt hatten.

Wir hatten die gesamte Wellenfunktion einer stationären Streuung von in Richtung der positiven z-Achse einlaufenden Teilchen durch den Ansatz beschrieben (s. Gl. 115):

$$\psi(r,\theta) = A \cdot \left(e^{ikz} + f(\theta) \cdot \frac{e^{ikr}}{r}\right) = A \cdot \left(e^{ikr\cos\theta} + f(\theta) \cdot \frac{e^{ikr}}{r}\right).$$
(495)

Dann hatten wir sowohl die gesamte Wellenfunktion $\psi(r,\theta)$ als auch die ebene Welle $A \cdot e^{ikr\cos\theta}$ in Partialwellen (Kugelwellen) definierter Bahndrehimpulsquantenzahlen entwickelt.

---

*Siehe auch: Bethe and Morrison: Elementary Nuclear Theory, J.Wiley & Sons, Chapter XX.

Solange im Streupotentialtopf keine Partikel absorbiert werden, müssen sowohl für die Entwicklung der ebenen Welle als auch für die Entwicklung der gesamten Wellenfunktion die absoluten Beträge der Amplituden der einlaufenden Kugelwelle e^{-ikr} und der auslaufenden Kugelwelle e^{+ikr} gleich groß sein. Die Forderung, daß die Differenz $\psi(r, \theta) - A \cdot e^{ikz}$ eine auslaufende Kugelwelle darstellt, d.h. nur Glieder in e^{+ikr} enthält, führte zur Berechnung der Streuamplitude (s. Gl. 127):

$$(496) \qquad f(\theta) = \frac{1}{2ik} \cdot \sum_{l=0}^{\infty} (2l+1) \cdot P_l(\cos\theta) \cdot (e^{2i\delta_l} - 1)^*$$

und zu dem folgenden anschaulichen physikalischen Bild: in der Entwicklung der Gesamtwellenfunktion $\psi(r, \theta)$ und der ebenen Welle $A \cdot e^{ikz}$ sind die einlaufenden Kugelwellen identisch (gleiche Amplitude und gleiche Phase) und entfallen bei der Differenzbildung, während die auslaufenden Kugelwellen in der gesamten Wellenfunktion und in der Entwicklung der ebenen Welle zwar auch gleiche Amplituden haben, sich jedoch in der Phase um $2\delta_l$ unterscheiden, so daß bei der Differenzbildung eine endliche Streuamplitude übrigbleibt.

Die Differenz in der Klammer am Ende der Formel für die Streuamplitude bedeutet deshalb die Interferenz zwischen der l-ten Partialwelle der Streuwellenfunktion $\psi(r, \theta)$ mit der l-ten Partialwelle der ebenen Welle. $\eta_l = e^{2i\delta_l}$ ist die komplexe Amplitude der auslaufenden l-ten Partialwelle der Streuwellenfunktion $\psi(r, \theta)$ gemessen in der Einheit: Amplitude der l-ten auslaufenden Partialwelle der Entwicklung der ebenen Welle = 1. Sind alle $\delta_l = 0$, so ist die destruktive Interferenz vollkommen, und die Streuamplitude $f(\theta)$ verschwindet.

Man erkennt jetzt, daß sich dieser Formalismus leicht auf den Fall der partiellen Absorption von Partikeln im Streupotentialtopf er-

---

* Abweichend von der Schreibweise oben wird hier für die Streuphasen das Symbol δ_l und für die Streuamplituden das Symbol η_l verwendet in Übereinstimmung mit der bei Kernreaktionen üblichen Bezeichnungsweise.

weitern läßt, d.h. auf den Fall der compound-Kernreaktionen. Man braucht in diesem Fall nur die Amplitude der auslaufenden Welle der Streuwellenfunktion $\psi(r, \theta)$ kleiner 1 zu setzen:

$$|\eta_l| < 1.$$

Dies ist gleichbedeutend damit, daß die Streuphase nunmehr eine komplexe Zahl wird:

(497) $\delta_l = \alpha_l + i\,\beta_l$

oder:

(498) $\eta_l = e^{2i\delta_l} = e^{-2\beta_l} \cdot e^{2i\alpha_l}$

mit:

$$|\eta_l| = |e^{-2\beta_l}|.$$

Man erkennt, daß:

$$|\eta_l| = 1$$

wird für $\beta_l = 0$, d.h. für reelle Streuphasen δ_l.

Wir wollen jetzt den Wirkungsquerschnitt ausdrücken. Der differentielle Wirkungsquerschnitt für die Streuung ist gleich dem Quadrat der Amplitude der auslaufenden Welle:

$$\frac{d\sigma_l(\text{Streu})}{d\theta} = |f_l(\theta)|^2 = \frac{1}{4\,k^2} \cdot (2l+1)^2 \cdot P_l^2(\cos\theta) \cdot |1 - \eta_l|^2,$$
(499)

oder der totale Streuquerschnitt ist:*

---

*Alle Interferenzglieder zwischen Partialwellen von verschiedenem l fallen wegen der Orthogonalität der Legendre-Polynome weg.

$$\sigma_{\text{Streu}} = \sum_l \int \frac{\mathrm{d}\sigma_l(\text{Streu})}{\mathrm{d}\theta} \cdot \mathrm{d}\Omega$$

$$= \int_0^{2\pi} \int_0^{\pi} \frac{\mathrm{d}\sigma}{\mathrm{d}\theta} \cdot \sin\theta \; \mathrm{d}\theta \; \mathrm{d}\varphi$$

$$= 2\pi \int_0^{\pi} \frac{\mathrm{d}\sigma}{\mathrm{d}\theta} \sin\theta \; \mathrm{d}\theta$$

$$= \frac{1}{4\,k^2} \cdot \sum_l (2l+1)^2 \cdot \left| 1 - \eta_l \right|^2 \cdot 2\pi \cdot \int_0^{\pi} P_l^2(\cos\theta) \cdot \sin\theta \cdot \mathrm{d}\theta,$$

oder mit:

$$\int_0^{\pi} P_l^2(\cos\theta) \cdot \sin\theta \cdot \mathrm{d}\theta = -\int_{+1}^{-1} P_l^2(x) \cdot \mathrm{d}x = \frac{2}{2l+1}$$

ergibt sich:

$$(500) \qquad \sigma_{\text{Streu}} = \frac{\pi}{k^2} \cdot \sum_l (2l+1) \cdot \left| 1 - \eta_l \right|^2.$$

Den Wirkungsquerschnitt für die Compound-Kernreaktion erhält man durch Subtraktion der Intensität der auslaufenden Streuwellen von der Intensität der einlaufenden Welle:

$$(501) \quad \sigma_{\text{Reak}} = \frac{\pi}{k^2} \cdot \sum_l (2l+1) \cdot (1 - \left| \eta_l \right|^2).$$

Und für den totalen Wirkungsquerschnitt erhält man:

$$\sigma_{\text{tot}} = \sigma_{\text{Streu}} + \sigma_{\text{Reak}} = \frac{\pi}{k^2} \cdot \sum_l (2l+1) \cdot (\,|\,1-\eta_l\,|^2 + 1 - |\,\eta_l\,|^2)$$

$$= \frac{\pi}{k^2} \cdot \sum_l (2l+1) \cdot \{(1-\eta_l)(1-\eta_l^*) + 1 - \eta_l\eta_l^*\}$$

$$= \frac{\pi}{k^2} \cdot \sum_l (2l+1) \cdot \{1 - \eta_l - \eta_l^* + \eta_l\eta_l^* + 1 - \eta_l\eta_l^*\}$$

oder:

$$(502) \qquad \sigma_{\text{tot}} = \frac{2\pi}{k^2} \sum_l (2l+1) \cdot (1 - \text{Re}\,(\eta_l)).$$

Bei der Anwendung der hiermit gewonnenen Ausdrücke für die Wirkungsquerschnitte auf die Streuung und Absorption von langsamen Neutronen können wir uns auf S-Wellen beschränken. Wir erhalten dann:

$$(503) \qquad \sigma_{\text{Streu}} = \frac{\pi}{k^2} \cdot |\,1-\eta_0\,|^2$$

und

$$(504) \qquad \sigma_{\text{Reak}} = \frac{\pi}{k^2} \cdot (1 - |\,\eta_0\,|^2).$$

Wir eliminieren nun η_0 unter Einführung der Fermi-Streulänge, die wir wie bisher definieren durch:

$$(505) \qquad a(k) = -\frac{1}{k \cdot \text{ctg}\,\delta_0}\,; \qquad \eta_0 = e^{2i\delta_0}.$$

$[\eta_0$ läßt sich mit Hilfe von $a(k)$ in folgender Weise ausdrücken:

$$\eta_0 = e^{2i\delta_0} = (\cos \delta_0 + i \sin \delta_0)^2$$

$$= \sin^2 \delta_0 \cdot (\operatorname{ctg} \delta_0 + i)^2$$

(506)
$$= \frac{(\operatorname{ctg} \delta_0 + i)^2}{1 + \operatorname{ctg}^2 \delta_0}$$

$$= \frac{(\operatorname{ctg} \delta_0 + i)^2}{(\operatorname{ctg} \delta_0 + i)(\operatorname{ctg} \delta_0 - i)}$$

$$= \frac{\operatorname{ctg} \delta_0 + i}{\operatorname{ctg} \delta_0 - i} = \frac{1 - ika}{1 + ika} \cdot \Bigg]$$

Wir erhalten:

(507)
$$\sigma_{\text{Streu}} = \frac{\pi}{k^2} \cdot \left| 1 - \frac{1 - ika}{1 + ika} \right|^2 = \frac{\pi}{k^2} \cdot \left| \frac{2\,ika}{1 + ika} \right|^2$$

$$= \frac{4\pi\,a^2}{|\,1 + ika\,|^2} = \frac{4\pi}{\left|\,ik + \dfrac{1}{a(k)}\,\right|^2}$$

und:

$$\sigma_{\text{Reak}} = \frac{\pi}{k^2} \cdot \left(1 - \frac{|\,1 - ika\,|^2}{|\,1 + ika\,|^2} \right) = \frac{\pi}{k^2} \cdot \frac{|\,1 + ika\,|^2 - |\,1 - ika\,|^2}{|\,1 + ika\,|^2}$$

$$= \frac{\pi}{k^2 \cdot \left|\,ik + \dfrac{1}{a}\,\right|^2} \cdot \left\{ \left(\frac{1}{a} + ik \right)\left(\frac{1}{a^*} - ik \right) - \right.$$

$$\left. - \left(\frac{1}{a} - ik \right)\left(\frac{1}{a^*} + ik \right) \right\}$$

$$= \frac{\pi}{k^2 \left| ik + \dfrac{1}{a} \right|^2} \cdot \left(2\,ik\,\frac{1}{a^*} - 2\,ik\,\frac{1}{a} \right)$$

$$= \frac{\pi}{k^2 \left| ik + \dfrac{1}{a} \right|^2} \cdot 4k \cdot \mathrm{Im}\,\frac{1}{a} \;=\; \frac{4\pi\,\lambdabar}{\left| ik + \dfrac{1}{a} \right|^2} \cdot \mathrm{Im}\,\frac{1}{a}\,.$$

(508)

Für reelle Fermi-Streulängen $a(k)$ verschwindet der Reaktionsquerschnitt, und man hat nur elastische Streuung. Der Wirkungsquerschnitt für elastische Streuung geht dann in den auf Seite 246 hergeleiteten Ausdruck über. Wir wollen zunächst für diesen Fall das Verhalten des Wirkungsquerschnitts in der Umgebung einer Resonanzstelle untersuchen. Es liegt offensichtlich immer dann ein Maximum im Wirkungsquerschnitt und damit eine Resonanzstelle vor, wenn die Fermi-Streulänge $a(k)$ unendlich wird; denn dann wird $1/a(k) = 0$ und damit der Nenner ein Minimum. Wir nennen die diesem k entsprechende Energie* die Resonanzenergie E_0.

Wir entwickeln nun die Energieabhängigkeit von $1/a(k)$ in der Umgebung von E_0 in eine Potenzreihe:

$$\frac{1}{a(E)} = \frac{1}{a(E)}\bigg/_{E\,=\,E_0} + (E - E_0)\cdot\frac{\mathrm{d}}{\mathrm{d}E}\left(\frac{1}{a(E)}\right)\bigg/_{E\,=\,E_0} + \ldots$$

(509)

Das erste Glied verschwindet wegen der Definition von E_0, und wir beschränken uns in erster Näherung auf das folgende Glied der Entwicklung. Unter Einführung der Streubreite Γ_s durch die Definition:

(510)
$$\frac{2k}{\Gamma_s} = \frac{\mathrm{d}}{\mathrm{d}E}\left(\frac{1}{a(E)}\right)\bigg/_{E\,=\,E_0}$$

---

*Der Zusammenhang war: $E_{\mathrm{kin}} = \dfrac{\hbar^2}{2M}\cdot k^2$, wo $M =$ Masse des einfallenden Teilchens.

erhalten wir:

$$(511) \qquad \frac{1}{a(E)} \approx (E - E_0) \cdot \frac{2k}{\Gamma_s}$$

und damit für den Streuquerschnitt in der Umgebung von E_0:

$$(512) \qquad \sigma_{Streu}(E) = \frac{4\pi}{k^2 + (E - E_0)^2 \cdot \dfrac{4k^2}{\Gamma_s^2}} \cdot$$

Mit:

$$k = \frac{1}{\lambdabar}$$

erhalten wir:

$$(513) \qquad \sigma_{Streu}(E) = \frac{\pi \lambdabar^2 \cdot \Gamma_s^2}{\Gamma_s^2/4 + (E - E_0)^2} \cdot$$

Die hiermit hergeleitete „Breit-Wigner"-Formel für die Resonanz-streuung von S-Wellen gibt den beobachteten Verlauf des Wirkungs-querschnitts in der Umgebung von einzelnen Resonanzen sehr gut wieder. Man erkennt sofort die physikalische Bedeutung von Γ_s: für $E - E_0 = \Gamma_s/2$ verdoppelt sich der Nenner gegenüber dem Wert für $E = E_0$, d.h., die volle Halbwertsbreite der „Resonanzkurve" ist Γ_s.

Es ist bemerkenswert, daß die absolute Größe des Wirkungsquer-schnitts an einer Resonanzstelle E_0 alleine durch die Breite der Resonanzstelle vollständig bestimmt ist. Andererseits ist dies nicht verwunderlich; denn wir müssen Γ_s als die natürliche Linienbreite des compound-Zustands mit der Energie E_0 ansehen. Die Heisen-bergsche Unbestimmtheitsrelation:

$$\Gamma_s \cdot \tau = \hbar$$

liefert den Zusammenhang zwischen der Linienbreite und der Lebensdauer τ des compound-Zustands bzw. mit seiner Zerfallswahrscheinlichkeit $W = 1/\tau$. Das Prinzip des detaillierten Gleichgewichts* schließlich gibt den Zusammenhang mit der Wahrscheinlichkeit der Bildung des compound-Zustands und damit mit dem Wirkungsquerschnitt für Resonanzstreuung.

Wir wollen jetzt den allgemeinen Fall behandeln, wo neben der Streuung auch eine Kernreaktion auftreten kann, bei der das einlaufende Neutron verschwindet. Wir haben gesehen, daß in diesem Fall $1/a(E)$ komplex ist. Wieder nennen wir $E = E_0$ eine Resonanzstelle, wenn $1/a(E_0)$ verschwindet. Allerdings ist allgemein zu erwarten, daß die Null-Stellen von $1/a(E)$ nicht auf der reellen E-Achse liegen, sondern im Komplexen.

Komplexe Energieresonanzstellen:

$$(514) \qquad E_0 = \epsilon_0 - \mathrm{i}\,\frac{\Gamma_\mathrm{r}}{2}$$

haben eine einfache physikalische Bedeutung: wenn man in den zeitabhängigen Faktor der Wellenfunktion des Resonanzzustands:

$$(515) \qquad \mathrm{e}^{-\mathrm{i}\frac{E_0}{\hbar}\cdot t}$$

die komplexe Energie $E_0 = \epsilon_0 - \mathrm{i}\,\dfrac{\Gamma_\mathrm{r}}{2}$ einsetzt:

$$\mathrm{e}^{-\mathrm{i}\frac{E_0}{\hbar}t} = \mathrm{e}^{-\mathrm{i}\frac{\epsilon_0}{\hbar}t} \cdot \mathrm{e}^{-\frac{\Gamma_\mathrm{r}}{2\hbar}\cdot t},$$

so erkennt man, daß der Imaginärteil ein exponentielles Abklingen der Amplitude der Wellenfunktion zur Folge hat. $\psi\psi^*$ klingt nach der Zeit $\tau = \hbar/\Gamma_\mathrm{r}$ auf ein e-tel ab. Diese Beziehung ist wieder nichts anderes als die Heisenbergsche Unbestimmtheitsrelation, und Γ_r hat die physikalische Bedeutung der Halbwertsbreite des Niveaus.

---

*s. auch Seite 159.

Zur Berechnung der Wirkungsquerschnitte σ_{Streu} und σ_{Reak} verwenden wir wieder die obige Entwicklung von $1/a(E)$ in der Umgebung von E_0, wobei allerdings zu beachten ist, daß der Term:

$$\frac{\mathrm{d}}{\mathrm{d}E}\left(\frac{1}{a}\right)\Big/_{E\,=\,E_0}$$

nunmehr komplex sein kann. Wir definieren zwei Größen Γ_s und α durch die Beziehungen:

$$(516) \qquad \mathrm{Re}\left[\frac{\mathrm{d}}{\mathrm{d}E}\left(\frac{1}{a}\right)\Big/_{E\,=\,E_0}\right] = +\frac{2k}{\Gamma_s}$$

und

$$(517) \qquad \mathrm{Im}\left[\frac{\mathrm{d}}{\mathrm{d}E}\left(\frac{1}{a}\right)\Big/_{E\,=\,E_0}\right] = k\cdot\alpha$$

und erhalten für $1/a(E)$ für reelle E in der Nähe einer Resonanzstelle E_0:

$$\frac{1}{a(E)} = +(E-E_0)\cdot\left\{\frac{2k}{\Gamma_s} + \mathrm{i}k\alpha\right\}$$

$$= \left(E-\epsilon_0 + \mathrm{i}\,\frac{\Gamma_r}{2}\right)\cdot\left(\frac{2k}{\Gamma_s} + \mathrm{i}k\alpha\right)$$

$$(518) \qquad = \frac{2k}{\Gamma_s}\cdot\left[E-\left(\epsilon_0 + \alpha\cdot\frac{\Gamma_r\Gamma_s}{4}\right)\right] + \mathrm{i}k\cdot\left[\frac{\Gamma_r}{\Gamma_s} + \alpha\cdot(E-\epsilon_0)\right].$$

Nach Einsetzen in die Ausdrücke für σ_{Streu} und σ_{Reak} erhält man:

$$\sigma_{\text{Streu}} = \frac{4\pi}{\left|\,\mathrm{i}k + \dfrac{1}{a(k)}\,\right|^2}$$

$$(519) \qquad = \frac{4\pi}{\left|\dfrac{2k}{\Gamma_s}\cdot\left[E-\left(\epsilon_0 + \alpha\dfrac{\Gamma_r\Gamma_s}{4}\right)\right] + \mathrm{i}k\left[\dfrac{\Gamma_r}{\Gamma_s} + \alpha(E-\epsilon_0)+1\right]\right|^2}$$

Setzt man $\epsilon_0 + \alpha \dfrac{\Gamma_r \Gamma_s}{4} = E_r$ und vernachlässigt man den Term $\alpha \cdot (E - \epsilon_0)$ im Imaginärteil, so erhält man:

(520) $$\sigma_{\text{Streu}} = \frac{4\pi\,\Gamma_s^2}{k^2} \cdot \frac{1}{4\,(E - E_r)^2 + (\Gamma_r + \Gamma_s)^2}$$

oder:

(521) $$\sigma_{\text{Streu}} = \pi\,\lambdabar^2 \cdot \frac{\Gamma_s^2}{\left(\dfrac{\Gamma_s + \Gamma_r}{2}\right)^2 + (E - E_r)^2}.$$

Für den Reaktionswirkungsquerschnitt ergibt sich:

$$\sigma_{\text{Reak}} = 4\pi\lambdabar \, \frac{\text{Im}\,\dfrac{1}{a}}{\left|ik + \dfrac{1}{a}\right|^2} = \sigma_{\text{Streu}} \cdot \lambdabar \cdot \text{Im}\,\frac{1}{a}.$$

Vernachlässigt man wieder den Term $\alpha\,(E - \epsilon_0)$, so ist:

$$\text{Im}\,\frac{1}{a} = k \cdot \frac{\Gamma_r}{\Gamma_s},$$

und man erhält mit $k = 1/\lambdabar$:

(522) $$\sigma_{\text{Reak}} = \pi\,\lambdabar^2 \cdot \frac{\Gamma_s \cdot \Gamma_r}{\left(\dfrac{\Gamma_s + \Gamma_r}{2}\right)^2 + (E - E_r)^2}.$$

Die Ergebnisse für σ_{Streu} und σ_{Reak} sind die allgemeinen „Breit-Wigner-Formeln" für S-Wellen-Resonanzen. Man erkennt aus der Gestalt des Nenners, daß die totale Halbwertsbreite der Resonanz den Wert hat:

(523) $$\Gamma = \Gamma_r + \Gamma_s.$$

Aus $\Gamma \cdot \tau = \hbar$ folgt, daß $\Gamma/\hbar$ die totale Zerfallswahrscheinlichkeit des Resonanzniveaus ist. $\Gamma_r/\hbar$ ist die Wahrscheinlichkeit für einen

Zerfall unter Emission eines anderen Teilchens, d.h. die Wahrscheinlichkeit für eine Kernreaktion, und $\Gamma_s/\hbar$ die Zerfallswahrscheinlichkeit unter Emission des gleichen Teilchens, d.h. die Wahrscheinlichkeit für eine elastische Streuung.

Wir wollen nun die Energieabhängigkeit von σ_{Streu} und σ_{Reak} für ganz langsame Neutronen betrachten.

Die konkurrierenden Prozesse sind der (n,n)-Streuprozeß und der (n,γ)-Einfangprozeß, d.h., es gelten:

$$\Gamma_r = \Gamma_\gamma \text{ und } \Gamma_s = \Gamma_n.$$

Nun haben wir bei der Behandlung der (n,p) Streuung gesehen, daß die Fermi-Streulänge bei ganz tiefen Energien konstant wird und damit σ_{Streu} energieunabhängig wird. Dies ist mit der „Breit-Wigner-Formel" für σ_{Streu} verträglich. Man erkennt dies auf folgende Weise:

Die „Breit-Wigner-Formel" für die elastische Neutronenstreuung lautet:

$$(524) \qquad \sigma_{Streu} = \pi \lambda^2 \cdot \frac{\Gamma_n^2}{\left(\dfrac{\Gamma_n + \Gamma_\gamma}{2}\right)^2 + (E - E_r)^2} \cdot$$

E_r ist jetzt die nächstliegende Resonanzstelle des Compound-Kerns bei einer kinetischen Energie des einfallenden Neutrons von $E = 0$; E_r kann sowohl positiv als auch negativ sein. Ein negativer Wert von E_r bedeutet, daß der nächstliegende Zustand des Compound-Kerns unterhalb der Energie liegt, die der Compound-Kern erreicht, wenn ein langsames Neutron ($E = 0$) vom Targetkern absorbiert wird.

Es ist ferner wichtig, die Größenordnung zu kennen; die Niveauabstände der einzelnen Resonanzen liegen für mittelschwere Kerne bei einigen eV, die Linienbreiten bei 0,1 eV und kleiner. Bei $E = 0$ liegt der wahrscheinliche Abstand bis zur nächsten Resonanz also bei einigen eV.

Beachten wir jetzt, daß Γ_n entsprechend der Heisenbergschen Unbestimmtheitsrelation:

$$(525) \qquad \Gamma_n = \frac{\hbar}{\tau_n} = \hbar \cdot W_n$$

gerade das $\hbar$-fache der partiellen Zerfallswahrscheinlichkeit W_n des nächstliegenden Resonanzniveaus für Neutronenemission bedeutet. Diese Übergangswahrscheinlichkeit ist aber entsprechend der „goldenen Regel der Quantenmechanik":

$$(526) \qquad W_n = \frac{2\pi}{\hbar} \cdot |\langle f | H | i \rangle|^2 \cdot \rho_n(E)$$

proportional zur Energiedichte der Endzustände, d.h. also der Energiedichte der Kontinuumszustände der auslaufenden Neutronenwelle. Diese läßt sich aber sofort durch Berechnung des zur Verfügung stehenden Phasenvolumens ausdrücken. Die auslaufende Neutronenwelle der Energie E und des Impulses p sei normiert im Volumen V. Dann ist das verfügbare Phasenvolumen pro Einheitsenergieintervall:

$$(527) \qquad V_{ph} = V \cdot 4\pi p^2 \cdot \frac{dp}{dE},$$

und die Zahl der Energiezustände pro Einheitsenergieintervall beträgt:

$$(528) \qquad \rho_n(E) = \frac{1}{h^3} \cdot V_{ph} = V \cdot \frac{4\pi p^2}{h^3} \cdot \frac{dp}{dE}.$$

mit $p = \sqrt{2mE}$ und $\dfrac{dp}{dE} = \dfrac{m}{\sqrt{2mE}} = \dfrac{m}{p}$ erhält man:

$$(529) \qquad \rho_n(E) = V \cdot \frac{4\pi p^2}{h^3} \cdot \frac{m}{p}$$

$$= \frac{4\pi \cdot m^2 \cdot V}{h^3} \cdot v.$$

Das willkürlich gewählte Volumen V fällt im Ausdruck für W_n wieder heraus, da die Amplitude der auslaufenden Neutronenwelle proportional zu $1/V^{1/2}$ ist und damit das Matrixelement $|\langle f | H | i \rangle|^2$ den Faktor $1/V$ enthält.

Die Übergangswahrscheinlichkeit W_n und damit die Niveaubreite Γ_n ist damit direkt proportional zur Neutronengeschwindigkeit v:

(530) $\qquad \Gamma_n \sim v,$

denn alle übrigen Größen in W_n sind energieunabhängig.

Vernachlässigt man nun im Nenner der „Breit-Wigner-Formel" $\{(\Gamma_n + \Gamma_\gamma)/2\}^2$ gegen $(E - E_r)^2$ und beschränkt sich auf langsame Neutronen mit $E \ll |E_r|$, so ist der Nenner konstant, und der Streuquerschnitt wird:

$$\sigma_{\text{Streu}} \sim \lambda^2 \cdot \Gamma_n^2,$$

oder mit $\lambda = \hbar/p = \hbar/m \cdot 1/v$ erhält man:

(531) $\qquad \sigma_{\text{Streu}} \sim \dfrac{1}{v^2} \cdot v^2,$

d.h., σ_{Streu} wird energieunabhängig.

Anders verhält sich der (n, γ) Reaktionsquerschnitt:

(532) $\qquad \sigma_{(n, \gamma)} = \pi \cdot \lambda^2 \cdot \dfrac{\Gamma_n \cdot \Gamma_\gamma}{\left(\dfrac{\Gamma_n + \Gamma_\gamma}{2}\right)^2 + (E - E_r)^2} \cdot$

Γ_γ ist natürlich von der Neutronenenergie unabhängig, und man erhält:

$$\sigma_{(n, \gamma)} \sim \lambda^2 \cdot \Gamma_n$$

oder mit $\lambda \sim \dfrac{1}{v}$ und $\Gamma_n \sim v$:

(533) $\qquad \sigma_{(n, \gamma)} \sim \dfrac{1}{v^2} \cdot v = \dfrac{1}{v} \cdot$

Dies ist die direkte Begründung des experimentell beobachteten $1/v$-Gesetzes des thermischen Neutronenquerschnitts für (n, γ)-Prozesse. Die absolute Größe des (n, γ)-Wirkungsquerschnitts für thermische Neutronen hängt entsprechend der „Breit-Wigner-Formel" außer von den Größen Γ_n und Γ_γ vor allem empfindlich davon ab, wie nahe die nächste Resonanzstelle tatsächlich liegt, d.h. also vom absoluten Betrag von $| E_r |$.

Beim Einfang eines thermischen Neutrons wird die Bindungsenergie von ca. 8 MeV frei. Das bedeutet, daß der Compound-Kern mit einer Anregungsenergie von ca. 8 MeV gebildet wird. Wie nahe der nächste Zustand des Compound-Kerns liegt, ist natürlich mehr oder weniger zufällig. Darin liegt es begründet, daß die absolute Größe des thermischen Neutronenquerschnitts von Isotop zu Isotop um Größenordnungen schwankt.

Generell läßt sich lediglich sagen, daß in der Nähe abgeschlossener Schalen die Termdichten klein werden und daß mit zunehmender Massenzahl die Termdichten zunehmen. Die extrem kleinen Neutronenquerschnitte von ^{2}H, ^{4}He, ^{12}C und ^{16}O, die diese Isotope für die Verwendung in Reaktoren geeignet machen, sind damit verständlich.

Es sei noch darauf hingewiesen, daß für die S-Wellenabsorption von Neutronen Drehimpulsauswahlregeln gelten:

$$\Delta I = \pm \frac{1}{2}$$

und

$$\Delta \pi = 0.$$

Niveaus des Compound-Kerns, die diese Auswahlregeln verletzen, sind keine Resonanzniveaus.

Bei den oben abgeleiteten „Breit-Wigner-Formeln" wurden die Drehimpulse der beteiligten Teilchen nicht berücksichtigt. Ihre Mitberücksichtigung führt auf kompliziertere Formeln, da zusätzliche statistische Gewichtsfaktoren auftreten. Bei höheren Energien der einlaufenden Teilchen, wie sie z.B. bei geladenen Teilchen immer notwendig sind, treten zusätzlich Bahndrehimpulse auf. Die Erweiterung der obigen Formeln auf diese allgemeineren Fälle geht über den Rahmen dieses Buches hinaus. Es sei z.B. auf die Darstellung in Blatt und Weisskopf: „Theoretical Nuclear Physics", J.Wiley and Sons, New York, chapt. VIII 10, hingewiesen.

Ein physikalisch besonders interessantes Phänomen ist die häufig bei Resonanzstreuung beobachtete Unsymmetrie der Resonanzkurve des Streuquerschnitts. Für $E < E_r$ ist der Wirkungsquerschnitt gegenüber der „Breit-Wigner-Formel" verkleinert und oberhalb der Resonanzstelle vergrößert.

Die Deutung liegt darin, daß es sich hier um destruktive bzw. konstruktive Interferenz zwischen „Resonanzstreuung" und „Potentialstreuung" handelt. Eine ausführliche theoretische Behandlung dieses Phänomens findet man in allen weiterführenden Lehrbüchern der Kernphysik.

Wir hatten gesehen, daß das Auftreten von Resonanzen im Wirkungsquerschnitt von Compound-Kernreaktionen eine direkte Konsequenz der Erhaltungssätze für Energie und Impuls ist.

Natürlich gilt auch der Drehimpulserhaltungssatz bei Kernreaktionen. Nur solche Niveaus des Compound-Kerns führen zu Resonanzen, bei denen die Drehimpulsbilanz keine zu hohen Bahndrehimpulse im Eingangskanal verlangt.

Weitere Erhaltungssätze bei Kernreaktionen folgen aus den speziellen Invarianzeigenschaften der bei Kernreaktionen beteiligten elementaren Wechselwirkungen. Beteiligt sind die Starke Wechselwirkung (Nukleon-Nukleon-Wechselwirkung) und die elektromagnetische Wechselwirkung. Eine Folge der Paritätsinvarianz der Starken Wechselwirkung und der elektromagnetischen Wechselwirkung ist die Paritätserhaltung bei Kernreaktionen. Eine Konsequenz der Paritätserhaltung ist z.B. die Auswahlregel

(534) $\qquad \Delta\pi = 0$

für die Anregung von Compound-Kernniveaus bei (n, γ)-Reaktionen mit thermischen Neutronen.

Kernreaktionen sind besonders geeignet zur Prüfung der Zeitumkehrinvarianz von Starker Wechselwirkung und elektromagnetischer Wechselwirkung. Die Zeitumkehr bedeutet einfach den Ablauf einer

Kernreaktion in umgekehrter Richtung. Bei Zeitumkehrinvarianz sind die absoluten Reaktionswahrscheinlichkeiten: $W_{A \to B}$ für die Reaktion:

$$A + a \to b + B$$

und $W_{B \to A}$ für die Reaktion:

$$B + b \to a + A$$

durch die Beziehung verknüpft (s. Gl. 71):

(535) $$W_{A \to B} \cdot \rho_A = W_{B \to A} \cdot \rho_B.$$

Man nennt diese Beziehung auch das Prinzip des detaillierten Gleich-gewichts (s. auch Seite 159). ρ_A und ρ_B sind die jeweiligen Energie-dichten der Endzustände.

Wir hatten oben (Seite 159ff.) abgeleitet, wie sich die Übergangs-wahrscheinlichkeiten mit Hilfe der Wirkungsquerschnitte der Reak-tionen ausdrücken lassen, und wir hatten dann für das „Prinzip des detaillierten Gleichgewichts" die Form gewonnen (s. Gl. 73):

(536) $$\frac{\sigma_{A \to B}}{\sigma_{B \to A}} = \frac{g_B}{g_A} \cdot \frac{p_B^2}{p_A^2}.$$

In dieser Formel bedeuten g_B und g_A die statistischen Gewichts-faktoren (Multiplizitäten der Zustände; sie gehen natürlich in ρ_A und ρ_B ein):

(537) $$g_B = (2\,I_B + 1)\,(2\,I_b + 1)$$

und

(538) $$g_A = (2\,I_A + 1)\,(2\,I_a + 1).$$

Die Größen p_B und p_A sind die reduzierten Impulse für Ausgangs- und Eingangskanal (reduzierter Impuls = Relativgeschwindigkeit $\times$ reduzierte Masse).

Wenn man den Ausgangskanal der umzukehrenden Kernreaktion dadurch einschränkt, daß man den Winkel θ zwischen den Geschwindigkeitsvektoren

$$\mathbf{v}_a(s) \quad \text{und} \quad \mathbf{v}_b(s)$$

im Schwerpunktsystem vorschreibt, kommt man zu der entsprechenden Beziehung für die differentiellen Wirkungsquerschnitte:

$$(539) \qquad \frac{d\sigma_{A \to B}}{d\Omega}(\theta) = \frac{g_B}{g_A} \cdot \frac{p_B^2}{p_A^2} \cdot \frac{d\sigma_{B \to A}}{d\Omega}(\theta).$$

Zur Prüfung der Zeitumkehrinvarianz von Kernreaktionen hat man sowohl totale Wirkungsquerschnitte von Kernreaktionen mit denen der Umkehrreaktion verglichen als auch differentielle Wirkungsquerschnitte.

Die Messung absoluter Wirkungsquerschnitte ist meist mit erheblichen systematischen Fehlern behaftet, da absolute Detektoransprechwahrscheinlichkeiten und Raumwinkel eingehen. Die Winkelabhängigkeit des differentiellen Wirkungsquerschnitts von Kernreaktionen zeigt jedoch meist einen strukturreichen charakteristischen Verlauf, der in allen Einzelheiten in gleicher Weise auch bei der Umkehrreaktion auftreten sollte, wenn die Zeitumkehrinvarianz gilt; denn der Proportionalitätsfaktor $\frac{g_B}{g_A} \cdot \frac{p_B^2}{p_A^2}$ ist winkelunabhängig. Ein extrem empfindlicher Test ist deshalb die Messung der differentiellen Wirkungsquerschnitte einer Kernreaktion und der Umkehrreaktion mit hoher statistischer Genauigkeit, jedoch in willkürlichen Einheiten, d.h. ohne Eichung von Raumwinkel und absoluter Ansprechwahrscheinlichkeit. Man normiert beide Meßkurven aufeinander und muß dann identische Kurven erhalten. Eine sorgfältige Messung dieser Art wurde 1959 von Bodanski et al. durchgeführt:

82 Prüfung der Zeitumkehrinvarianz von Kernreaktionen durch Bodanski et al.

Lit.: Bodanski, Eccles, Farwell, Rickey, and Robinson, Phys.Rev.Letters 2, 101 (1959)

Bodanski et al. verwendeten die endotherme Kernreaktion:

$$^{12}C\,(\alpha,d)\,^{14}N\ +Q; \qquad Q = -13,574\ \text{MeV}$$

und die exotherme Umkehrreaktion:

$$^{14}N\,(d,\alpha)\,^{12}C\ +Q'; \qquad Q' = +13,574\ \text{MeV}.$$

Für die (α,d)-Reaktion wurde der 41,7 MeV Alpha-Strahl des Zyklotrons der Universität von Washington verwendet.

Für die Umkehrreaktion muß die Energie der Deuteronenstrahlung natürlich gerade so hoch gewählt werden, daß genau die gleiche Anregungsenergie des Compound-Kerns erreicht wird.

Man errechnet die erforderliche Energie in folgender Weise:

Die Anwendung des Impulssatzes im Eingangskanal liefert:

$$m_a\,v_a = m_{C*}\,v_C,$$

wo m_a = Masse des einlaufenden Teilchens a,

$\quad\ \ v_a$ = Geschwindigkeit des einlaufenden Teilchens,

$\quad\ \ m_A$ = Masse des ruhenden Targetkerns A,

$\quad\ \ m_{C*}$ = Masse des Compound-Kerns im angeregten Zustand C^*,

$\quad\ \ v_C$ = Geschwindigkeit des Compound-Kerns.

Damit übernimmt der Compound-Kern im Laborsystem die kinetische Energie:

$$E_{C*} = \frac{p_C^2}{2\,m_{C*}} = \frac{m_a^2\,v_a^2}{2\,m_{C*}} = E_a \cdot \frac{m_a}{m_{C*}}.$$

Der Rest:

$$E_a\left(1 - \frac{m_a}{m_{C*}}\right)$$

steht zur Anregung des Compound-Kerns zur Verfügung.

Die totale Energie des Compound-Kerns im Schwerpunktsystem beträgt deshalb:

$$m_{C*} c^2 = m_a c^2 + m_A c^2 + E_a \left(1 - \frac{m_a}{m_{C*}} \right).$$

Für die Umkehrreaktion gilt entsprechend:

$$m_{C*} c^2 = m_b c^2 + m_B c^2 + E_b \left(1 - \frac{m_b}{m_{C*}} \right).$$

Setzt man nun beide Ausdrücke für die Totalenergie des Compound-Kerns gleich, so ergibt sich zwischen E_a und E_b der Zusammenhang:

$$E_a \left(1 - \frac{m_a}{m_{C*}} \right) + m_a c^2 + m_A c^2 = E_b \left(1 - \frac{m_b}{m_{C*}} \right) + m_b c^2 + m_B c^2,$$

oder mit:

$$m_a c^2 + m_A c^2 = m_b c^2 + m_B c^2 + Q$$

erhält man:

(540) $$E_a \left(1 - \frac{m_a}{m_{C*}} \right) = E_b \left(1 - \frac{m_b}{m_{C*}} \right) - Q.$$

Nach Einsetzen der Massenzahlen für die Reaktion $^{12}C\,(\alpha,d)\,^{14}N$ lautet diese Gleichung:

$$E_a \left(1 - \frac{4}{16} \right) = E_b \left(1 - \frac{2}{16} \right) - Q$$

oder:

$$E_b = \frac{1}{0,875}\,(0,75\,E_a + Q).$$

Setzt man für die Alpha-Energie $E_a = 41,7$ MeV ein, so ergibt sich für die entsprechende Deuteronenenergie der Umkehrreaktion E_b:

$$E_b = \frac{1}{0,875}\,(0,75 \cdot 41,7 - 13,574)\ \text{MeV} = 20,0\ \text{MeV}.$$

Bei der Messung der differentiellen Wirkungsquerschnitte sind zwei Dinge zu beachten:

1. Im Laborsystem ist im Gegensatz zum Schwerpunktsystem die Energie des auslaufenden leichten Teilchens vom Winkel θ abhängig, da sich zur Teilchengeschwindigkeit im Schwerpunktsystem noch die Schwerpunktgeschwindigkeit vektoriell addiert. Eine saubere Messung des differentiellen Wirkungsquerschnitts ist deshalb nur möglich, wenn die Detektoransprechwahrscheinlichkeit im interessierenden Energiegebiet von der Energie unabhängig ist.

2. Der Winkel zwischen einlaufendem Teilchen a und auslaufendem Teilchen b im Laborsystem ist verschieden vom entsprechenden Winkel θ im Schwerpunktsystem. Es muß deshalb der gemessene Wirkungsquerschnitt auf das Schwerpunktsystem transformiert werden.

Das Detektorproblem wurde von Bodanski et al. in folgender Weise gelöst:

Sowohl für den Nachweis der auslaufenden Deuteronen als auch für die Alphateilchen wurden Zählerteleskope verwendet. Der erste Detektor ist ein dE/dx-Zähler. Er ist so dimensioniert, daß die Teilchen beim Durchgang nur einen kleinen Energieverlust erleiden. Dieser wird über die Impulshöhe des Zählersignals registriert. Der zweite Detektor absorbiert dann die Teilchen vollständig. In beiden Fällen wurden Szintillationsdetektoren verwendet.

Die Impulshöhenspektren beider Detektoren werden in Vielkanalanalysatoren gespeichert. Neben der Teilchengruppe, die auf den Grundzustand des Tochterkerns führt, gibt es weitere Deuteronen- bzw. Alphagruppen, die zu angeregten Zuständen führen. Es ist deshalb eine Energiediskriminierung notwendig. Für jeden eingestellten Beobachtungswinkel für die auslaufenden Teilchen wird das jeweilig richtige Impulshöhenintervall neu ausgewählt, und zur Unterdrückung von unerwünschtem Untergrund werden die Koinzidenzen zwischen beiden Detektoren beobachtet. Die Ansprechwahrscheinlichkeit für schwere geladene Teilchen beträgt 100%, so daß bei richtiger Wahl der Impulshöhenintervalle keine Korrektur für eine Energieabhängigkeit der Ansprechwahrscheinlichkeit anzubringen ist.

Die Transformation des gemessenen differentiellen Wirkungsquerschnitts vom Laborsystem auf das Schwerpunktsystem geschieht in folgender Weise:

Wir suchen zunächst den Zusammenhang zwischen dem Winkel θ_L, das ist der Winkel zwischen der Richtung des einlaufenden Teilchenstrahls und der Richtung der auslaufenden leichten Teilchen b, und dem Winkel $\theta_S = \theta$, das ist der entsprechende Winkel im Schwerpunktsystem (s. Figur 230).

Es seien $v_b(L)$ und $v_b(S)$ die Geschwindigkeiten der auslaufenden leichten Teilchen im Laborsystem und im Schwerpunktsystem und v_C die Geschwindigkeit des Schwerpunktes bzw. des Compound-Kerns.

Die Größen $v_b(S)$ und v_C sind als bekannt anzusehen, denn sie lassen sich unter Verwendung von Energie- und Impulssatz aus der Energie der einlau-

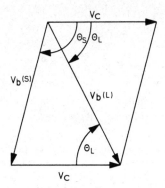

Figur 230:

Zum Zusammenhang zwischen θ_S und θ_L. v_C bedeutet die Geschwindigkeit des Compoundkerns im Laborsystem bzw. die Geschwindigkeit des Schwerpunkts, $v_b(s)$ ist die Geschwindigkeit des nach der Reaktion auslaufenden leichten Teilchens im Schwerpunktsystem und $v_b(L)$ entsprechend im Laborsystem.

fenden Teilchen E_a und der Wärmetönung der Reaktion Q direkt berechnen. Wir können den Zusammenhang zwischen θ_L und $\theta_S = \theta$ mit Hilfe des Sinussatzes (s. Figur 230) in folgender Weise ausdrücken:

$$\frac{\sin \theta_L}{\sin (\theta - \theta_L)} = \frac{v_b(S)}{v_C}.$$

Oder mit:

$$\sin (\theta - \theta_L) = \sin \theta \cdot \cos \theta_L - \cos \theta \cdot \sin \theta_L$$

erhält man:

$$\sin \theta_L = \frac{v_b(S)}{v_C} \cdot (\sin \theta \cdot \cos \theta_L - \cos \theta \cdot \sin \theta_L)$$

$$v_C = v_b(S) \cdot \left\{ \frac{\sin \theta}{\operatorname{tg} \theta_L} - \cos \theta \right\}$$

$$\operatorname{tg} \theta_L = \frac{v_b(S). \sin \theta}{v_C + v_b(S) \cdot \cos \theta}$$

oder schließlich:

$$(541) \qquad \theta_L = \operatorname{arc} \ \operatorname{tg} \ \frac{v_b(S). \sin \theta}{v_C + v_b(S) \cdot \cos \theta}.$$

Der gewünschte differentielle Wirkungsquerschnitt im Schwerpunktsystem läßt sich damit aus dem gemessenen differentiellen Wirkungsquerschnitt im Laborsystem in folgender Weise berechnen:

$$\frac{\mathrm{d}\sigma}{\mathrm{d}\Omega}(\theta) = \frac{1}{2\pi \cdot \sin\theta} \cdot \frac{\mathrm{d}\sigma}{\mathrm{d}\theta}(\theta)$$

(542)
$$= \frac{1}{2\pi \cdot \sin\theta} \cdot \frac{\mathrm{d}\sigma}{\mathrm{d}\theta_L} \cdot \frac{\mathrm{d}\theta_L}{\mathrm{d}\theta}$$

$$= \frac{\sin\theta_L}{\sin\theta} \cdot \frac{\mathrm{d}\theta_L}{\mathrm{d}\theta} \cdot \frac{\mathrm{d}\sigma}{\mathrm{d}\Omega_L}.$$

Man muß also zu jedem Winkel θ_L, an dem $\mathrm{d}\sigma/\mathrm{d}\Omega_L$ gemessen wurde, den entsprechenden Winkel im Schwerpunktsystem aufsuchen und die damit gewonnene Funktion $\dfrac{\mathrm{d}\sigma}{\mathrm{d}\Omega_L}(\theta)$ noch mit dem Faktor

(543)
$$\frac{\sin\theta_L}{\sin\theta} \cdot \frac{\mathrm{d}\theta_L}{\mathrm{d}\theta}$$

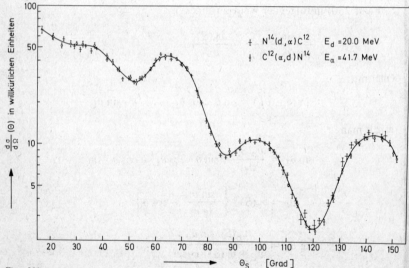

Figur 231:

Differentieller Wirkungsquerschnitt für die Reaktion:

^{12}C (α, d) ^{14}N

für 41,7 MeV Alpha-Teilchen, dargestellt im Schwerpunktsystem, und für die Umkehrreaktion:

^{14}N (d, α) ^{12}C

für 20 MeV Deuteronen. Diese Figur ist der Arbeit von Bodanski, Eccles, Farwell, Rickey, und Robinson, Phys.Rev. Letters 2, 101 (1959), entnommen.

multiplizieren. Dieser Faktor transformiert das Raumwinkelelement $d\Omega_L$ in das Schwerpunktsystem. Den Differentialquotienten $d\theta_L/d\theta$ erhält man einfach durch Differentiation des oben hergeleiteten Ausdrucks für θ_L.

Das Ergebnis der ins Schwerpunktsystem transformierten differentiellen Wirkungsquerschnitte für die Reaktion:

$$^{12}C\,(\alpha,d)\,^{14}N \qquad \text{für 41,7 MeV } \alpha\text{-Teilchen}$$

und die Umkehrreaktion:

$$^{14}C\,(d,\alpha)\,^{12}C \qquad \text{für 20 MeV Deuteronen}$$

ist in Figur 231 dargestellt.

Die Übereinstimmung beider Meßkurven ist ausgezeichnet. Innerhalb der Meßgenauigkeit dieses Experiments läßt sich keine Verletzung der Zeitumkehrvarianz nachweisen.

Wenn eine Kernreaktion:

$$A + a \rightarrow b + B$$

über einen Compound-Kernzustand läuft, dessen mittlere Lebensdauer groß gegenüber der Zeit ist, die das Teilchen a zum einfachen Durchqueren des Targetkerns benötigen würde, dann ist eine strukturreiche Winkelverteilung der austretenden Teilchen b schwer verständlich: Man kann sich den hoch angeregten Compound-Kern als ein aufgeheiztes Nukleonengas vorstellen, bei dem sich die bei der Absorption des Teilchens a freiwerdende Energie auf viele Nukleonen verteilt. Nur wenn sich zufällig ein großer Teil dieser Energie auf ein einzelnes Nukleon vereinigt, reicht die Energie aus, um dieses Teilchen aus dem Kernpotentialtopf herauszudampfen. Für Protonen ist das Verdampfen durch die zusätzliche Coulombpotentialschwelle erschwert (s. Figur 232); die Folge davon ist, daß z.B. beim Beschuß eines Targetkerns mit energiereichen Alphateilchen hauptsächlich Neutronen und nur recht selten Protonen abdampfen. Je nach der Energie der Alphateilchen beobachtet man (α,n)-, $(\alpha,2n)$-, . . . , -Reaktionen. Die auslaufenden Neutronen verlassen den Kern mit so niedriger Energie, daß sie keinen Bahndrehimpuls übernehmen können. Sie verlassen deshalb den Kern als S-Wellen und man erhält damit eine isotrope Winkelverteilung.

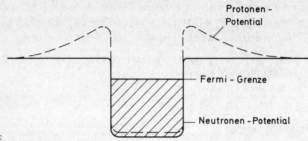

Figur 232:

Schematische Darstellung des Potentialtopfs von Protonen und Neutronen im Kern.

Andererseits verliert der Compound-Kern trotz der Verteilung der Anregungsenergie auf viele Nukleonen keineswegs die „Erinnerung" an die Richtung, aus der das Teilchen *a* kam. Dies liegt am Drehimpulserhaltungssatz. Ein mit hoher Energie exzentrisch eintreffendes Teilchen kann einen großen Bahndrehimpuls:

$$\mathbf{l} = \mathbf{r} \times \mathbf{p}$$

in der Richtung senkrecht zur Einfallsrichtung **p** übertragen. Der Spin des Compound-Kerns ist deshalb vorzugsweise senkrecht zur Flugrichtung von *a* orientiert. Eine Konsequenz davon ist zum Beispiel, daß Gamma-Strahlung im Ausgangskanal einer Compound-Kernreaktion im allgemeinen eine kräftige Anisotropie zeigt.

Eine strukturreiche Winkelverteilung der auslaufenden Teilchen-Strahlung, wie sie beim Experiment ㊂ beobachtet wurde, weist darauf hin, daß es sich hier nicht um eine Compound-Kernreaktion, sondern um eine sogenannte „direkte Reaktion" handelt.

Der wichtigste Typ direkter Prozesse ist die Stripping-Reaktion. Das leichte Teilchen im Eingangskanal ist ein Deuteron. Im Vorbeifliegen am Targetkern wird das Neutron oder das Proton des Deuterons abgestreift und vom Targetkern eingefangen.

Das systematische Studium dieser Prozesse hat sich als äußerst nützlich für die Aufklärung der Strukturen angeregter Kernzustände herausgestellt. Insbesondere erlaubt die Winkelverteilung der Stripping-Prozesse direkte Schlüsse auf die Bahndrehimpulsquantenzahl der Bahn, in die das abgestreifte Teilchen im Targetkern eingebaut wird. Dies wurde zuerst von Butler 1950 bei der Interpretation der von Burrows et al. gemessenen Winkelverteilungen zweier Protonengruppen bei der $^{16}O(d,p)^{17}O$-Reaktion erkannt:

(83) Die Ableitung von Bahndrehimpulsquantenzahlen von Einteilchenzuständen aus der Winkelverteilung von Stripping-Prozessen am Beispiel der $^{16}O(d,p)^{17}O$-Reaktion

Lit.: Burrows, Gibson, and Rotblat, Phys.Rev. 80, 1095 (1950)
       Butler, Phys.Rev. 80, 1095 (1950)
       Butler, Proc.Roy.Phys.Soc. London 208, 559 (1951)
       Butler, Austern, and Pearson, Phys.Rev. 112, 1224 (1958)
       Butler, Nuclear Stripping Reactions, J.Wiley & Sons, N.Y. (1957)

Bei der Kernreaktion $^{16}O(d,p)^{17}O$ werden eine Reihe verschiedener Protonengruppen beobachtet, die zu verschiedenen Anregungsenergien des Endkerns ^{17}O führen.

Die Wärmetönungen der Reaktionen, die auf den Grundzustand des ^{17}O und auf den ersten angeregten Zustand des ^{17}O führen, betragen:

$$Q_{\text{Grundzustand}} = + 1,925 \text{ MeV}$$

und

$$Q_{\text{anger.Zustand}} = + 1,049 \text{ MeV}.$$

Burrow, Gibson und Rotblat untersuchten die Winkelverteilung für diese beiden Protonengruppen unter Verwendung des 8 MeV Deuteronenstrahls des Liverpool-Zyklotrons.

Als Target wurde gasförmiger Sauerstoff verwendet. Die Protonen im Ausgangskanal der Reaktion wurden im gesamten Winkelbereich zwischen $\theta = 10°$ und $160°$ mit Hilfe einer photographischen Emulsion registriert und nach der Entwicklung unter einem Mikroskop einzeln ausgezählt, wobei die Länge der Spuren zur Identifizierung der Protonengruppe verwendet wurde. Das Resultat der Winkelverteilung für beide Protonengruppen, transformiert auf das Schwerpunktsystem, ist in Figur 233 dargestellt. Beide Kurven zeigen eine erheblich verschiedene, ausgeprägte Struktur.

Butler gelang die Deutung dieser Winkelverteilungen (Phys.Rev. 80, 1095 (1950)). Sie ist heute unter dem Namen Butler-Theorie bekannt. Es sei hier auf die quantenmechanische Darstellung der Butler-Theorie verzichtet. Wir wollen uns statt dessen auf eine halb-klassische Beschreibung der zu Grunde

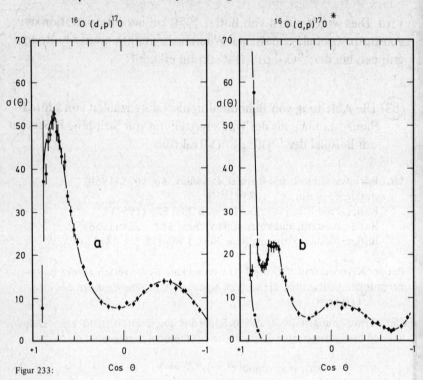

Figur 233:

Messung der Winkelverteilung der auslaufenden Protonen bei Stripping-Reaktionen. Die dargestellten Kurven wurden von Burrow, Gibson und Rotblat, Phys.Rev. 80, 1095 (1950) publiziert. Der Deuteronen-Strahl hatte eine Energie von 8 MeV. Im Falle a wird der Grundzustand des Tochterkerns erreicht, im Falle b der erste angeregte Zustand. Der differentielle Wirkungsquerschnitt ist im Schwerpunktsystem dargestellt.

liegenden Phänomene beschränken. Diese Deutung ist von Butler, Austern und Gibson in einer späteren Arbeit (1958) angegeben worden.

Wir gehen von der folgenden Vorstellung aus (s. Figur 234): Die Kernreaktion sei ausschließlich auf die Oberfläche des Kerns beschränkt. Es finde am Ort S eine Wechselwirkung statt, in deren Verlauf das Neutron mit dem Bahndrehimpuls $l \cdot \hbar$ in den Kern eingebaut werden möge, und das restliche Proton fliege mit verändertem Impuls p_f in der Richtung θ weiter.

Die Forderung der Übertragung des Bahndrehimpulses $l \cdot \hbar$ liefert eine Einschränkung für die Orte (Ortsvektoren r), an denen die Wechselwirkung stattfinden kann; der übertragene Bahndrehimpuls ist nämlich durch die Beziehung gegeben:

(544) $$l \cdot \hbar = \left| r \times (p_i - p_f) \right|,$$

wo $\mathbf{p} = \mathbf{p_i} - \mathbf{p_f} =$ Impulsübertrag. Mit $\mathbf{p_i} = \hbar \cdot \mathbf{k_i}$ erhält man:

$$l = \left| \mathbf{r} \times (\mathbf{k_i} - \mathbf{k_f}) \right|$$

oder:

(545) $l = \left| \mathbf{r} \times \mathbf{Q} \right|$, wo $\mathbf{Q} = \mathbf{k_i} - \mathbf{k_f}$.

Der geometrische Ort aller $\mathbf{r}$, die diese Bedingung für festes l und festes $\mathbf{Q} = \mathbf{k_i} - \mathbf{k_f}$ erfüllen, ist die Oberfläche eines Zylinders, dessen Achse durch den Schwerpunkt des Targetkerns geht in Richtung von $\mathbf{Q}$, d.h. in Richtung des Rückstoßes, und dessen Radius den Betrag hat:

$$\rho = \frac{l}{Q}.$$

Dieser Zylinder ist in Figur 234a dargestellt. Die Forderung, daß die Wechselwirkung auf der Oberfläche des Targetkerns stattfinden soll, beschränkt die möglichen Orte auf die Schnittfigur des Zylindermantels mit der Oberfläche einer Kugel vom Radius R. Diese Schnittfigur besteht aus zwei Kreisringen vom Radius ρ. Die von diesen beiden Ringen ausgehenden Protonenwellen interferieren miteinander und die Interferenzfigur ist die beobachtete Struktur des differentiellen Streuquerschnitts.

Um diese Streufigur zu berechnen, müssen wir die Phasenverschiebung zwischen beiden Streuwellen ermitteln.

Wir berechnen die Phase der auslaufenden Protonenwelle relativ zu der Protonenwelle, die bei einer Reaktion im Kernzentrum entstehen würde. Hierbei wollen wir die folgende vereinfachende Annahme machen: die Wellenlänge der einlaufenden Deuteronenwelle sei bis zum Ort S der Wechselwirkung gegeben durch:

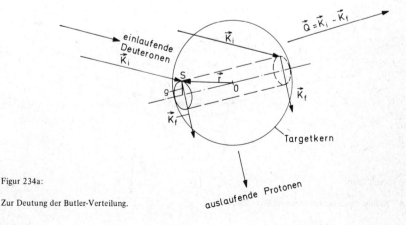

Figur 234a:

Zur Deutung der Butler-Verteilung.

$$\lambda_i = \frac{2\pi}{|\mathbf{k_i}|}$$

und die Wellenlänge der auslaufenden Protonenwelle von S an durch:

$$\lambda_f = \frac{2\pi}{|\mathbf{k_f}|} \; .$$

Wir vernachlässigen damit die Störung dieser Wellen durch das Kernpotential.

Zur Berechnung der Phase betrachten wir einen Schnitt durch die Streuebene (s. Figur 234b): Die Phase relativ zur in 0 gestreuten Welle errechnet sich aus den Wegunterschieden a und b zu:

(546)
$$\phi_S = -\, 2\pi \cdot \left(\frac{a}{\lambda_i} + \frac{b}{\lambda_f} \right),$$

oder mit:

$$a = -\, \frac{\mathbf{r} \cdot \mathbf{k_i}}{|k_i|} = -\, \mathbf{r} \cdot \mathbf{k_i} \cdot \frac{\lambda_i}{2\pi}$$

und

$$b = +\, \frac{\mathbf{r} \cdot \mathbf{k_f}}{|k_f|} = +\, \mathbf{r} \cdot \mathbf{k_f} \cdot \frac{\lambda_f}{2\pi}$$

erhält man:

(547)
$$\phi_S = \mathbf{r} \cdot \mathbf{k_i} - \mathbf{r} \cdot \mathbf{k_f} = \mathbf{r} \cdot \mathbf{Q}.$$

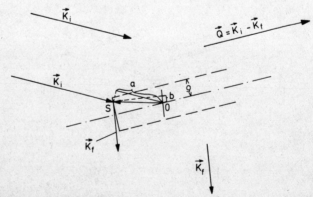

Figur 234b:

Schnitt durch die Streuebene in Figur 234a.

Die Phase ist also für alle Protonen des unteren Ringes:

$$\phi_S = -z \cdot Q$$

und für alle Protonen des oberen Ringes:

$$\phi_S = +z \cdot Q.$$

Es interferieren damit zwei Streuwellen mit den Phasenfaktoren:

$$e^{+iQz} \quad \text{und} \quad e^{-iQz};$$

und in der Gesamt-Streuwelle tritt der Amplitudenfaktor:

$$e^{+iQz} + e^{-iQz} = \cos Qz$$

auf. Ersetzt man noch:

$$z = \sqrt{R^2 - \rho^2} = \sqrt{R^2 - l^2/Q^2},$$

so erhält man den Amplitudenfaktor der Streuamplitude:

(548) $$f(\theta) \sim \cos Q \cdot z = \cos(Q^2 R^2 - l^2)^{1/2}.$$

Die charakteristische Abhängigkeit dieses Faktors vom Streuwinkel θ erhält man wegen der Abhängigkeit des Rückstoßes Q von θ in der Form:

(549) $$Q = (k_i^2 + k_f^2 - 2 k_i k_f \cos \theta)^{1/2};$$

Q nimmt im gesamten Bereich von $\theta = 0°$ bis $180°$ monoton mit θ zu. Für $QR < l$ verschwindet der Wirkungsquerschnitt, da der Drehimpuls $l\hbar$ nicht übertragen werden kann (der Zylinder schneidet die Kugelfläche nicht, da $\rho = l/Q > R$). Für $QR \geqslant l$ enthält:

$$\frac{d\sigma}{d\Omega}(\theta) = f^2(\theta)$$

den oszillierenden Faktor:

(550) $$\frac{d\sigma}{d\Omega}(\theta) \sim \cos^2(Q^2 R^2 - l^2)^{1/2},$$

der eine empfindliche Abhängigkeit von l enthält.

$d\sigma/d\Omega$ enthält darüber hinaus einen monoton mit θ abnehmenden Faktor. Dieser rührt daher, daß mit zunehmendem θ der Impulsübertrag Q zunimmt und damit $\rho = l/Q$ abnimmt. Mit abnehmenden ρ wird aber die „aktive

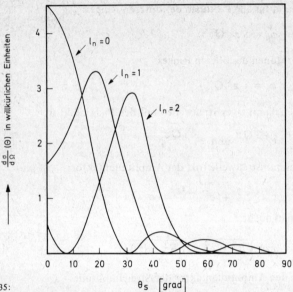

Figur 235:

θ_S [grad]

Berechnete Butler-Verteilungen für verschiedene Werte des Bahndrehimpulses des eingefangenen Neutrons. Es liegt eine näherungsweise quantenmechanische Berechnung zugrunde, bei der die Störung der einlaufenden und der auslaufenden Teilchenwellen durch das Kernpotential vernachlässigt wurde. Die Figur ist der Arbeit von Butler, Phys.Rev. 80, 1095 (1950), entnommen.

Oberfläche", das heißt also die Ringfläche, an der die Wechselwirkung möglich wird, kleiner.

Die quantenmechanische Rechnung liefert ein sehr ähnliches Ergebnis, wenn man die Näherung ebener, durch das Kernpotential ungestörter Wellen für einlaufende und auslaufende Teilchen verwendet.

Figur 235 zeigt in dieser Näherung berechnete differentielle Wirkungsquerschnitte für (d,p)-Stripping-Prozesse für verschiedene l-Werte. Es ist charakteristisch, daß mit zunehmendem l der Streuwinkel für das Maximum der ersten konstruktiven Interferenz zunimmt.

Figur 236a und b zeigen die Analyse der beiden für die Reaktion:

$$^{16}O\,(d,p)\,^{17}O$$

gemessenen Winkelverteilungen unter Verwendung der „Butler-Theorie". Im Falle a handelt es sich um die Winkelverteilung der auf den Grundzustand führenden Protonengruppe. Die Butler-Verteilung für $l_n = 2$ (ausgezogene Kurve) gibt den gemessenen Verlauf recht gut wieder. Andererseits ist die gemessene Verteilung der Protonengruppe, die auf das erste angeregte Niveau führt (s. Figur 236b) nur mit der Butler-Verteilung für $l_n = 0$ verträglich.

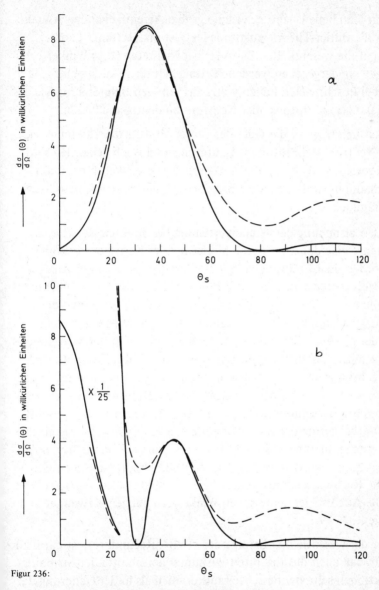

Figur 236:

Vergleich der gemessenen Butler-Verteilungen am ^{16}O mit der Theorie. Im oberen Diagramm zeigt die gestrichelte Linie die gemessene Winkelverteilung beim Stripping-Prozeß, der auf den Grundzustand von ^{17}O führt. Die ausgezogene Kurve ist die theoretische Butler-Verteilung für den Fall, daß das eingefangene Neutron den Bahndrehimpuls $l_n = 2$ übernimmt. Im unteren Diagramm ist die gestrichelte Kurve die gemessene Winkelverteilung für einen Stripping-Prozeß, der auf den ersten angeregten Zustand von ^{17}O führt. Die ausgezogene Kurve ist die theoretische Butler-Verteilung für $l_n = 0$. Beide Figuren sind der Arbeit von Butler, Proc. Roy. Soc. London 208, 559 (1951), entnommen.

9 Bodenstedt III, Experimente der Kernphysik

Wenn man berücksichtigt, welche groben vereinfachenden Annahmen die Butler-Theorie zugrunde legt, ist man erstaunt darüber, wie gut die wesentlichen Züge der beobachteten (d,p)-Winkelverteilungen wiedergegeben werden. Tatsächlich reicht dieses einfache Modell in sehr vielen Fällen völlig aus, um den Bahndrehimpuls des eingefangenen Protons oder Neutrons eindeutig abzuleiten.

Wesentlich trägt zu der Güte des Butler-Modells die Tatsache bei, daß Neutron und Proton im Deuteron so schwach gebunden sind und vor allem auch, daß ihr mittlerer Abstand so groß ist; denn nur dadurch ist das leichte Abstreifen bei einem streifenden Stoß verständlich.

Die Untersuchung der Winkelverteilung bei direkten Reaktionen ist heute eine der wichtigsten Methoden der Kernspektroskopie geworden. Es ist selbstverständlich, daß man sich bei der Analyse der Meßresultate nicht mit der Butlerschen Näherung begnügt hat. Man hat vor allen Dingen schon rasch herausgefunden, daß die wichtigste Ursache für die systematisch auftretenden Abweichungen der gemessenen Winkelverteilungen von der Butler-Verteilung daher rührt, daß die Störung der Wellen durch das Kernpotential vernachlässigt wird. Die Mitberücksichtigung dieser Störung führt zu den unter dem Namen „Distorted Wave Born Approximation" bekannten Berechnungen. Es stellte sich heraus, daß eine wesentliche Verbesserung der Butler-Theorie erst unter Anwendung eines sehr großen mathematischen Aufwands gelingt. Von mehreren Arbeitsgruppen wurden umfangreiche DWBA-Programme für elektronische Rechenmaschinen entwickelt, die heute auf der ganzen Welt für die Analyse der gemessenen Winkelverteilungen verwendet werden.

Einer der wesentlichen Erfolge der DWBA-Rechnungen ist darin zu sehen, daß auch die absoluten Wirkungsquerschnitte der Stripping-Reaktionen sehr viel besser herauskommen als in der Näherung der Butler-Theorie. Die Butler-Theorie lieferte viel zu große Wirkungsquerschnitte.

Tatsächlich nutzt man heute die absoluten Wirkungsquerschnittsmessungen dazu aus, um die Reinheit des Schalenmodellzustands zu prüfen, in den das transferierte Teilchen eingebaut wird. Die experimentelle Größe, die man aus dem Wirkungsquerschnitt ableitet, ist der sogenannte spektroskopische Faktor S_j, der den prozentualen Anteil angibt, mit dem das eingebaute Teilchen in den durch j charakterisierten Schalenmodellzustand geht.

Die strenge mathematische Definition des spektroskopischen Faktors und die Entwicklung der Wellenfunktion in Produkt-Funktionen aus der Wellenfunktion des Mutterkerns und einer zusätzlichen Einteilchen-Wellenfunktion ist recht komplex, vor allem wegen der Forderung des Antisymmetrie-Prinzips. Die Entwicklungs-Koeffizienten nennt man die c.f.p.-Koeffizienten (coefficients of fractional parentage). Die ausführliche Darstellung geht über den Rahmen dieses Buches hinaus.

Eingeführt wurden die spektroskopischen Faktoren in dem bekannten Übersichtsartikel von Macfarelane und French: „Stripping-reactions and the structure of light and intermediate nuclei"*.

Die heute erzielte Güte von DWBA-Angleichen ist erstaunlich. Ein nicht zu übersehender Nachteil dieser „Computerfits" ist jedoch, daß im allgemeinen nur noch der Computer die feineren Hintergründe kennt, warum ein spezieller Angleich funktioniert hat; der Physiker kann nur durch sehr geschicktes Fragen versuchen, diese Hintergründe vom Computer zu erfahren.

Ein anderes Phänomen von großer praktischer Bedeutung wurde empirisch gefunden, die charakteristische j-Abhängigkeit der Winkelverteilungen bei Stripping-Prozessen:

(84) Die Entdeckung der charakteristischen j-Abhängigkeit von Stripping-Prozessen

Lit.: Lee and Schiffer, Phys.Rev. Letters 12, 108 (1964)
Lee and Schiffer, Phys.Rev. 136, B 405 (1964)

Lee und Schiffer beobachteten beim Vergleich zahlreicher (d,p)-Winkelverteilungen an mittelschweren gg-Kernen, bei denen der Bahndrehimpuls $l = 1$

---

*Macfarelane and French, Rev. of Mod. Phys. 32, 567 (1960).

übertragen wurde, daß bei großen Winkeln θ systematische Unterschiede zwischen den beiden möglichen j-Werten auftreten:

$$j = l + 1$$

und

$$j = l - 1.$$

Im ersten Fall wird also das abgestreifte Neutron in eine $p\,3/2$- und im zweiten Fall in eine $p\,1/2$-Bahn eingebaut.

Figur 237 zeigt elf Beispiele von $l = 1$ (d,p)-Winkelverteilungen von jeweils einer Protonengruppe, die auf ein $p\,3/2$-Niveau führt und einer anderen Protonengruppe, die auf ein $p\,1/2$-Niveau führt. Der charakteristische Unterschied ist ein ausgeprägtes Minimum für $p\,1/2$-Niveaus irgendwo im Bereich $90° < \theta < 145°$, das für $p\,3/2$-Niveaus fehlt.

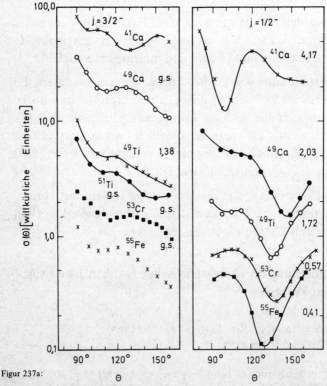

Figur 237a:

Beispiele von $l = 1$ (d,p)-Winkelverteilungen von jeweils einer Protonengruppe, die auf ein p3/2-Niveau führt, und einer anderen Protonengruppe, die auf ein p1/2-Niveau führt. Die Meßresultate sind den oben zitierten Arbeiten von Lee und Schiffer entnommen.

Lee und Schiffer haben daraufhin auch $l = 2$ und $l = 3$ (d,p)-Reaktionen studiert. Auch hier fanden sie charakteristische Unterschiede für $j = l + 1/2$- und $j = l - 1/2$-Zustände, wenn auch weniger stark ausgeprägt.

Eine Messung der Winkelverteilung bei verschiedenen Energien der einlaufenden Teilchen ergab, daß die charakteristische j-Abhängigkeit von der Energie unabhängig ist.

Daß es neben der l-Abhängigkeit eine charakteristische j-Abhängigkeit der Stripping-Prozesse gibt, ist auf Grund der Existenz der Spinabhängigkeit der Kernkraft nicht verwunderlich. Es gelang dagegen noch nicht, die empirisch beobachteten charakteristischen Unterschiede in den Winkelverteilungen durch ein einfaches Modell zu erklären.

Seit den beiden ersten zitierten Arbeiten sind viele weitere Untersuchungen zu diesem Phänomen durchgeführt worden, und man hat in den letzten Jahren diesen Effekt in vielen Fällen zur Interpretation der Struktur von Einzelteilchen-Zuständen ausgenutzt.

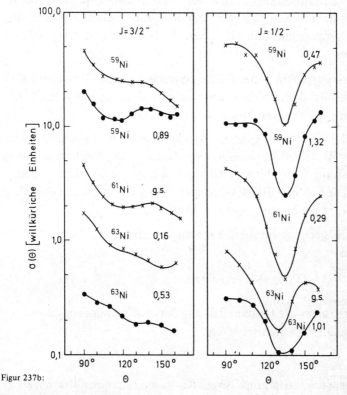

Figur 237b:

Weitere Beispiele wie in Figur 237a.

Wir hatten oben (s. Seite 692) diskutiert, daß bei Compound-Kern-reaktionen das absorbierte Teilchen einen hohen Bahndrehimpuls übertragen kann. Der Drehimpulsübertrag erfolgt senkrecht zur Flugrichtung des einlaufenden Teilchens, so daß der Compound-Kern hochgradig ausgerichtet ist. Beide Phänomene haben interessante Konsequenzen für die Kernspektroskopie.

Die aus den hochangeregten Compound-Kernen abgedampften Neutronen verlassen den Kern im wesentlichen als S-Wellen. Sie übernehmen also nur wenig Drehimpuls. Der Tochterkern, der nach der Reaktion als Endprodukt entsteht, wird deshalb sehr häufig in einem Zustand hoher Drehimpulsquantenzahl sein. Die Gamma-Auswahlregeln haben zur Folge, daß die folgenden Gamma-Übergänge zu den tiefst-liegenden Zuständen von hohem Drehimpuls führen*. Zerfälle zum Grundzustand sollten dann eine hohe Multipolarität haben, vorausgesetzt, daß der Grundzustand einen niedrigen Drehimpuls hat, und die Lebensdauer dieser Übergänge sollte groß sein.

Die Zeitspektroskopie der Gamma-Strahlung nach Compound-Kern-reaktionen ist deshalb eine systematische Methode zur Auffindung niedriger isomerer Kernzustände.

Die starke Orientierung des Compound-Kerns überträgt sich auf die in dieser Weise gebildeten isomeren Zustände des Endkerns, und die Zerfalls-Gamma-Strahlung sollte eine anisotrope Winkelverteilung haben. Die Störung dieser Winkelverteilung durch ein äußeres Magnetfeld erlaubt die Messung des g-Faktors.

Besonders geeignet für diese Untersuchungen ist die Gamma-Strahlung von

$$(\alpha, xn\gamma)\text{-Reaktionen.}$$

Es ist instruktiv die Größenordnung der maximal übertragenen Bahndrehimpulse abzuschätzen:

---

*Man nennt das tiefstliegende Niveau für einen vorgegebenen Drehimpuls auch das „Yrast-Niveau".

Wir wollen diese Abschätzung für eine Alpha-Strahlung von 50 MeV und einen schweren Kern mit einer Massenzahl von $A = 200$ durchführen. Der maximale Drehimpuls wird übertragen, wenn das Alpha-Teilchen am Rand des Kerns absorbiert wird. Er hat dann den Betrag (s. Figur 238):

$$l_{max} \cdot \hbar = p_\alpha \cdot R.$$

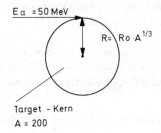

Figur 238:

Zur Abschätzung des maximal übertragenen Bahndrehimpulses eines Alpha-Teilchens von 50 MeV, das auf einen Targetkern der Massenzahl $A = 200$ auftrifft.

Oder man erhält für l_{max}:

$$l_{max} = \frac{p_\alpha \cdot R}{\hbar} = \frac{R_0 \cdot A^{1/3} \cdot \sqrt{2mE_\alpha}}{\hbar}$$

$$= \frac{R_0 \cdot A^{1/3} \cdot \sqrt{2mc^2 \cdot E_\alpha}}{\hbar c}.$$

Nach Einsetzen der Zahlenwerte erhält man:

$$l_{max} = \frac{1{,}3 \cdot 10^{-13} \cdot 200^{1/3} \cdot \sqrt{2 \cdot 3600 \cdot 50}}{2 \cdot 10^{-11}}$$

$$= \frac{1{,}3 \cdot 5{,}85 \cdot 6}{2} = 23.$$

Die Methode der (α, xn, γ)-Spektroskopie sei an einem Beispiel demonstriert:

(85) **Die Entdeckung isomerer Kernzustände und die Messung ihrer
g-Faktoren durch die Methode der $(\alpha, xn\gamma)$-Spektroskopie,
gezeigt am Beispiel des ^{210}Po**

Lit.: Yamazaki and Ewan, Physics Letters 24, B 278 (1967)
      Ishihara, Gono, Ishii, Sakai, and Yamazaki, Phys.Rev. Letters 21,
      1814 (1968)
      Yamazaki, Nomura, Kato, Inamura, Hashizume, and Tendow,
      International Conference on Properties of Nuclear States,
      Montreal 1969, Contribution 4.9

Yamazaki und Ewan verwendeten bei ihren Experimenten den gepulsten
externen Alphastrahl des Sektor-fokussierten 88'' Zyklotrons* in Berkeley.
Es wurde ein ^{208}Pb-Target mit Alpha-Strahlung von 50 MeV bzw. 28 MeV
bestrahlt.

Bei 50 MeV ist man im Maximum des Wirkungsquerschnitts für die Compound-
Kernreaktion:

$$^{208}\text{Pb} \, (\alpha, 4\text{n}) \, ^{208}\text{Po}$$

und bei 28 MeV entsprechend für die Reaktion:

$$^{208}\text{Pb} \, (\alpha, 2\text{n}) \, ^{210}\text{Po}.$$

Die Zerfalls-Gammastrahlung der angeregten Poloniumkerne wird mit Hilfe
eines Ge(Li)-Detektors beobachtet. Die Anordnung ist schematisch in Figur
239 dargestellt. Sowohl das Impulshöhenspektrum (Energiespektrum) als
auch das Zeitspektrum (Spektrum der Verzögerungszeiten der Gamma-Zerfälle) bezogen auf das $(t = 0)$-Signal, das dem Hochfrequenzsystem des

---

*Das Sektor-fokussierte Zyklotron wird im Gegensatz zum Synchrozyklotron
mit konstanter Hochfrequenz betrieben. Dies ist nur möglich, wenn das mittlere Magnetfeld mit steigendem Bahnradius exakt so zunimmt, daß die Umlauffrequenz der Teilchen:

$$\omega = \frac{e \cdot B}{m} = \frac{e \cdot B}{m_0} \cdot \left(1 - \frac{v^2}{c^2}\right)^{1/2}$$

konstant bleibt. Dies erfordert eine besondere azimutale Struktur des Magnetfeldes, um die Vertikalfokussierung der Teilchen aufrecht zu erhalten. Eine
Lösung dieses ionenoptischen Problems ist die sogenannte Sektor-Fokussierung.

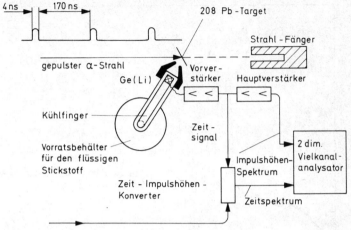

Figur 239:   t = o - Signal vom H F - System des Zyklotrons

Beobachtung verzögerter Zerfalls-Gamma-Strahlung nach (α, xn)-Reaktionen. Die Figur stellt schematisch die Anordnung dar, mit der die Yamazaki und Ewan isomere Zustände des ^{210}Po untersuchten.

Zyklotrons entnommen wurde*, werden in einem zwei-dimensionalen Viel-kanalanalysator gespeichert.

Figur 240 zeigt das Ergebnis der Messung mit 50 MeV Alphastrahlung. Das Gedächtnis eines 4096 Kanalanalysators ist in 16 Untergruppen geteilt. Jeder Untergruppe entspricht ein Zeit-Intervall. Die 256 Kanäle jeder Untergruppe werden zur Messung des Energiespektrums verwendet. In Figur 240 sind ein Teil der 16 Energiespektren dargestellt, nämlich das prompte Gammaspektrum und die verzögerten Gammaspektren mit mittleren Verzögerungszeiten von 18ns, 36ns, 54ns und 73ns (1ns = 1 Nanosekunde = 10^{-9}sec).

Man erkennt, daß zahlreiche Gamma-Linien nur im prompten Spektrum auf-treten. Die Photolinie bei 147 keV tritt jedoch auch in den verzögerten Spektren auf, mit rasch abnehmender Intensität. Die Analyse ergab eine Halbwertszeit von:

$$T_{1/2} = (8 \pm 2) \cdot 10^{-9} \text{ sec.}$$

Außerdem erkennt man, daß die 176 keV Linie zu einer langen Lebensdauer gehört. Die Analyse ergab für diese Linie:

$$T_{1/2} = 400 \cdot 10^{-9} \text{ sec.}$$

---

* Eine technisch elegantere Lösung, die heute vielfach verwendet wird, liegt darin, den Alphastrahl durch einen dünnen Plastik-Szintillator hindurchtreten zu lassen. Der produzierte Lichtblitz wird von einem, in einem seitlichen An-satz des Strahlrohrs montierten Photomultiplier beobachtet.

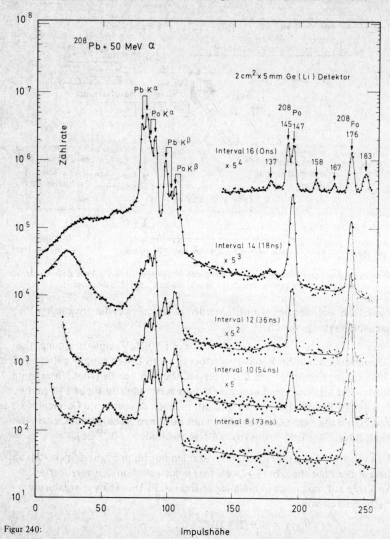

Figur 240:

Gamma-Spektren, die bei verschiedenen Verzögerungszeiten mit der in Figur 239 skizzierten Anordnung gemessen wurden. Als Target wurde ^{208}Pb verwendet. Die Figur ist der Arbeit von Yamazaki und Ewan, Phys.Letters 24, B 278 (1967),entnommen.

Im allgemeinen liegt eine Schwierigkeit in Messungen dieser Art darin, daß durch die Kernreaktion im Target sehr häufig radioaktive Tochterisotope (Betastrahler) produziert werden, die einen im Maßstab der hier untersuchten Halbwertszeiten von Gamma-Niveaus konstanten Untergrund erzeugen. Nach einer sorgfältigen Analyse muß dieser Untergrund abgezogen werden.

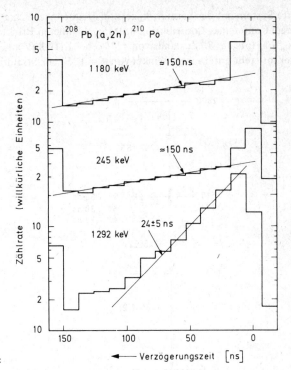

Figur 241:   ◄――― Verzögerungszeit [ns]

Analyse der Halbwertszeiten der verschiedenen Gamma-Linien, die in Figur 240 beobachtet werden. Die Figur ist der gleichen Arbeit von Yamazaki und Ewan entnommen.

Zur Berechnung der Halbwertszeiten werden die integrierten Photolinien-Intensitäten der interessierenden Linien für die 16 Zeitintervalle logarithmisch aufgetragen und dann Zerfallsgeraden angeglichen. Figur 241 zeigt das Ergebnis für mehrere Linien im ^{210}Po bei Bestrahlung von Blei mit 28 MeV Alphastrahlung.

In Figur 242 ist das Termschema des ^{210}Po mit den beobachteten isomeren Zuständen dargestellt. Die eingetragene Halbwertszeit des 1510 keV Niveaus ist einer späteren Messung von Ishihara et al. entnommen.

Eine zeitlich differentielle Messung der Winkelverteilung der verzögerten Reaktions-Gamma-Strahlung ergab bei Verwendung metallischer Bleitargets eine große Anisotropie, unabhängig von der Verzögerungszeit; dies bedeutet, daß einmal tatsächlich durch die $(\alpha,2n)$-Reaktionen eine starke Orientierung der ^{210}Po-Kerne im isomeren Niveau erzeugt wird, zum anderen zeigt diese Messung, daß die Kernorientierung im Bleigitter lange erhalten bleibt.

Bei Anwendung eines äußeren Magnetfeldes senkrecht zur Strahlrichtung und senkrecht zur Beobachtungsrichtung der Gamma-Strahlung präzediert das orientierte System mit der Larmor-Präzessionsfrequenz ω_L. Yamazaki et al. (Montreal Conference, Contribution 4.9) nutzten diesen Effekt zur Messung des g-Faktors des 8^+Zustands von ^{210}Po bei 1510 keV aus. Der Gamma-Detektor steht unter einem Winkel von $\theta = 135°$ zur Strahlrichtung.

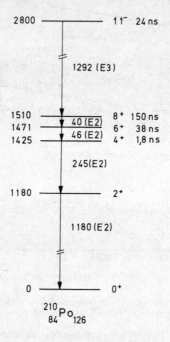

Figur 242:

Termschema des ^{210}Po. Die beobachteten Halbwertszeiten sind eingetragen.

Das Zeitspektrum der Gamma-Intensität wurde für beide Feldrichtungen gemessen und das Asymmetrieverhältnis:

$$(551) \qquad \rho(t) = \frac{N_\uparrow(t) - N_\downarrow(t)}{N_\uparrow(t) + N_\downarrow(t)}$$

daraus berechnet. Das Ergebnis dieser Messung ist in Figur 243 dargestellt. Es zeigt eine saubere Spin-Präzession in einem äußeren Magnetfeld von 10910 Gauß. Aus der beobachteten Frequenz folgt für den g-Faktor des 8^+ Zustands:

$$g(8^+) = 0,927 \pm 0,010.$$

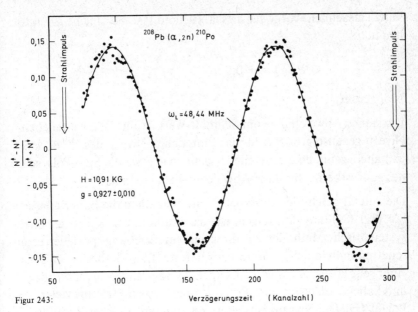

Figur 243:

Verzögerungszeit (Kanalzahl)

Messung des g-Faktors des 8+ Niveaus von ^{210}Po. Es wird die Spinpräzession in einem äußeren Magnet-feld von 10,91 k gauss unter Verwendung der Zerfalls-Gamma-Strahlung beobachtet. Die Figur ist dem Konferenzbeitrag von Yamazaki et al., International Conference on Properties of Nuclear States, Montreal (1969), Beitrag 4.9, entnommen.

Der von Yamazaki et al. gemessene g-Faktor des 8^+ Zustands von ^{210}Po hat eine interessante theoretische Deutung:

^{210}Po hat eine magische Neutronenzahl ($N = 126$) und zwei Proto-nen außerhalb einer magischen Protonenzahl ($Z = 82$). Diese zwei Protonen sind deshalb im wesentlichen Träger des gesamten Dreh-impulses und magnetischen Moments. Ein Proton zusätzlich zum doppelt magischen Kern ^{208}Pb führt auf ^{209}Bi, das im Grundzu-stand den Spin 9/2 hat. Dieser Spin entspricht dem $h9/2$ Schalen-modellzustand. Der Spin 8^+ des ^{210}Po-Isomers hat deshalb wahr-scheinlich die Konfiguration:

$$(h_{9/2}{}^2)_{8^+} \, .$$

Falls diese Interpretation richtig ist, sollte der g-Faktor des 8^+-Zu-stands mit dem g-Faktor des Grundzustands von ^{209}Bi identisch sein. Tatsächlich wurde für diesen Zustand fast der gleiche g-Faktor, nämlich:

$$g(9/2^-) = + 0{,}9067$$

beobachtet.

Die starke Abweichung vom Schmidt-Wert ist für das Zweiteilchen-Niveau genauso groß wie für das Einteilchen-Niveau des ^{209}Bi. Es ist naheliegend, eine generelle Ursache, wie etwa die Spin-Polarisation des gg-Restkerns, für diese Abweichung anzunehmen.

Die zuletzt geschilderten Experimente, vor allem die Experimente ⑧⓪, ⑧②, ⑧③ und ⑧④, zeigen, wie das Studium von Kernreaktionen systematische Methoden zur direkten Untersuchung spezieller Eigenschaften individueller Kernniveaus liefert. Diese Methoden sind bei einer sehr großen Zahl von einzelnen Niveaus angewendet worden und haben wesentlich zum Erkennen der groben Struktur vieler Einzel-Teilchen-Niveaus sphärischer Kerne und zu ihrer Deutung im Rahmen des Schalenmodells geführt.

Andererseits läßt sich mit Hilfe von Kernreaktionen in idealer Weise auch das mittlere Kernpotential empirisch untersuchen, das man Schalenmodellrechnungen zu Grunde zu legen hat. Besonders geeignet sind hierzu Messungen der Energieabhängigkeit des totalen Wirkungsquerschnitts für Neutronen und des differentiellen Wirkungsquerschnitts für die Neutronenstreuung. In ganz entsprechender Weise, wie wir oben (Experimente ㉙ und ㉚) aus solchen Messungen an einem Protonentarget zu einer phänomenologischen Beschreibung des Neutron-Proton-Wechselwirkungspotentials gekommen waren, läßt sich aus Messungen an zusammengesetzten Kernen ein mittleres Potential ableiten. Man darf allerdings nicht erwarten, daß das so erhaltene Potential völlig identisch mit dem Schalenmodell-Potential ist; denn bei Energien des einlaufenden Neutrons, die hoch über der Fermi-Schwelle liegen, gilt das bei der Diskussion des Schalenmodells wesentliche Argument für große mittlere freie Weglängen im Kern nicht mehr. Dieses Argument beruht auf dem Pauli-Prinzip. Es lautete: Streuungen zweier Nukleonen im Innern des Kerns in zwei andere Zustände sind unwahrscheinlich, da im allgemeinen alle in Frage kommenden Endzustände schon besetzt sind.

Formal lassen sich alle Reaktionen, durch die Neutronen aus der einlaufenden Neutronenwelle entfernt werden, durch ein komplexes Potential erfassen, denn ein komplexes Potential hat eine Dämpfung der Amplitude der Welle zur Folge. Dies sei am Beispiel der Ausbreitung einer ebenen Welle in z-Richtung im komplexen Potential:

$$(552) \qquad V = - V_0 - \mathrm{i}\, W_0$$

gezeigt. Die Schrödinger-Gleichung lautet:

$$\frac{\mathrm{d}^2 \psi}{\mathrm{d}z^2} + \frac{2m}{\hbar^2} \cdot (E - V) \cdot \psi = 0$$

oder:

$$(553) \qquad \frac{\mathrm{d}^2 \psi}{\mathrm{d}z^2} + \frac{2m}{\hbar^2} \cdot (E + V_0 + \mathrm{i}\, W_0) \cdot \psi = 0.$$

Mit dem Lösungsansatz:

$$\psi = A \cdot \mathrm{e}^{\mathrm{i}k z}$$

erhält man:

$$- A k^2 + \frac{2m}{\hbar^2} \cdot (E + V_0 + \mathrm{i}\, W_0) \cdot A = 0$$

oder:

$$k = \left[\frac{2m}{\hbar^2}\, (E + V_0 + \mathrm{i}\, W_0) \right]^{1/2}$$

$$(554)$$

$$= k_0 + \frac{1}{\lambda}\, \mathrm{i}$$

mit:

$$k_0 = \left(\frac{m}{h^2}\right)^{1/2} \cdot [\{(E + V_0)^2 + W_0^2\}^{1/2} + (E + V_0)]^{1/2}$$

$$\frac{1}{\lambda} = \left(\frac{m}{h^2}\right)^{1/2} \cdot [\{(E + V_0)^2 + W_0^2\}^{1/2} - (E + V_0)]^{1/2}.$$

(555)

Die Lösung der Schrödinger-Gleichung lautet also:

(556) $$\psi = A \cdot e^{\,i\left(k_0 + \frac{i}{\lambda}\right) \cdot z} = A \cdot e^{-\frac{z}{\lambda}} \cdot e^{\,i k_0 z},$$

d. h. es handelt sich um eine ebene Welle, deren Amplitude nach der Strecke $z_0 = \lambda$ auf ein e-tel abklingt.

Die kombinierte Behandlung von Streuung und Absorption durch ein komplexes Potential ist völlig analog zu der Beschreibung des Verhaltens optischer Wellen in einem absorbierenden Medium durch Verwendung eines komplexen Brechungsindex*. Die Neutronenstreuung an Kernen verhält sich wie die Streuung von Lichtwellen an einer Milchglaskugel. Man spricht auch vom Modell des „cloudy crystal ball" oder einfach vom optischen Modell der Atomkerne:

(86) Beobachtung der Neutronenbeugung an Atomkernen und das optische Modell

Lit.: Feshbach, Porter, and Weisskopf, Phys.Rev. 96, 448 (1954)
Coon, Davis, Felthauser, and Nicodemus, Phys.Rev. 111, 250 (1958)
Bjorklund and Fernbach, Phys.Rev. 109, 1295 (1958)
Bjorklund and Fernbach, Proc.Int.Conf.Nucl.Optical Model, Tallahassee (1959)

Das optische Modell wurde von Feshbach, Porter und Weisskopf entdeckt. Sie erkannten, daß die Beugung von Neutronenwellen am Potentialtopf eines

---

*Die Optik absorbierender Medien und die Verwendung komplexer Brechungsindizes ist z.B. dargestellt in Pohl: Optik, Springer Verlag, Kapitel IX.

ausgedehnten Atomkerns zu einer charakteristischen Energieabhängigkeit des totalen Wirkungsquerschnitts führen muß, die nichts mit den bei höheren Energien ungeheuer zahlreichen und dichtliegenden einzelnen Resonanzen des Compound-Kerns zu tun hat. Die vielen einzelnen Resonanzen des Compound-Kerns rühren von Viel-Teilchen-Anregungen her, d.h. die Energie des einfallenden Teilchens verteilt sich auf viele einzelne Nukleonen des Targetkerns.

Der hier interessierende charakteristische Gang des Wirkungsquerschnitts rührt dagegen von Resonanzen des einzelnen einlaufenden Neutrons her. Wir sprechen von einer Resonanz, und wir erhalten einen großen Wirkungsquerschnitt, wenn das einlaufende Neutron im Kerninnern gerade eine solche Wellenlänge hat, daß sich stehende Wellen ausbilden und die Amplitude der Neutronenwelle im Kerninneren sehr groß wird.

Man versteht das Zustandekommen dieser Resonanzen sofort mit Hilfe der Radialgleichung des Streuproblems. Diese lautet, wenn man der Einfachheit halber den Imaginärteil des Potentials vernachlässigt und ein Kastenpotential ansetzt (s. Seite 224):

(557) $$\frac{d^2u}{dr^2} + \frac{2m}{\hbar^2} \cdot \left(E - V(r) - \frac{\hbar^2 \cdot l(l+1)}{2mr^2} \right) \cdot u = 0$$

mit:

$$V(r) = - V_0 \qquad \text{für } r \leqslant R$$

und

$$V(r) = 0 \qquad \text{für } r > R.$$

Beschränken wir uns zunächst auf S-Wellenstreuung, d.h. auf den Fall $l = 0$. Die Lösungen lauten dann für $r \leqslant R$:

(558) $$u(r) = A \cdot \sin k'r, \ \text{mit } k' = \left(\frac{2m(E + V_0)}{\hbar^2} \right)^{1/2}$$

und für $r > R$:

(559) $$u(r) = B \cdot \sin(kr + \varphi), \ \text{mit } k = \left(\frac{2mE}{\hbar^2} \right)^{1/2},$$

wobei an der Stelle $r = R$ beide Lösungen mit stetiger Amplitude und Tangente anzuschließen sind. Wie man aus Figur 244 erkennt, erreicht die Amplitude der Welle im Kerninnern den größten Wert, wenn $u'(R) = 0$ wird; d.h., S-Wellen-Resonanzstellen liegen vor für:

(560) $$k'R = \frac{\pi}{2} \ \text{mod } \pi.$$

R hängt von der Massenzahl ab und k' von der Energie.

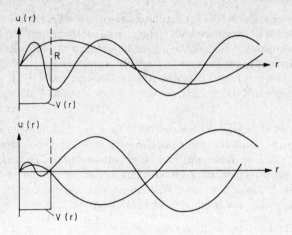

Figur 244:

Zur Streuung von Neutronen am Atomkern. Die radiale Wellenfunktion ist für verschiedene Energien der Neutronen dargestellt. Die Amplitude der radialen Wellenfunktion im Kerninneren wird maximal, wenn $u'(R) = 0$ wird (oberes Diagramm). Die Amplituden im Kerninneren werden besonders klein, wenn $u'(R)$ besonders groß wird (unteres Diagramm der Figur).

Die Resonanzstellen für höhere Bahndrehimpulse erhält man aus der gleichen Beziehung:

$$u'(R) = 0$$

bei Lösung der Radialgleichung für $l \neq 0$.

Feshbach, Porter und Weisskopf berechneten den totalen Neutronenquerschnitt für das Potential:

(561) $V(r) = + V_0 + i\,\zeta\,V_0$ für $r \leqslant R$

und

$V(r) = 0$ für $r > R$

mit den Zahlenwerten:

$$V_0 = -42\ \text{MeV}$$
$$R = R_0 \cdot A^{1/3} \quad \text{mit} \quad R_0 = 1,45 \cdot 10^{-13}\ \text{cm}$$

und

$$\zeta = 0,05$$

als Funktion von A und der Energie der Neutronen. Das Resultat ist in Figur 245 dargestellt. Man erkennt eine ausgeprägte Struktur. An den Maxima ist jeweils angegeben, ob es sich um eine S-, P-, oder F-Wellen-Resonanz handelt.

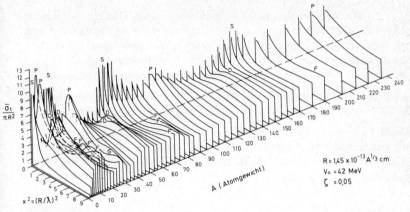

Figur 245:

Berechneter totaler Wirkungsquerschnitt für Neutronen als Funktion der Neutronenenergie und als Funktion der Massenzahl der Streukerne. Diese Figur ist der Arbeit von Feshbach, Porter und Weißkopf, Phys. Rev. 96, 448 (1954), entnommen.

Dann haben die Autoren die Gesamtheit aller bis dahin gemessenen totalen Wirkungsquerschnitte in der gleichen Weise aufgetragen. Hierbei wurde über die bei tiefen Neutronenenergien auftretenden aufgelösten Compound-Kern-Resonanzen gemittelt. Das Resultat ist in Figur 246 dargestellt.

Das verblüffende Ergebnis ist eine ausgezeichnete Übereinstimmung. Viele Einzelheiten werden erstaunlich gut wiedergegeben, und auch die absolute Größe des Wirkungsquerschnitts stimmt.

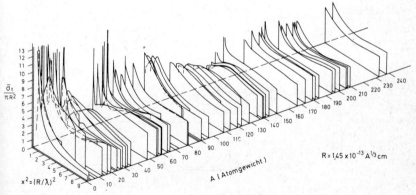

Figur 246:

Graphische Darstellung der Gesamtheit der experimentellen Werte für den Wirkungsquerschnitt für Neutronen als Funktion der Neutronenenergie und der Massenzahl der Streukerne. Die Figur ist der gleichen Arbeit von Feshbach et al. entnommen.

10*

Das optische Modell liefert natürlich auch eine Aussage über den differentiellen Wirkungsquerschnitt für elastische Neutronenstreuung. Heute nutzt man vor allem genaue Messungen des differentiellen Wirkungsquerschnitts aus, um die Parameter des optischen Modells durch empirische Angleiche nach der Methode der kleinsten Fehlerquadrate immer genauer zu bestimmen.

Als Beispiel sei eine differentielle Wirkungsquerschnittsmessung mit 14 MeV-Neutronen durch Coon, Davis, Felthauser und Nicodemus beschrieben.

Die Meßanordnung ist in Figur 247 skizziert. Neutronen von etwa 14 MeV werden durch Beschuß eines Tritium-Targets mit dem 250 keV Deuteronenstrahl eines Cockroft-Walton-Generators erzeugt, entsprechend der Reaktionsgleichung:

$$^3\text{H (d,n) } ^4\text{He.}$$

Um eine hohe Zählrate zu bekommen, wird eine Ringgeometrie des Streu-Targets gewählt. Durch Verwendung verschiedener Radien b und verschiedener Abstände D wird im Laborsystem ein Streuwinkelbereich zwischen $\theta = 50°$ und $\theta = 150°$ erfaßt.

Als Detektor dient ein Plastik- bzw. Stilben-Szintillator, der die von schnellen Neutronen ausgelösten Rückstoß-Protonen registriert. Neben der Messung in der in Figur 247 dargestellten Geometrie werden zwei weitere Vergleichsmessungen durchgeführt. Die erste Vergleichsmessung dient zur Eliminierung des Raumuntergrunds. Hierzu wird einfach der Streuer entfernt. Die zweite Vergleichsmessung dient zur Eliminierung der Energieabhängigkeit der Detektoransprechwahrscheinlichkeit. Man mißt die Intensität des direkten

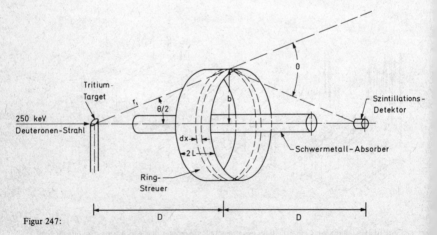

Figur 247:

Meßanordnung zur Beobachtung des differentiellen Streuquerschnitts für 14 MeV-Neutronen. Dargestellt ist die von Coon, Davis, Felthauser und Nicodemus, Phys.Rev. 111, 250 (1959), verwendete Apparatur.

Neutronenstrahls mit dem gleichen Neutronendetektor, den man jedoch unter einem solchen Winkel θ zur Deuteronen-Strahlrichtung aufstellt, daß die Neutronenenergie genau so groß ist, wie die Energie der elastisch gestreuten Neutronen. Im Laborsystem ist aus kinematischen Gründen die Energie der primär erzeugten Neutronen etwas richtungsabhängig, und ebenso verliert bei der elastischen Streuung das Neutron im Laborsystem die Rückstoßenergie.

Coon et al. führten Messungen des differentiellen Streuquerschnitts an den Elementen Uran, Blei, Zinn, Kupfer, Eisen, Aluminium und Kohlenstoff durch. Das Ergebnis ist in Figur 248 aufgetragen. Man beobachtet in allen Fällen ein ausgeprägtes Beugungsspektrum, wobei in völliger Analogie zur Beugung optischer Wellen an einer halbdurchlässigen Glaskugel mit abnehmender Größe des Objekts (abnehmendem Kernradius) der Radius der Beugungsringe immer größer wird.

Die eingetragenen Kurven sind das Ergebnis eines Angleichs von optischen Modellrechnungen durch Bjorklund und Fernbach an die Meßpunkte. Der Angleich ist ausgezeichnet, wobei ein einziger Satz von Parametern für alle sechs Winkelverteilungen angeglichen wurde. Das Modell ist allerdings gegenüber der ersten Rechnung von Feshbach, Porter und Weisskopf in einigen Punkten verfeinert worden:

1. An Stelle des Kastenpotentials wurde ein außen abgerundeter Potentialtopf von der Form des Wood-Saxon-Potentials verwendet:

$$(562) \qquad V_{CR} \cdot \rho(r), \quad \text{mit } \rho(r) = \cfrac{1}{1 + e^{\frac{r-R}{a}}}$$

$$\text{und} \quad R = R_0 \cdot A^{1/3} .$$

2. Die Absorption wurde auf die Kernoberfläche beschränkt. Dieser Ansatz scheint für niedrige Energien besser zu sein. Erst bei hohen Energien, $E > 50$ MeV, führt die Annahme einer gleichmäßigen Absorption im gesamten Volumen zu besseren Ergebnissen. Der Ansatz für das Imaginärglied lautet:

$$(563) \qquad i \cdot V_{CI} \cdot q(r), \quad \text{mit } q(r) = e^{-\frac{(r-R)^2}{b^2}} .$$

3. Schließlich wurde eine Spin-Bahn-Kopplung hinzugenommen von der Form:

$$(564) \qquad V_{SR} \cdot \left(\frac{\hbar}{mc}\right)^2 \cdot \frac{1}{r} \cdot \frac{d\rho(r)}{dr} \cdot (\sigma \cdot l).$$

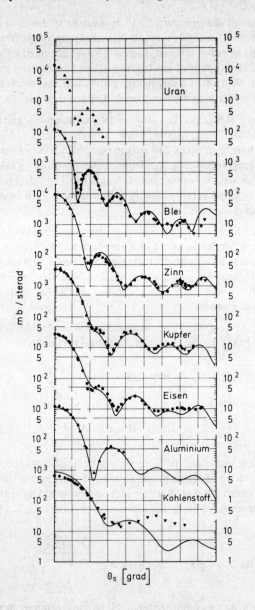

Figur 248:

Meßresultate für den differentiellen Streuquerschnitt für 14 MeV-Neutronen an sieben verschiedenen Targets. Der Wirkungsquerschnitt ist im Schwerpunktsystem dargestellt. Diese Meßresultate sind der zitierten Arbeit von Coon et al. entnommen.

Das gesamte Potential lautet also:

$$V(r) = V_{CR} \cdot \rho(r) + i\, V_{CI} \cdot q(r) + V_{SR} \cdot \left(\frac{\hbar}{mc}\right)^2 \cdot \frac{1}{r} \cdot \frac{d\rho}{dr} \cdot (\sigma \cdot l).$$

Der Angleich lieferte für die Parameter die Werte:

$$V_{CR} = -44 \text{ MeV}; \qquad\qquad b = 0{,}98 \cdot 10^{-13} \text{ cm};$$
$$V_{CI} = -11 \text{ MeV}; \qquad\qquad R_0 = 1{,}25 \cdot 10^{-13} \text{ cm}.$$
$$V_{SR} = 8{,}3 \text{ MeV};$$
$$a = 0{,}65 \cdot 10^{-13} \text{ cm};$$

Bjorklund und Fernbach haben ihre Angleichsrechnungen auch auf Messungen bei anderen Neutronenenergien ausgedehnt. Das Ergebnis war, daß R_0, a und b energieunabhängig waren, während V_{CR}, V_{CI} und V_{SR} eine kräftige Energieabhängigkeit zeigten. Die Energieabhängigkeiten sind in Figur 249 dargestellt.

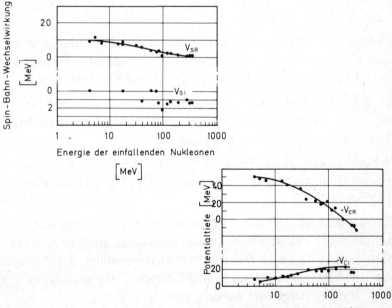

Figur 249:

Resultate der Angleichsrechnungen von Bjorklund und Fernbach für die Parameter des optischen Modells als Funktion der Neutronenenergie. Der Parameter V_{SI} ist ein zusätzlicher Imaginärteil zu V_{SR}. Er ist bei mittleren und niedrigen Energien praktisch 0 und scheint nur oberhalb von etwa 100 MeV eine Rolle zu spielen. Diese Daten sind dem Buch von Preston: „Physics of the Nucleus", Addison-Wesley Publ.Comp., 1965, Kapitel 18, entnommen.

Es ist interessant, diese optischen Modell-Parameter mit den aus der Elektronenstreuung gewonnenen Daten für die Kernladungsverteilung zu vergleichen. Wir hatten oben gesehen (s. Seite 134), daß die Hofstadter-Experimente für die Ladungsverteilung $\rho(r)$ die Parameter lieferten:

$$(566) \qquad \rho(r) = \frac{\rho_1}{1 + e^{\frac{r-R}{a}}},$$

mit:

$$R = R_0 \cdot A^{1/3}, \text{ wo } R_0 = 1{,}07 \cdot 10^{-13} \text{ cm}$$

und

$$a = 0{,}55 \cdot 10^{-13} \text{ cm.}$$

Man erkennt definitiv, daß die Ausdehnung der Kernladungsverteilung kleiner ist als die Ausdehnung des Potentialtopfs. Der Grund liegt natürlich in der endlichen Reichweite der Kernkraft.

Es ist befriedigend zu sehen, daß die Dicke der diffusen Außenzone der Kerne, die durch den Parameter a beschrieben wird, in beiden Modellen etwa gleich groß herauskommt.

Schließlich ist auch die Tiefe des Potentialtopfs von −44 MeV in Übereinstimmung mit unseren bisherigen Überlegungen (s. Seite 171ff. und 489).

Zur Bestimmung der optischen Modell-Parameter hat man sich nicht auf die Neutronen-Streuexperimente beschränkt, sondern man hat auch die Streuung geladener Teilchen dazu verwendet. Bekannt sind die „Heidelberger optischen Modell-Parameter", die aus solchen Experimenten hergeleitet wurden.

Die zuletzt geschilderten Experimente sind eine starke Stütze des Schalenmodells. Sie zeigen die Berechtigung der Verwendung eines gemeinsamen mittleren Potentials für die näherungsweise Berechnung der Wellenfunktionen der Nukleonen im Atomkern. Aufgrund der „Ladungsunabhängigkeit" der Kernkräfte, die wir oben aus den

Nukleon-Nukleon Streudaten abgeleitet hatten, hat man geschlossen, daß man für die Protonenbahnen und für die Neutronenbahnen praktisch das gleiche mittlere Potential bei Schalenmodellrechnungen verwenden muß. Der einzige Unterschied ist die bei den Protonen hinzutretende Coulomb-Wechselwirkung.

Durch die unerwartete Entdeckung der sogenannten „Analogzustände" ergab sich eine einzigartige Möglichkeit, diese Coulomb-Energie direkt zu messen und damit die obige Voraussetzung zu prüfen:

⑧⑦ Die Entdeckung der Analog-Zustände durch Anderson und Wong

Lit.: Anderson and Wong, Phys.Rev.Letters 7, 250 (1961)
Anderson, Wong, and McClure, Phys.Rev. 126, 2170 (1962)
Anderson, Wong, and McClure, Phys.Rev. 129, 2718 (1963)
Robson, Ann.Rev.Nucl.Sc. 16, 119 (1966)

Anderson, Wong und McClure führten (p,n)-Reaktionen mit einer ganzen Reihe von mittelschweren Kernen durch. Sie verwendeten 14,8 MeV Protonen des Energie-variablen Livermore Zyklotrons. Das Energie-Spektrum der

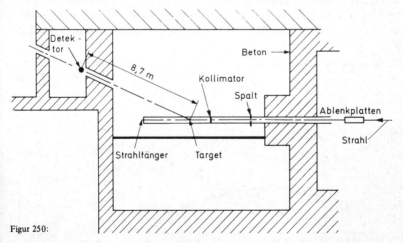

Figur 250:

Apparatur von Anderson, Wong und McClure, Phys.Rev. 126, 2170 (1962), mit der die ersten Analog-Zustände entdeckt wurden. Der gepulste Protonenstrahl tritt von rechts in die Targetkammer durch ein Spaltsystem ein. Es findet eine (p,n)-Reaktion im Target statt. Die Energie der Neutronen wird mit Hilfe der Methode der Flugzeitspektroskopie gemessen. Der Detektor für die Neutronen befindet sich in einer abgeschirmten Kammer in 8,7 m Entfernung vom Target.

entstehenden Neutronen wurde mit Hilfe der Methode der Flugzeitspektroskopie beobachtet (s. auch Experiment ㉘).

Der experimentelle Aufbau ist in Figur 250 dargestellt. Der gepulste Protonenstrahl des Zyklotrons tritt von rechts in die Targethalle ein, die durch dicke Betonwände abgeschirmt ist. Um den Abstand zwischen den einzelnen Strahlimpulsen zu vergrößern, wird nur jeder vierte Zyklotronimpuls hineingelassen; die anderen Impulse werden durch ein elektrostatisches Feld abgelenkt.

Die Targets aus V, Ni, Nb, Ti, Cr, Fe, Co, Cu, Zn, Ge, Se und Y waren nicht dicker als 300 keV, d. h. der totale Energieverlust des Protonenstrahls beim Durchgang durch die Targets lag unter diesem Wert.

Der Neutronendetektor befindet sich in einem gesondert abgeschirmten Raum oberhalb der Strahlebene. Die Neutronenlaufstrecke beträgt 8,7 m. Als Neutronendetektor wird ein Plastikszintillator verwendet. Hierbei wird der Lichtblitz der Rückstoß-Protonen ausgenutzt, die von den Neutronen im Szintillator ausgelöst werden.

Das Spektrum der Verzögerungszeiten zwischen den am Target ankommenden Protonenimpulsen und den am Detektor eintreffenden Neutronen wird mit Hilfe eines Zeitimpulshöhen-Konverters gemessen und in einem Vielkanal-Analysator gespeichert. Aus Verzögerungszeit und Laufstrecke läßt sich eindeutig die Neutronen-Energie bestimmen.

Figur 251 zeigt das Resultat der Messung dieses Zeitspektrums für ein ^{89}Y und ein ^{51}V Target. Der Zeitimpulshöhen-Konverter ist so geschaltet, daß mit abnehmender Kanalzahl die Verzögerungszeit zunimmt. Eine Kanalbreite

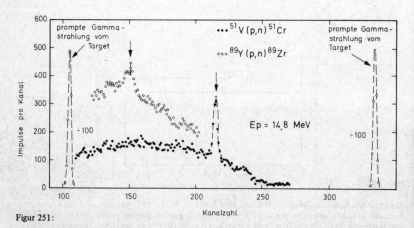

Figur 251:

Meßkurven für die Zeitspektren der Neutronen für ein ^{89}Y und ein ^{51}V Target. Diese Figur ist der gleichen Arbeit von Anderson et al. entnommen.

entspricht einem Zeitintervall von 1,8 ns. Die Protonenimpulse kommen in einem Abstand von 410 ns.

Der Detektor empfängt zunächst die mit Lichtgeschwindigkeit vom Target kommenden prompten Gamma-Quanten. Sehr viel später kommen die ersten Neutronen.

Das Neutronen-Laufzeitspektrum und damit das Energiespektrum der Neutronen ist ein breites Kontinuum, wie man es für das Modellbild des Abdampfens eines Neutrons aus einem hochangeregten Compound-Kern erwartet. Mitten in diesem kontinuierlichen Neutronenspektrum findet man jedoch einen einzelnen ausgeprägten scharfen „peak".

Anderson, Wong und McClure erklärten das Auftreten dieser Neutronengruppe durch eine direkte Reaktion des einlaufenden Protons mit einem Neutron des Targetkerns. Besonders groß sollte der Wirkungsquerschnitt für eine direkte Reaktion sein, wenn das einlaufende Proton die Bahn des herausgeworfenen Neutrons übernimmt; denn in diesem Fall bekommt man eine praktisch vollkommene Überlappung der Wellenfunktionen des Mutterkerns und des Tochterkerns.

Eine solche Reaktion ist jedoch endotherm. Wegen der zusätzlichen Coulomb-Energie liegen alle Protonenterme energetisch höher als die entsprechenden Neutronenterme. Die Größe dieses Effekts ist qualitativ z.B. aus der Darstellung der Schalenmodell-Terme in Figur 156 zu entnehmen.

Der Q-Wert dieser direkten Reaktion gibt deshalb unmittelbar an, wie groß die Coulomb-Energie des transferierten Protons ist. Im Falle der Reaktion:

$$^{51}V \, (p,n) \, ^{51}Cr + Q$$

erhält man aus der Energie der beobachteten mono-energetischen Neutronengruppe:

$$Q = -8{,}38 \pm 0{,}15 \text{ MeV}.$$

Andererseits läßt sich diese Coulomb-Energie wegen der guten Kenntnis der Ladungsverteilung in den Atomkernen im Rahmen des Schalenmodells recht genau berechnen. Rechnungen dieser Art wurden z.B. von Swamy und Green* durchgeführt.

Anderson, Wong und McClure haben für alle untersuchten Targets aus der Lage des mono-energetischen Neutronen-„peaks" diese Coulomb-Energie berechnet und die Werte mit den Berechnungen der Coulomb-Energie durch Swamy und Green verglichen. Dieser Vergleich ist in Figur 252 durchgeführt. Die Übereinstimmung ist ausgezeichnet und zeigt, daß die Interpretation des „peaks" als „Analog-Resonanz" richtig ist.

---

*Swamy and Green, Phys.Rev. 112, 1719 (1958).

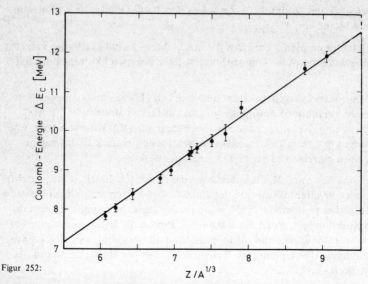

Figur 252:

Vergleich der aus den beobachteten Analog-Zuständen abgeleiteten Coulomb-Energien mit theoretischen Berechnungen durch Swamy und Green. Diese Figur ist der gleichen Arbeit von Anderson et al. entnommen.

Wir hatten bei der Behandlung der Starken Wechselwirkung gesehen, daß man wegen der Ladungsunabhängigkeit der Nukleon-Nukleon-Kraft Neutron und Proton als verschiedene Zustände ein und des gleichen Teilchens, des Nukleons, auffassen kann, die man durch eine neue Quantenzahl, den Isotopen-Spin oder einfach Isospin unterscheiden kann (s. Seite 283).

Dieser Formalismus gilt auch bei zusammengesetzten Kernen. Unser Analog-Zustand ist dann ein spezieller Term des zum Grundzustand des Targetkerns gehörenden Isospin-Multipletts.

Die Isospin-Multiplizität des Zustands eines Atomkerns gibt die Anzahl der Möglichkeiten für Ersetzung eines Neutrons durch ein Proton oder umgekehrt an, die mit dem Pauli-Prinzip verträglich ist. Hierbei ist vorausgesetzt, daß bei jeder Ersetzung die Wellenfunktion ungeändert bleibt.

Die Isospin-Quantenzahl T bedeutet, daß die Multiplizität den Wert:

$$2T + 1$$

hat. Die einzelnen Glieder des Multipletts sind durch die z-Komponente des Isospins charakterisiert:

$$T_z = -T; -T + 1; \ldots, +T.$$

Es gilt:

$$(567) \qquad T_z = \sum_{i=1}^{A} \tau_z^i,$$

wo τ_z^i die z-Komponente des Isospins des i-ten Nukleons darstellt. Wegen

$$\tau_z^i = +\frac{1}{2}, \text{ wenn das } i\text{-te Nukleon ein Proton ist,}$$

und

$$\tau_z^i = -\frac{1}{2}, \text{ wenn das } i\text{-te Nukleon ein Neutron ist,}$$

gilt:

$$(568) \qquad T_z = \frac{Z - N}{2}.$$

Man hatte ursprünglich gedacht, daß das Konzept des Isospins nur bei leichten Kernen anzuwenden sei, wo die Coulomb-Kräfte noch keine große Rolle spielen. Bei schweren Kernen sollte der Isospin keine gute Quantenzahl mehr sein, da die Coulomb-Wechselwirkung die Protonenbahnen von den entsprechenden Neutronenbahnen verschieden macht.

Tatsächlich beobachtete man jedoch die Analog-Resonanzen auch bei sehr schweren Kernen, und es scheint trotz der Aufhebung der Entartung der Terme des Isospin-Multipletts durch die Coulomb-Kraft auch bei schweren Kernen sinnvoll zu sein, Isospin-Quantenzahlen einzuführen.

Bemerkenswerterweise führt der große Neutronenüberschuß schwerer Kerne zu großen Werten von T_z und damit zu großen Werten von T wegen $T \geqslant |T_z|$.

Als besonders nützlich hat sich das Konzept des Isospins dadurch erwiesen, daß es die Formulierung einer Auswahlregel bei Kernreaktionen ermöglicht, der Isospin-Auswahlregel: Kernreaktionen sind erlaubt, wenn bei der Reaktion der totale Isospin erhalten bleibt.

Auf eine ausführliche Behandlung dieser Auswahlregel sei hier verzichtet. Zum eingehenderen Studium sei der Übersichtsartikel von Robson: „Isobaric Spin in Nuclear Physics"* empfohlen.

Die bisher in diesem Kapitel behandelten Experimente betrafen hauptsächlich Einzelteilchen-Zustände sphärischer Atomkerne. Wir haben gesehen, daß besonders die direkten Kernreaktionen ein äußerst wertvolles Hilfsmittel zur Untersuchung der Struktur individueller Kernniveaus darstellen.

Es soll hier nicht der Versuch gemacht werden, einen Überblick über die Gesamtheit der bisher erzielten Ergebnisse zu geben. Als wichtigstes Ergebnis ist jedoch anzusehen, daß das Schalenmodell in seinen wesentlichen Zügen generell bestätigt wird. Alle vorhergesagten Einzelteilchenbahnen werden tatsächlich beobachtet. Schlecht stimmen die vom Schalenmodell vorhergesagten Energien, und häufig findet man viel mehr Niveaus, als im Schalenmodell zu interpretieren sind.

Die Ursache der Abweichungen vom Schalenmodell liegt einmal darin, daß die Annahme eines mittleren gemeinsamen Potentials zu grob ist und durch die Restwechselwirkung zwischen individuellen Teilchen ergänzt werden muß. Viele Ansätze sind versucht worden, zum Teil mit sehr großem Erfolg.

Das zweite Phänomen, das über das einfache Schalenmodell hinausgeht, liegt jedoch darin, daß neben den Einzelteilchenanregungen kollektive Bewegungen der Nukleonen im Atomkern auftreten. Wir wollen uns im folgenden systematisch mit den wichtigsten Experimenten beschäftigen, die zu unserem heutigen Bild von den Kollektivbewegungen im Atomkern geführt haben.

---

*Robson, Ann.Rev.Nucl.Sc. 16, 119 (1966).

Einige Hinweise für Kollektivanregungen der Atomkerne hatten wir bereits kennengelernt: beim systematischen Vergleich der beobachteten Gamma-Übergangswahrscheinlichkeiten mit der Weisskopf-Abschätzung für Einzelteilchenübergänge fand man in vielen Fällen stark beschleunigte $E2$ Übergänge (s. Experiment(68)).Dann hatten wir in Experiment(69)ein Termschema studiert, das typische Rotationsspektren zeigte in ähnlicher Weise, wie sie aus der Molekül-Spektroskopie bekannt sind.

Man beobachtet diese Rotationsspektren bei allen Atomkernen mit sehr großem elektrischen Quadrupol-Moment, d.h. bei den sogenannten stark deformierten Kernen. Wir hatten gesehen (s. Experiment(57)),daß besonders die Atomkerne im Gebiet:

$$150 \leqslant A \leqslant 190$$

stark deformiert sind.

Wir wollen uns jetzt systematisch mit diesen Rotationsspektren beschäftigen.

Im Zerfall radioaktiver Isotope werden hohe Glieder der Rotationsbanden nur selten bevölkert. Dies liegt daran, daß es sich hier um Terme mit hoher Spin-Quantenzahl handelt und ihre Bevölkerung durch Beta- oder Gammazerfälle durch die Drehimpulsauswahlregeln verhindert wird.

Eine elegante Methode zur systematischen Erforschung der Rotationsbanden bis hinauf zu sehr hohen Gliedern wurde von Morinaga entdeckt:

(88) **Das Morinaga-Experiment zur systematischen Untersuchung der Rotationsbanden stark deformierter gg-Kerne**

Lit.: Morinaga and Gugelot, Nucl.Phys. 46, 210 (1963)
Morinaga, Nucl.Phys. 75, 385 (1966)

Wir hatten oben gesehen (s. Seite 692 und Seite 704 ff.), daß (α, xn)-Reaktionen sehr häufig zu Zuständen des Endkerns führen, die einen hohenDrehimpuls haben. Die Erklärung lag darin, daß das Alphateilchen einen großen

Bahndrehimpuls übertragen kann, die Neutronen aber im allgemeinen aus dem Compound-Kern als *S*-Wellen **abdampfen**

Morinaga und Gugelot nutzten diesen Effekt aus, um Rotationsbanden systematisch bis zu hohen Rotationsdrehimpuls-Quantenzahlen anzuregen.

Die Idee war folgende: die Niveau-Abstände der Rotationsterme stark deformierter gg-Kerne sind so niedrig, daß noch das 8^+-Niveau meist nicht höher als etwa ein MeV liegt, d. h. es kommt etwa in die Gegend, wo man die erste Zweiteilchen-Anregung erwartet.

Die höheren Terme der Grundniveau-Rotationsbande von gg-Kernen sind deshalb die niedrigsten Terme mit großem Drehimpuls. Wird nun ein Niveau mit großem Drehimpuls durch die $(\alpha, x\text{n})$-Reaktion erreicht, so werden durch darauffolgende Gamma-Übergänge, die alle keine großen Drehimpulse übertragen, schließlich die höheren Glieder der Rotationsbande erreicht. Dieser Prozeß ist schematisch in Figur 253 dargestellt.

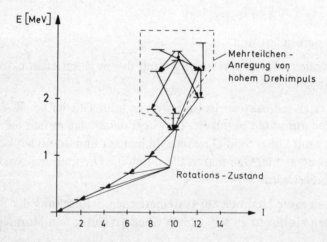

Figur 253:

Schematische Darstellung zur Erklärung, wie nach einer $(\alpha, x\text{n})$-Reaktion die höheren Glieder der Grundniveau-Rotationsbande stark deformierter Kerne erreicht werden.

Man erwartet deshalb, daß ein noch so komplexes Gamma-Spektrum immer mit großer Intensität die Rotationsübergänge der Grundniveau-Rotationsbande enthalten muß.

Morinaga und Gugelot führten ihre ersten Experimente am 50 MeV Alphastrahl des Amsterdamer Zyklotrons durch. Figur 254 zeigt die experimentelle Anordnung. Der Aufbau ist äußerst einfach; direkt im Strahlrohr ist das Target angebracht, und die Gamma-Strahlung wird seitlich mit einem gut abgeschirmten Gamma-Detektor beobachtet.

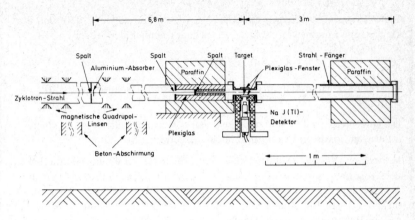

Figur 254:

Aufbau der Apparatur von Morinaga und Gugelot zur Beobachtung der Gamma-Strahlung nach (α, xn)-Reaktionen. Die Figur ist der Arbeit von Morinaga und Gugelot, Nucl.Phys. 46, 210 (1963), entnommen.

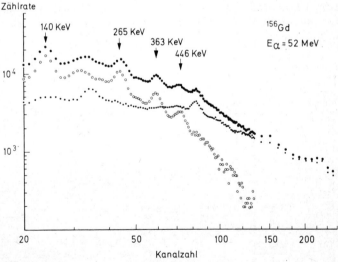

Figur 255:

Gamma-Spektrum, aufgenommen mit einem ^{156}Gd-Target in der in Figur 254 dargestellten Anordnung. Die obere Kurve stellt das direkt gemessene Spektrum dar. Die mit kleinen schwarzen Punkten dargestellte Kurve darunter ist das Ergebnis einer zweiten Messung, bei der ein 10 mm dicker Bleiabsorber zwischen Target und Detektor eingeschoben wurde. Die kleinen Kreise stellen die Differenz zwischen beiden Kurven dar. Diese Meßkurve ist der zitierten Arbeit von Morinaga und Gugelot entnommen.

11 Bodenstedt III, Experimente der Kernphysik

732   *Experimente zur Erforschung der Atomkernstruktur*

Figur 255 zeigt als Beispiel das NaJ(Tl)-Spektrum für ein ^{156}Gd-Target. Bei einer Alpha-Energie von 52 MeV findet hauptsächlich der Prozeß:

$$^{156}Gd\ (\alpha,4n)\ ^{156}Dy$$

statt. Die beobachteten „peaks" werden der Rotationsbande des ^{156}Dy zugeordnet.

Die einzelnen „peaks" sind nicht sehr stark ausgeprägt; dies liegt an einem intensiven Compton-Untergrund hoch-energetischer Strahlung.

Morinaga und Gugelot führten eine zweite Messung mit einem 10 mm dicken Blei-Absorber zwischen Target und Detektor durch. Das Blei absorbiert die nieder-energetische Strahlung vollständig, während die hoch-energetische Strahlung fast nicht geschwächt wird. Nach der Differenzbildung zwischen beiden Meßkurven treten die nieder-energetischen Photolinien sehr viel besser hervor.

In der späteren, oben zitierten Arbeit berichtet Morinaga über die Gesamtheit der von ihm nach diesem Verfahren beobachteten Anregungsniveaus von stark deformierten gg-Kernen. Als Beispiel sind in Figur 256 die beobachteten Rotationsübergänge für die geraden Gadolinium-Isotope dargestellt. Als höchster Term wird ein $I = 12$ Zustand angeregt.

Man erkennt in dieser Systematik sehr schön, wie die Niveauabstände mit steigender Rotations-Quantenzahl zunehmen, so wie man es für Rotationsbanden erwartet.

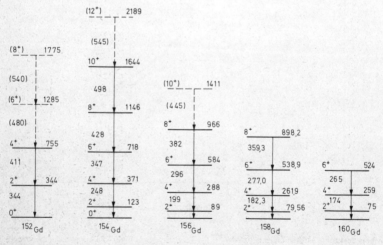

Figur 256:

Rotationsterme der geraden Gadolinium-Isotope, die nach diesem Verfahren bestimmt wurden. Diese Figur ist der Arbeit von Morinaga, Nucl.Phys. 75, 385 (1966), entnommen.

Die Rotationsenergie eines rotierenden Körpers ist bekanntlich durch die Beziehung gegeben:

(569) $$E_{rot} = \frac{1}{2}\,\theta \cdot \omega^2,$$

wo θ = Trägheitsmoment und ω = Winkelgeschwindigkeit.

Setzt man:

(570) $$\theta \cdot \omega = \mathbf{I},$$

so ist:

(571) $$H_{rot} = \frac{1}{2\theta} \cdot \mathbf{I}^2$$

mit den Eigenwerten:

(572) $$E_{rot} = \frac{\hbar^2}{2\theta} \cdot I \cdot (I + 1).$$

Die beobachteten Rotationsbanden folgen näherungsweise diesem Gesetz. Systematisch zeigte sich jedoch, daß alle höheren Rotationsniveaus tiefer liegen, als man durch Extrapolation von den unteren Zuständen aus erwartet. Die einfachste Interpretation dieses Effekts ist die, daß das Trägheitsmoment des deformierten Kerns mit steigendem Rotationsdrehimpuls zunimmt.*

---

*Im Zeitraum zwischen der Fertigstellung des Manuskripts und der Drucklegung ist ein entscheidender Fortschritt in der Untersuchung der Rotationsbanden erzielt worden. Unter Verwendung von hochauflösenden Ge(Li)-Detektoren und unter Ausnutzung raffinierterer spektroskopischer Methoden (simultane Aufnahme aller Koinzidenzen zwischen den beobachteten γ-Linien und Beobachtung der γ-Winkelverteilungen zum Nachweis von $E2$-Übergängen durch die charakteristische Winkelverteilung elektrischer Quadrupolstrahlung) gelang es, mehrere Rotationsbanden bis zum Spin 18^+ zu identifizieren. Raffiniertere Methoden sind notwendig wegen der sehr schwachen Bevölkerung der hochspinigen Zustände.

Es wurde die überraschende Beobachtung gemacht, daß oberhalb von 12^+ oder 14^+ eine drastische Abweichung der Termenergien von Gleichung (572) auftritt, und zwar liegen die hohen Rotationsterme zu tief. (Johnson, Ryde, and Hjorth, Phys.Letters 34B, 605 (1971) and Nucl.Phys. A 179, 753 (1972); Lieder, Beuscher, Davidson, Jahn, Probst, and Mayer-Böricke, Z.f.Physik 257, 147 (1972); Johnson and Szymanski, Physics Reports 7C, 183 (1973)).

Bevor man die Rotation stark deformierter Kerne systematisch durch Kernreaktionen anregen konnte, war man auf die Beobachtung der im radioaktiven Zerfall bevölkerten Niveaus angewiesen. In den allermeisten Fällen wird hier nur das 2^+ oder eventuell das 4^+ Niveau der Rotationsbanden von gg-Kernen erreicht. In einigen wenigen Fällen findet man jedoch auch im Zerfall radioaktiver Isotope Rotationsbanden bis hinauf zum 8^+ Niveau, nämlich bei den Isotopen ^{180m}Hf($T1/2 = 5h$); ^{178}Ta($T1/2 = 2,1h$) und ^{166m}Ho($T1/2 = 1,2 \cdot 10^3 y$). Bei allen drei Fällen ist das radioaktive Isotop eine Isomer mit großem Drehimpuls. Am längsten bekannt ist das Isotop ^{180m}Hf, das mit recht kräftiger Ausbeute bei der Bestrahlung von ^{179}Hf mit thermischen Neutronen entsteht. Figur 257 zeigt das Zerfallsschema.

Fortsetzung der Fußnote * von Seite 733.

Zwei verschiedene Erklärungen wurden vorgeschlagen:

1. Das Trägheitsmoment vergrößert sich. Dieser Effekt ist nicht völlig unerwartet. Wie auf den folgenden Seiten erläutert wird, ist das Trägheitsmoment bei den tiefliegenden Rotationsniveaus wesentlich kleiner als das des starren Rotators. Erklärt wird dieser Effekt durch das BCS-Modell (siehe S. 739ff.), das besagt, daß sich die Nukleonen des Atomkerns ähnlich den Elektronen eines Supraleiters verhalten. Mottelson und Valatin sagten voraus, daß die Trägheitskräfte bei hohen Rotationsdrehimpulsen einen Phasenübergang zur „normalleitenden" Phase bewirken sollten; in dieser Phase würde das Trägheitsmoment des starren Rotators auftreten. (Mottelson and Valatin, Phys.Rev.Letters 5, 511 (1960)).

2. Die Coriolis-Wechselwirkung $-\frac{1}{2\theta} \cdot 2 \cdot \mathbf{I} \cdot \mathbf{j}$ (siehe Gl. (605)) bedeutet, daß Energie frei wird, wenn sich ein Einzelteilchendrehimpuls $\mathbf{j}$ in Richtung des Gesamtdrehimpulsvektors $\mathbf{I}$ einstellt. Es ist zu erwarten, daß dieser Effekt bei hohen Rotationsdrehimpulsen ausreicht, um ein Paar von Einzelteilchenzuständen mit großen, antiparallel stehenden Drehimpulsen aufzubrechen und die Einzelteilchendrehimpulse in die Richtung von $\mathbf{I}$ zu drehen. Die Konsequenz wäre, daß es sich gar nicht mehr um Zustände der Grundniveau-Rotationsbande handelt, sondern um niedrige Rotationsterme eines hochspinigen Zweiteilchenzustands. (Stephens and Simon, Nucl.Phys. A 183, 257 (1972)).

Welche der beiden Erklärungen richtig ist, konnte bis heute noch nicht entschieden werden.

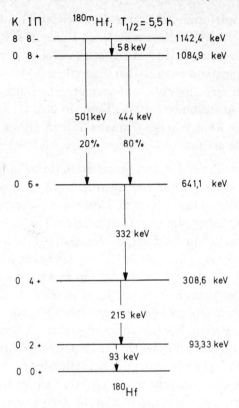

Figur 257:   Zerfallsschema des ^{180m}Hf.

Daß man es bei diesen Termfolgen tatsächlich mit Rotationsspektren zu tun hat, wurde von der Kopenhagener Schule schon früh erkannt.

Man ging von folgender Vorstellung aus:

Das beobachtete große elektrische Quadrupolmoment bedeutet, daß es sich um Kerne mit einer Gleichgewichtsdeformation handelt. Der Einfachheit halber beschränkten sich Bohr und Mottelson bei der Entwicklung eines Modells der Rotationsbewegungen auf rotationssymmetrische Gleichgewichtsdeformationen, bei denen die Ausdehnung des Kernpotentialtopfs in der Symmetrieachse verlängert angenommen wurde. Beide Voraussetzungen sind nicht trivial. Davidov und Filippov* untersuchten die Konsequenzen eines

---

*Davidov and Filippov, Nucl.Phys. 8, 237 (1958).

asymmetrisch deformierten Kerns. Der Vergleich beider Modelle mit der Gesamtheit der experimentellen Daten über Rotationsbanden zeigt, daß man bei den meisten stark deformierten Kernen die bessere Übereinstimmung mit den theoretischen Berechnungen bekommt, wenn man eine rotationssymmetrische Deformation annimmt. Eine Ausnahme bilden die Kerne in dem Übergangsgebiet zu sphärischen Kernen in der Osmium-Gegend. Hier scheinen alle Daten auf eine asymmetrische Deformation hinzuweisen.

Die zweite Annahme, daß die deformierten Kerne in Richtung der Rotationssymmetrie-Achse verlängert sind, d.h. also zigarrenförmige Gestalt haben, sollte sich durch Messung des Vorzeichens des elektrischen Quadrupolmoments entscheiden lassen. In vielen Fällen ist das Vorzeichen gesichert, und es bestätigt die angenommene Deformation. Es ist jedoch zu beachten, daß bei gg-Kernen der Grundzustand den Spin 0 hat, so daß das spektroskopische Quadrupolmoment des Kerns im Grundzustand verschwindet. Man muß also das Quadrupolmoment eines angeregten Niveaus, etwa des 2^+ Zustands, messen. Wir hatten oben gesehen, daß man mit Hilfe des Mößbauer-Effekts die elektrische Hyperfeinstrukturaufspaltung im elektrischen Feldgradienten des Kristallfeldes beobachten kann. Die Ableitung des Vorzeichens von Q_I hängt an der Kenntnis des Vorzeichens von V_{zz}. In Kristallen ist die Berechnung des Feldgradienten am Kernort jedoch durch Polarisations-Effekte in der Atomhülle erschwert, und die Angabe des Vorzeichens des Feldgradienten ist nicht trivial*.

Die Bewegung der Einzelteilchen im zigarrenförmig deformierten Potential ist natürlich anders als in sphärischen Kernen. Der wesentliche Unterschied liegt darin, daß der Drehimpuls der Einzelteilchenbewegung j_i keine Konstante der Bewegung mehr ist, sondern die Rotationssymmetrie des Potentials um eine Achse z hat lediglich zur Folge, daß die Komponente von $\mathbf{j}_i$ in Richtung dieser Achse, Ω_i, konstant bleibt. Die verschiedenen Möglichkeiten der Orientierung von $\mathbf{j}_i$ zur Drehimpulsachse führen zu verschiedenen Werten

---

*Ein interessantes Verfahren zur Ableitung des Vorzeichens der Deformation wird in Experiment ⑨⑦ geschildert.

von Ω_i. Diese Zustände sind energetisch aufgespalten. Eine direkte Folge dieser Energieaufspaltung ist eine Präzession der Einzelteilchen-Drehimpulse um die Deformationsachse.

Die Existenz einfacher Rotationsspektren mit den Rotationsenergien:

$$E_{\text{rot}} = \frac{\hbar^2}{2\theta} \cdot I \cdot (I+1)$$

setzt voraus, daß die Einzelteilchenbewegung im deformierten Kern der Drehung des Potentialtopfs um die Hauptträgheits-Achse, d.h. also um eine Achse senkrecht zur Deformationsachse, adiabatisch folgt.

Daß diese Voraussetzung recht gut erfüllt ist, liegt allein darin begründet, daß die Winkelgeschwindigkeit der kollektiven Rotation klein gegenüber der Winkelgeschwindigkeit der Einzelteilchen ist. Daß dies der Fall ist, ist offensichtlich: in beiden Fällen beträgt die absolute Größe des Drehimpulses kleine Vielfache von $\hbar$. Im Falle der Einzelteilchenbewegung wird dieser Drehimpuls von der Bewegung einer einzelnen Nukleonenmasse erzeugt, im Falle der kollektiven Rotation dagegen von der Bewegung der Gesamtmasse des Kerns. Da diese Gesamtmasse etwa zwei Größenordnungen größer als die des einzelnen Nukleons ist, erfolgt die kollektive Rotation um etwa zwei Größenordnungen langsamer als der Umlauf der Einzelteilchen.

In dem soweit entwickelten Modell läßt sich das Trägheitsmoment absolut berechnen, denn man kennt die absolute Ausdehnung der Kerne und die absolute Masse, und aus dem gemessenen Quadrupolmoment entnimmt man die Größe der Deformation. Andererseits lassen sich aus den beobachteten Energieabständen in den Rotationsbanden durch Vergleich mit der Formel:

$$E_{\text{rot}} = \frac{\hbar^2}{2\theta} \cdot I(I+1)$$

experimentelle Werte für θ ableiten.

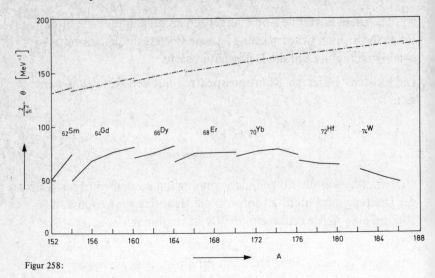

Figur 258:

Vergleich der experimentell beobachteten Werte für $\frac{2}{\hbar^2} \cdot \theta$ (ausgezogene Kurven) mit den theoretischen Werten für das Modell des starren Rotators (strich-punktierte Linien).

Der Vergleich der theoretischen Werte mit den experimentellen Werten für $2\theta/\hbar^2$ ist in Figur 258 durchgeführt. Es war zunächst enttäuschend zu sehen, daß die beobachteten Trägheitsmomente um einen Faktor 2 bis 3 kleiner sind, als die Berechnungen für das Modell des „starren Rotators" ergeben. Es ist offensichtlich falsch anzunehmen, daß die Gesamtheit der Nukleonen adiabatisch der Rotation des deformierten Potentialtopfs folgt. Nilsson und Prior gelang es 1955, in einer bekannten Arbeit* das Phänomen der zu kleinen Trägheitsmomente quantitativ zu erklären. Sie verwendeten bei ihren Berechnungen zusätzlich zu dem statischen deformierten Potential noch die sogenannte Paarungskraft als Restwechselwirkung.

Auch bei nicht deformierten Kernen ist der Ansatz eines mittleren statischen Potentials, das die Wechselwirkung der Einzelteilchen mit allen übrigen Nukleonen beschreibt, und das zu den Wellenfunktionen des Schalenmodells führt, nicht realistisch. Man nennt die Differenz zwischen der wirklichen Wechselwirkung des einzelnen Teilchens und dem statischen Schalenmodell-Potential auch die

*Nilsson and Prior, Math.Fys.Medd.Dan.Vid.Selsk. 29, no 16 (1955).

Restwechselwirkung. Es ist als eines der wichtigsten Probleme der theoretischen Kernphysik anzusehen, durch einen möglichst einfachen Ansatz den wesentlichen Teil dieser Restwechselwirkung zu erfassen.

Als ein besonders glücklicher Ansatz für die Restwechselwirkung hat sich der der Paarungskraft herausgestellt. Diesem Ansatz liegt folgende physikalische Vorstellung zu Grunde:
Man geht von der empirischen Tatsache der Paarungsenergie aus. Wir hatten die Paarungsenergie aus den Bindungsenergien der Atomkerne abgeleitet. Sie äußerte sich in der Energiedifferenz zwischen uu- und gg-Kernen. Wir hatten bereits diskutiert, daß die Ursache darin zu sehen ist, daß zwei gleichartige Nukleonen in identischen Einzelteilchen-Zuständen zu einem energetisch besonders tief liegenden Zustand koppeln, wenn ihre Drehimpulse anti-parallel stehen. In diesem Fall überlappen sich die Wellenfunktionen am besten, und die Teilchen sind deshalb am häufigsten im Bereich der gegenseitigen Anziehung.

Beim Paarungskraftansatz nimmt man als einzige Restwechselwirkung zwischen den Nukleonen eine attraktive Wechselwirkung zwischen Teilchen in identischen Bahnen mit anti-parallelen **j** zum statischen Potential hinzu. Allgemeiner kann man dies auch so ausdrücken, daß sich die Wechselwirkung auf ein Paar von Einzelteilchen-Zuständen beschränkt, von denen der eine Zustand durch die Zeitumkehrtransformation aus dem anderen hervorgeht. Beschreibt man einen Einzelteilchen-Zustand durch das Symbol $| \nu \rangle$, wo ν für alle Quantenzahlen steht, so kann man den Partnerzustand (Zeit-umgekehrten Zustand) auch symbolisch mit $| - \nu \rangle$ beschreiben. Die Paarungswechselwirkung bedeutet die Existenz eines zusätzlichen Streupotentials zwischen Teilchen in Partnerzuständen $| \nu \rangle$ und $| - \nu \rangle$. Die Wirkung ist, daß eine Streuung in zwei andere Partnerzustände $| \nu' \rangle$ und $| - \nu' \rangle$ möglich wird.

Der Hamilton-Operator der Paarungskraft lautet:

$$(573) \qquad H_{\text{Paarkraft}} = - G \cdot \sum_{\nu, \nu'} a_\nu^+ a_{-\nu'}^+ a_{-\nu} a_\nu .$$

In diesem Ansatz bedeutet a_ν^+ einen Erzeugungs-Operator und a_ν einen Vernichtungs-Operator für Teilchen in den Zuständen ν' und ν. Dieser Hamilton-Operator überführt offensichtlich einen Zustand mit einem Teilchenpaar in $|\,\nu\,\rangle$ und $|-\nu\,\rangle$ in einen neuen Zustand mit diesem Teilchenpaar in $|\,\nu'\rangle$ und $|-\nu'\rangle$. Die Kopplungskonstante G bedeutet die Größe der Matrix-Elemente für solche Streuprozesse.

Die mathematische Methode zur Berechnung der Kernwellenfunktionen unter Hinzunahme dieses Operators zum Hamilton-Operator des Schalenmodells ist mit einem Verfahren identisch, daß von Bardeen, Cooper und Schrieffer zur theoretischen Behandlung der Supra-Leitfähigkeit entwickelt wurde. Man nennt die Wellenfunktionen deshalb auch BCS-Wellenfunktionen. Auf eine ausführliche Darstellung muß hier verzichtet werden.

Tatsächlich hat sich ergeben, daß das BCS-Modell in sehr vielen Einzelheiten die beobachteten Eigenschaften der Atomkerne besser wiedergibt als das Schalenmodell.

Die absolute Größe des Parameters G wird bei diesen Berechnungen so gewählt, daß die aus den gemessenen Kernmassen abgeleiteten Paarungsenergien richtig wiedergegeben werden. Nilsson und Prior entnahmen empirisch den Kernmassentabellen, daß die Paarungskraft für Neutronen offensichtlich etwas kleiner ist als für Protonen. Der Grund liegt darin, daß wegen $N > Z$ die mittlere kinetische Energie der Neutronen größer ist als die der Protonen und andererseits der Streuquerschnitt mit steigender Energie abnimmt.

Sie verwendeten die Parameter:

$$(574, 575) \qquad G_N = \frac{17{,}5}{A}\ \mathrm{MeV}; \qquad G_P = \frac{23{,}5}{A}\ \mathrm{MeV}.$$

Man kann die neuen Wellenfunktionen mit Hilfe der Einzelteilchen-Schalenmodell-Zustände $|\,\nu\,\rangle$ mit den Energien ϵ_ν darstellen. Man erhält dann für die „Besetzungswahrscheinlichkeiten" u_ν^2 etwa den in Figur 259 dargestellten Verlauf. Man hat diesen Effekt der Paarungskraft oft mit dem Bild des Aufweichens der Fermi-Schwelle

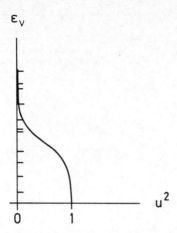

Figur 259:

Schematische Darstellung der Besetzungswahrscheinlichkeiten der Einzelteilchen-Terme mit den Energien ϵ_ν im BCS-Modell.

beschrieben. In der Tat findet man im Gegensatz zum reinen Schalenmodell jetzt einen breiten kontinuierlichen Übergang von der Besetzungswahrscheinlichkeit 0 bis zur Besetzungswahrscheinlichkeit 1*. Diese aufgeweichte Fermi-Schwelle bedeutet anschaulich, daß wir es bei den Kernen doch nicht mit einem hochgradig entarteten Fermi-Gas zu tun haben, das bei Rotationsbewegungen adiabatisch wie ein starrer Körper der Drehung des deformierten Potentialtopfs folgt, sondern in der Nähe der Fermi-Oberfläche können die Nukleonen in gewissem Umfang dieser Drehung ausweichen. Die Folge ist eine Verkleinerung des Trägheitsmoments.

Die Ergebnisse der Berechnung der Trägheitsmomente durch Nilsson und Prior unter Verwendung dieser Paarungskraft sind in Figur 260 mit den beobachteten Werten verglichen. Die Übereinstimmung ist sehr gut. Man muß daraus den Schluß ziehen, daß die wesentliche Ursache für die Abweichungen vom Wert des starren Rotators richtig erkannt wurde.

Wir wollen uns nun der Frage zuwenden, warum das Trägheitsmoment mit steigendem Rotationsdrehimpuls zunimmt.

---

*Der Unterschied zwischen einer wirklichen Fermi-Verteilung und der Kernwellenfunktion liegt allein darin, daß die Wellenfunktionen der Einzelteilchen feste Phasen zueinander haben müssen.

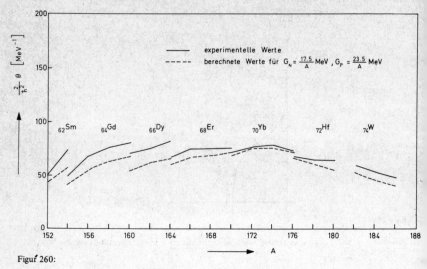

Figur 260:

Vergleich der experimentellen Werte für $\frac{2}{\hbar^2} \cdot \theta$ (ausgezogene Kurven) mit den von Nilsson und Prior berechneten Werten (gestrichelte Linien). Diese Figur ist der Arbeit von Nilsson und Prior, Math.Fys.Medd.Dan. Vid.Selsk. 29, no 16 (1955) entnommen.

Es ist naheliegend, die Zentrifugalkraft für diesen Effekt verantwortlich zu machen. Die Zentrifugalkraft muß mit zunehmender Rotations-frequenz eine Vergrößerung der Deformation des Kerns zur Folge haben (s. Figur 261). Die Vergrößerung der Deformation erhöht aber den mittleren Abstand der Nukleonen von der Rotations-Achse und damit das Trägheitsmoment.

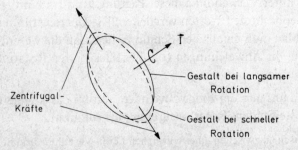

Figur 261:

Zur Vergrößerung der Deformation eines Kerns in Folge der Zentrifugalkraft.

Als rücktreibende, gegen die Vergrößerung der Deformation wirkende Kraft ist uns im Rahmen des Tröpfchen-Modells die Oberflächenspannung bekannt. Wie stark diese rücktreibende Kraft ist, ist empirisch sehr genau bekannt; man kann sie aus der Anregungsenergie der Kernvibrationen entnehmen. Wir werden die Kernvibrationen etwas später noch ausführlich studieren.

Greiner, Fässler und Sheline* haben in ihrem Rotations-Vibrations-Modell die Zentrifugalstreckung rotierender Kerne und die dadurch

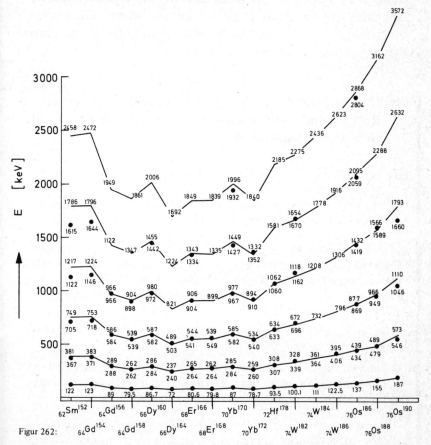

Figur 262:

Vergleich der bekannten Rotationsniveaus der stark deformierten gg-Kerne mit den im Rotations-Vibrations-Modell von Greiner, Fässler und Sheline berechneten Termen. Die Figur ist der Arbeit von Greiner, Fässler und Sheline, Nucl.Phys. 70, 33 (1965), entnommen.

*Greiner, Fässler, and Sheline, Nucl.Phys. 70, 33 (1965).

verursachte Veränderung der Rotationsspektren quantitativ untersucht. In Figur 262 ist das Ergebnis ihrer Berechnungen mit der Gesamtheit der bekannten Rotationsniveaus der gg-Kerne verglichen.

Die Übereinstimmung ist verblüffend, und man nahm zunächst an,
das Phänomen damit richtig erfaßt zu haben.

Ob eine Zentrifugalstreckung der Kerne tatsächlich vorliegt, läßt
sich experimentell prüfen, denn sie hätte zur Folge, daß sich die
radiale Ausdehnung der Kernladungsverteilung vergrößern müßte.
Dies hätte aber eine Änderung der elektrostatischen Wechselwirkungsenergie des Kerns mit der Umgebung zur Folge, die sich experimentell mit Hilfe des Mößbauer-Effekts nachweisen läßt:

(89) Untersuchung der Änderung der Kernladungsverteilung bei der Rotation durch Beobachtung der Isomerie-Verschiebung mit Hilfe des Mößbauer-Effekts

Lit.: Yeboah-Amankwah, Grodzins, and Frankel, Phys.Rev. Letters 18, 791
            (1967)
        Steiner, Gerdau, Kienle, and Körner, Phys.Letters 24 B, 515 (1967)
        Henning, Zeitschrift für Physik 217, 438 (1968)

Unter Isomerie-Verschiebung versteht man die gelegentliche Beobachtung
einer Verschiebung zwischen Emissionslinie und Absorptionslinie in Mößbauer-
Spektren, wenn Quelle und Absorber verschiedene chemische Strukturen
haben. Die Ursache ist eine verschiedene Ausdehnung der Kernladungsverteilung im angeregten Zustand und im Grundzustand.

Wir wollen zunächst verstehen, wie diese Isomerie-Verschiebung zustande
kommt.

Dazu berechnen wir die elektrostatische Wechselwirkungsenergie zwischen
den Ladungen des Atomkerns und den Ladungen der den Atomkern umgebenden Elektronenhülle. Die Kernladung im Volumenelement $d\tau_n$ sei:

$$(576) \qquad dQ_n = + e \cdot \rho_n(\mathbf{r}_n) \cdot d\tau_n,$$

wo $\rho_n(\mathbf{r}_n)$ die Protonendichte bedeutet. Entsprechend sei die Elektronenla-
dung im Volumenelement $d\tau_e$:

$$(577) \qquad dQ_e = - e \cdot \rho_e(\mathbf{r}_e) \cdot d\tau_e,$$

wo $\rho_e(\mathbf{r}_e)$ die Elektronendichte bedeutet.

Die elektrostatische Wechselwirkungsenergie ist dann (s. Gl. 313):

$$(578) \qquad W_e = - \frac{e^2}{4\pi\,\epsilon_0} \int\int \frac{\rho_n(\mathbf{r}_n)\cdot\rho_e(\mathbf{r}_e)}{|\,\mathbf{r}_e - \mathbf{r}_n\,|} \cdot d\tau_e \cdot d\tau_n.$$

Der Faktor $1/|\mathbf{r}_e - \mathbf{r}_n|$ läßt sich in Kugelflächenfunktionen entwickeln (s. Gl. 314):

$$\frac{1}{|\,\mathbf{r}_e - \mathbf{r}_n\,|}$$

$$(579) \qquad = 4\pi \cdot \sum_{l=0}^{\infty} \ \sum_{m=-l}^{+l} \frac{1}{2l+1} \cdot \frac{r_<^{\,l}}{r_>^{\,l+1}} \cdot Y_{lm}^{*}(\theta_n, \varphi_n) \cdot Y_{lm}(\theta_e, \varphi_e).$$

Diese Gleichung ist eine mathematische Identität. Das Symbol $r_<$ bedeutet, daß von r_e und r_n der jeweils kleinere Wert einzusetzen ist, und $r_>$ bedeutet entsprechend, daß der größere Wert zu nehmen ist. l bedeutet die Multipol-Ordnung der Wechselwirkung. Wir hatten im VI.Kapitel* ausführlich die höheren Glieder der Entwicklung studiert. Die Isomerie-Verschiebung wird durch das Glied mit $l = 0$ hervorgerufen. In dieser Näherung ist $1/|\mathbf{r}_e - \mathbf{r}_n|$ zu ersetzen durch:

$$\frac{1}{|\,\mathbf{r}_e - \mathbf{r}_n\,|} \ \Rightarrow \ \frac{1}{r_>} \ .$$

Wir setzen dies in den Ausdruck für W_e ein und integrieren über θ_n, φ_n, θ_e und φ_e. Es ergibt sich:

$$W_e(l=0) = - \frac{4\pi}{\epsilon_0} \cdot e^2 \cdot \int\limits_{r_n=0}^{\infty} \ \int\limits_{r_e=0}^{\infty} \frac{\overline{\rho_n(r_n)\cdot\rho_e(r_e)}}{r_>} \cdot r_e^2 dr_e \cdot r_n^2 \ dr_n. \ **$$

$$(580)$$

Um das Symbol $r_>$ aufzulösen, spalten wir das Integral über r_e in zwei Teile:

$$W_e(l=0) = - \frac{4\pi}{\epsilon_0} e^2 \cdot \int\limits_{r_n=0}^{\infty} \left\{ \int\limits_{r_e=0}^{r_n} \frac{\overline{\rho_e(r_e)}}{r_n} r_e^2 dr_e + \int\limits_{r_e=r_n}^{\infty} \frac{\overline{\rho_e(r_e)}}{r_e} \cdot r_e^2 \ dr_e \right\} \times$$

$$(581) \qquad\qquad \times \overline{\rho_n(r_n)} \cdot r_n^2 \cdot dr_n,$$

---

*Siehe S. 458ff.

**$\overline{\rho_n(r_n)}$ und $\overline{\rho_e(r_e)}$ sind die Mittelwerte der Elektronendichte bzw. Protonendichte, gemittelt über die Kugelfläche mit dem Radius r_n bzw. r_e.

oder mit $\displaystyle\int\limits_{r_e\,=\,r_n}^{\infty} = \int\limits_{r_e\,=\,0}^{\infty} - \int\limits_{r_e\,=\,0}^{r_n}$ erhält man:

$W_e(l = 0)$

$$= -\frac{4\pi}{\epsilon_0} \cdot e^2 \cdot \int\limits_{r_n\,=\,0}^{\infty} \int\limits_{r_e\,=\,0}^{r_n} \left(\frac{1}{r_n} - \frac{1}{r_e}\right) \overline{\rho_e(r_e)} \cdot r_e^2 dr_e \cdot \overline{\rho_n(r_n)} \cdot r_n^2 dr_n -$$

$$-\frac{4\pi}{\epsilon_0} \cdot e^2 \int\limits_{r_n\,=\,0}^{\infty} \int\limits_{r_e\,=\,0}^{\infty} \frac{\overline{\rho_e(r_e)}}{r_e} \cdot r_e^2 dr_e \cdot \overline{\rho_n(r_n)} \cdot r_n^2 \cdot dr_n.$$

(582)

Der zweite Term hat eine einfache physikalische Bedeutung. Wir wollen ihn mit W_0 bezeichnen und noch etwas umformen:

$$W_0 = -\frac{e^2}{4\pi\,\epsilon_0} \cdot \int \int \frac{\overline{\rho_e(r_e)}}{r_e} d\tau_e \cdot \overline{\rho_n(r_n)} \cdot d\tau_n$$

(583)

$$= -\frac{Z\,e^2}{4\pi\,\epsilon_0} \cdot \int \frac{\overline{\rho_e(r_e)}}{r_e} d\tau_e.$$

Man erkennt jetzt, daß es sich genau um die Coulomb-Energie des punktförmigen Kerns handelt.

Wir nennen:

(584) $W_e - W_0 = \delta$

die Energie-Verschiebung, die durch die endliche Ausdehnung der Kernladungsverteilung hervorgerufen wird.

Zur weiteren Berechnung von δ ist zu beachten, daß $\overline{\rho_n(r_n)}$ für $r_n > R$ verschwindet. Man erhält deshalb nur Beiträge zum Integral über r_e für $r_e < R$.

Wegen der geringen Ausdehnung des Kerns im Vergleich zu der Ausdehnung der Elektronenhülle kann man nun näherungsweise setzen:

$$\overline{\rho_e(r_e)} = \overline{\rho_e(r_e = 0)} = \left|\,\psi_e(0)\,\right|^2.$$

Wir führen nun die Integration über r_e aus und erhalten:

(585) $\displaystyle\delta = -\frac{4\pi\,e^2}{\epsilon_0} \cdot \left|\,\psi_e(0)\,\right|^2 \cdot \int \left(\frac{r_n^4}{3} - \frac{r_n^4}{2}\right) \cdot \overline{\rho_n(r_n)} \cdot dr_n$

(586) $$= + \frac{e^2}{6\epsilon_0} \cdot \left| \psi_e(0) \right|^2 \cdot \int r_n^2 \cdot \overline{\rho_n(r_n)} \cdot d\tau_n.$$

Oder unter Einführung des mittleren quadratischen Ladungsradius $\langle r_n^2 \rangle$:

(587) $$Z \cdot \langle r_n^2 \rangle = \int r_n^2 \cdot \overline{\rho_n(r_n)} \cdot d\tau_n$$

kann man schreiben:

(588) $$\delta = + \frac{e^2}{6\epsilon_0} \cdot Z \cdot \left| \psi_e(0) \right|^2 \cdot \langle r_n^2 \rangle.$$

Wenn nun der mittlere quadratische Ladungsradius des Grundzustands des Kerns vom angeregten Zustand des Kerns verschieden ist, ergibt sich eine Verschiebung der Gamma-Energie von:

(590) $$\Delta E_\gamma = \delta_{exc} - \delta_{gr} = \frac{e^2}{6\epsilon_0} \cdot Z \cdot \left| \psi_e(0) \right|^2 \cdot \left\{ \langle r_n^2 \rangle_{exc} - \langle r_n^2 \rangle_{gr} \right\}.$$

Diese Verschiebung der Gamma-Energie gegenüber der Gamma-Energie eines punktförmigen Kerns (s. Figur 263) läßt sich natürlich nicht direkt beobachten, da man die endliche Ausdehnung des Kerns nicht abschalten kann.

Man kann jedoch bei einem Mößbauer-Experiment verschiedene chemische Einbettungen für Quelle und Absorber verwenden, so daß $\left| \psi_e(0) \right|^2$ für Quelle und Absorber verschieden sind. Dann tritt eine meßbare Verschiebung

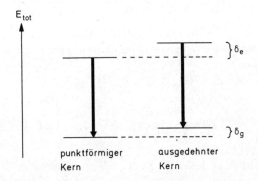

Figur 263:

Schematische Darstellung der Änderung der Energie eines Gamma-Übergangs in einem punktförmigen Kern gegenüber der Energie des gleichen Übergangs in einem ausgedehnten Kern.

zwischen Emissionslinie und Absorptionslinie ein. Die Größe dieser Verschiebung beträgt:

$$\Delta = \Delta E_\gamma(\text{abs}) - \Delta E_\gamma(\text{quelle})$$

oder:

$$\Delta = \frac{e^2}{6\epsilon_0} \cdot Z \cdot \{ \mid \psi_{\text{abs}}(0) \mid^2 - \mid \psi_{\text{quelle}}(0) \mid^2 \} \cdot \{ \langle r_n^2 \rangle_{\text{exc}} - \langle r_n^2 \rangle_{\text{gr}} \}.$$

(591)

Mit Hilfe eines Mößbauer-Experiments läßt sich die Energieverschiebung Δ direkt messen. Wenn es gelingt, den Unterschied in der Elektronendichte am Kernort für Quelle und Absorber zu berechnen, dann kann man aus dieser Messung direkt die Änderung des mittleren quadratischen Ladungsradius zwischen angeregtem Zustand und Grundzustand des Kerns ableiten.

Viele Messungen dieser Art sind in den letzten Jahren durchgeführt worden.

Als Beispiel sei eine Messung am $2^+ \rightarrow 0^+$-Rotationsübergang des stark deformierten gg-Kerns ^{152}Sm beschrieben, die von Yeboah-Amankwah et al. durchgeführt wurde. Die Messung wurde unter Kühlung von Quelle und Absorber mit flüssigem Helium in einer Apparatur durchgeführt, deren Aufbau etwa der in Figur 168 dargestellten entspricht. Bei der Herstellung der Quelle wurde das radioaktive Isotop ^{152}Eu in CaF_2 eingebaut. Das eingebaute Europium ersetzt im Kristall ein Calcium-Ion und ist in dieser Verbindung zwei-wertig. Als Absorber wurde Sm_2O_3 verwendet. Hier ist das Samarium drei-wertig.

Das Mößbauer-Spektrum ist in Figur 264 dargestellt. Es zeigt eindeutig eine Isomerie-Verschiebung. Das Maximum der Absorption tritt auf, wenn die Quelle auf den Absorber zubewegt wird, mit einer Geschwindigkeit von:

$$v = 0{,}18 \pm 0{,}012 \text{ cm/sec}.$$

Da die Energie des $2^+ \rightarrow 0^+$-Übergangs 122 keV beträgt, liefert diese Geschwindigkeit eine Doppler-Verschiebung der emittierten Strahlung von:

$$\Delta = E_\gamma \cdot \frac{v}{c}$$

$$= 122000 \cdot \frac{0{,}18}{3 \cdot 10^{10}} \text{ eV} = (7{,}3 \pm 0{,}5) \cdot 10^{-7} \text{ eV}.$$

Diese Größe Δ ist damit gleich der Isomerie-Verschiebung.

Die Ableitung der Änderung der mittleren quadratischen Ladungsdichte $\Delta \langle r_n^2 \rangle$ aus diesem Wert setzt die Berechnung von $\Delta \mid \psi_e(0) \mid^2$ voraus.

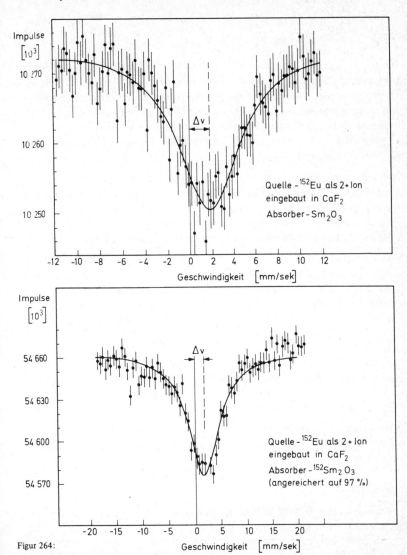

Figur 264:

Meßresultate für die Isomerie-Verschiebung des $(2+ \Rightarrow 0+)$-Rotationsübergangs im ^{152}Sm. Diese Figur ist der Arbeit von Yeboah-Amankwah, Grodzins und Frankel, Phys.Rev.Letters 18, 791 (1967), entnommen.

Die Ursache für eine unterschiedliche Elektronendichte am Kernort in Sm^{2+} und Sm^{3+} versteht man aus den verschiedenen Elektronen-Konfigurationen. Diese sind für Sm^{2+}:

$$K, L, M, (4f)^6, (5s)^2, (5p)^6$$

12*

und für Sm^{3+}:

$$K, L, M, (4f)^5, (5s)^2, (5p)^6.$$

Die Elektronendichte am Kernort wird im wesentlichen von den s-Elektronen beigetragen. Die s-Elektronen innerer Schalen werden durch chemische Effekte nicht beeinflußt. Der Haupteffekt dürfte von den $5s$-Elektronen herrühren. Durch die unterschiedliche Besetzung der $4f$-Schale, einmal mit sechs Elektronen und einmal mit fünf Elektronen, bewegen sie sich in einem mehr oder weniger stark abgeschirmten Feld, und dadurch wird ihre Amplitude am Kernort verschieden.

Man kann einmal versuchen, diesen Effekt durch Berechnung der $5s$-Elektronenwellenfunktionen mit Hilfe des Hartree-Fock-Verfahrens theoretisch zu bestimmen. Zusätzlich ist die empirische Bestimmung von $\Delta \left|\psi_e(0)\right|^2$ aus optischen Messungen der Isotopie-Verschiebung möglich. Hierbei handelt es sich um folgenden der Isomerie-Verschiebung ähnlichen Effekt:

Man beobachtet, daß die Linien optischer Spektren bei verschiedenen Isotopen des gleichen Elements etwas verschoben sind. Bei schweren Elementen kann dieser Effekt nicht durch die etwas verschiedenen reduzierten Massen erklärt werden, denn dazu ist die Verschiebung zu groß. Die richtige Erklärung liegt darin, daß die schweren Isotope einen größeren Kernradius:

$$R = R_0 A^{1/3}$$

und damit eine ausgedehntere Ladungsverteilung haben. Die optischen Isotopie-Verschiebungsmessungen wurden jedoch an freien Atomen durchgeführt, während die Mößbauer-Experimente feste Quellen verwenden. Dies vermindert die Zuverlässigkeit der Methode.

Die folgende Tabelle für die Elektronendichte-Differenzen zwischen 3^+ Ionen und 2^+ Ionen der Seltenen Erden in Kristallen ist einer Arbeit von Henning[*] entnommen:

Tabelle 16

Elektronendichte-Differenzen am Kernort von 3^+ Ionen und 2^+ Ionen der Seltenen Erden in Kristallen.

Element	Sm	Eu	Gd	Yb
$\left.\left\| \psi_e(0) \right\|^2\right\|_{3+} - \left.\left\| \psi_e(0) \right\|^2\right\|_{2+}$ $[10^{+26}\ cm^{-3}]$	$+3,4_5$	$+3,5_5$	$+3,7_6$	$+4,7_7$

In dieser Arbeit wird eine ausführliche Begründung dieser Werte gegeben.

[*]Henning, Zeitschrift für Physik 217, 438 (1968).

Setzen wir den Wert für Samarium in die Formel für die Isomerie-Verschiebung:

$$\Delta = \frac{e^2}{6\epsilon_0} \cdot Z \cdot \{ \mid \psi(0) \mid^2_{3+} - \mid \psi(0) \mid^2_{2+} \} \cdot \{ \langle r_n^2 \rangle_{exc} - \langle r_n^2 \rangle_{gr} \}$$

(592)

ein, so läßt sich die Änderung des mittleren quadratischen Ladungsradius errechnen:

$$\langle r^2 \rangle_{exc} - \langle r^2 \rangle_{gr} = + \frac{6\epsilon_0 \cdot \Delta}{Z e^2 \cdot \{ \mid \psi(0) \mid^2_{3+} - \mid \psi(0) \mid^2_{2+} \}}$$

$$= \frac{6 \cdot 8{,}86 \cdot 10^{-14} \cdot 7{,}3 \cdot 10^{-7}}{62 \cdot 1{,}6 \cdot 10^{-19} \cdot 3{,}4 \cdot 10^{26}} \frac{\text{As V cm}^3}{\text{V cm As}}$$

$$= 1{,}15 \cdot 10^{-28} \text{ cm}^2 = 1{,}15 \cdot 10^{-2} \text{ fm}^2$$

Anschaulicher ist die relative Änderung des mittleren quadratischen Radius: $\Delta \langle r^2 \rangle / \langle r^2 \rangle$. Für eine homogen geladene Kugel vom Radius:

$$R = R_0 \cdot A^{1/3}$$

gilt:

(593)
$$\langle r^2 \rangle = \frac{\int\limits_0^R r^2 \cdot 4\pi \, r^2 dr}{\int\limits_0^R 4\pi \, r^2 dr} = \frac{4\pi R^5}{5} \cdot \frac{3}{4\pi \, R^3} = \frac{3}{5} \, R^2.$$

Die Berechnung für ^{152}Sm ergibt:

$$\langle r^2 \rangle = \frac{3}{5} \cdot 1{,}48^2 \cdot 10^{-26} \cdot 152^{2/3} \text{ cm}^2 = 37{,}5 \cdot 10^{-26} \text{ cm}^2.$$

Damit erhält man für die relative Änderung des mittleren quadratischen Ladungsradius:

$$\frac{\Delta \langle r^2 \rangle}{\langle r^2 \rangle} = \frac{1{,}15 \cdot 10^{-28}}{37{,}5 \cdot 10^{-26}} = 3 \cdot 10^{-4}.$$

Das positive Vorzeichen bedeutet, daß $\langle r^2 \rangle$ im 2+ Rotationsniveau größer als im Grundzustand ist, genauso wie aufgrund der Zentrifugalstreckung der Atomkerne erwartet.

Der quantitative Vergleich mit dem von Greiner, Fässler und Sheline entwickelten Modell zeigt jedoch, daß die Vergrößerung des mittleren quadratischen Ladungsradius viel größer sein sollte.

In Figur 265 ist dieser Vergleich für fünf verschiedene gg-Kerne durchgeführt,
für die entsprechende Messungen der Isomerie-Verschiebung vorliegen. Die
Figur ist der zitierten Arbeit von Henning entnommen. Es ist bemerkenswert,
daß der Trend zwar richtig wiedergegeben wird, die absoluten Radiusände-
rungen sind jedoch um etwa eine Zehner-Potenz zu klein.

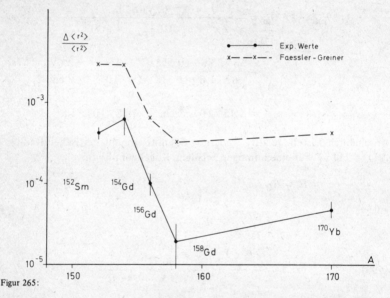

Figur 265:

Vergleich experimenteller Werte für die Änderung des mittleren quadratischen Ladungsradius bei der
Rotation für fünf verschiedene gg-Kerne mit den Werten, die man im Fässler-Greiner Modell aufgrund der
Zentrifugalstreckung erwartet. Diese Figur ist der Arbeit von Henning, Z.f.Physik, 217 (1968), entnommen.

Die bisherigen Ergebnisse für Isomerie-Verschiebungen an $2+ \rightarrow 0+$
Übergängen stark deformierter gg-Kerne scheinen darauf hinzudeuten,
daß das phänomenologische Modell von Greiner, Fässler und Sheline
trotz der überzeugend guten Wiedergabe der Anregungsenergien der
Rotationsbanden nicht die wirkliche Ursache der Änderung des
Trägheitsmoments erfaßt.

Andererseits ist zu beachten, daß die Ableitung der $\Delta \langle r^2 \rangle$-Werte
aus gemessenen Isomerie-Verschiebungen nach wie vor erhebliche
Unsicherheiten enthält. Sie werden durch die schlechte Kenntnis

der Änderungen der Elektronendichte am Kernort in den bei den
Mößbauer-Experimenten verwendeten Materialien verursacht.

Aus diesem Grund war es von großer Bedeutung, daß man beim
Studium der charakteristischen Röntgenstrahlung μ-mesonischer
Atome einen anderen unabhängigen Weg zur Messung der gleichen
Größe fand:

(90) **Untersuchung der Änderung der Kernladungsverteilung bei der
Rotation durch Messung der 2+ → 0+ Gamma-Übergänge in
μ-mesonischen Atomen**

Lit.: Bernow, Devons, Duerdoth, Hitlin, Kast, Makagno, Rainwater, Runge,
and Wu, Phys.Rev.Letters 18, 787 (1967)
Bernow, Devons, Duerdoth, Hitlin, Kast, Lee, Makagno, Rainwater,
and Wu, Phys.Rev.Letters 21, 457 (1968)
Backe, Backenstoss, Daniel, Engfer, Kankeleit, Poelz, Schmidt, Tauscher,
and Wien, in Matthias and Shirley: Hyperfine Structure and
Nuclear Radiations, North Holland Publ.Comp., Amsterdam
1968, S. 65

Wir haben oben gesehen, daß negative μ-Mesonen sich wie schwere Elektronen
verhalten. Nach dem Abbremsen in einem Target werden sie vom Coulomb-
Feld eines Atomkerns eingefangen und bewegen sich dort auf wasserstoff-
ähnlichen Bahnen. Da μ-Mesonen von Elektronen verschiedene Teilchen sind,
gilt für sie kein Pauli-Verbot für Übergänge auf bereits von Elektronen be-
setzte Zustände. Die μ-Mesonen-Übergänge führen deshalb herunter bis zum
1s-Zustand.

Im Vergleich zum Radius der Elektronenbahnen ist der Bohrsche Radius der
μ-Mesonen sehr viel kleiner. Bekanntlich hat der Bohrsche Radius die Größe:

$$a_{Bohr} = \frac{\epsilon_0 \cdot h^2}{\pi \, e^2 \cdot m}.$$

Für Elektronen ergibt sich:

$$a_{e^-} = 0,5284 \cdot 10^{-8} \text{ cm}.$$

Da die μ⁻-Mesonen eine Masse von:

$$m_{\mu^-} = 206,8 \, m_e$$

haben, folgt für den Bohrschen Radius des μ-Mesons ein um diesen Faktor kleinerer Wert:

$$a_{\mu^-} = 2{,}55 \cdot 10^{-11}\ \text{cm}.$$

Die Bahnen der μ-Mesonen in Atomen verlaufen also in unmittelbarer Nähe der Kerne. Die Berechnung der Wellenfunktion ist damit recht einfach, denn man kann die Abschirmung des Coulombfeldes des Kerns durch die Elektronenhülle vernachlässigen und das volle Feld des Z-fach positiv geladenen Kerns einsetzen.

Die Terme des μ-mesonischen Atoms entsprechen deshalb recht gut* den Wasserstoff-Termen mit den Energie-Eigenwerten:

(594) $$E_n = - h \cdot c \cdot R_y \cdot \frac{1}{n^2}\ .$$

Nur ist die Rydberg-Konstante:

(595) $$R_y = \frac{m\, e^4 \cdot Z^2}{8\, \epsilon_0^2\, h^3 c}$$

sehr viel größer wegen der größeren Masse und des größeren Z. Die Übergangsenergien liegen im Gebiet harter Röntgenstrahlung, und es gelang, diese Röntgenspektren mit Ge(Li)-Detektoren auszumessen.

Es besteht nun bei den μ-mesonischen Röntgenübergängen eine endliche Wahrscheinlichkeit dafür, daß die Anregungsenergie auf den Kern übertragen wird und z.B. bei einem stark deformierten gg-Kern das 2+ Rotationsniveau angeregt wird.

Die μ-mesonischen Übergänge auf den Grundzustand (1s-Zustand) erfolgen rasch gegenüber der Lebensdauer des 2+ Rotationszustands von ca. 2 ns. Der Grundzustand des μ-mesonischen Atoms hat dagegen eine Lebensdauer größer als 10^{-7} Sekunden, da das μ-Meson nur durch Schwache Wechselwirkung zerfallen kann.

Man hat deshalb beim Kernübergang vom 2+ Rotationsniveau in den Grundzustand nach μ-mesonischer Anregung eine Isomerie-Verschiebung gegenüber der entsprechenden Gamma-Strahlung beim radioaktiven Isotop zu erwarten, denn bei den μ-mesonischen Atomen tritt die Coulomb-Wechselwirkung mit dem μ-Meson hinzu. Die Größe dieser Isomerie-Verschiebung beträgt entsprechend der im Experiment ⑧⑧ hergeleiteten Formel:

---

*Bei einer genaueren Berechnung der Eigenfunktionen und Eigenwerte ist an Stelle des Coulomb-Feldes einer Punktladung das Coulomb-Feld des ausgedehnten Kerns zu verwenden.

(596)
$$\Delta = \frac{e^2}{6\epsilon_0} \cdot Z \cdot \left\{ \left| \psi_\mu(0) \right|^2_{(1s)} \right\} \cdot \left\{ \langle r_n^2 \rangle_{exc} - \langle r_n^2 \rangle_{gr} \right\}.$$

Wegen der kleinen Bohrschen Radien der μ-Mesonen wird $\left| \psi_\mu(0) \right|^2_{(1s)}$ sehr groß. Die Folge davon ist, daß die Isomerie-Verschiebung der Gamma-Strahlung so groß ist, daß sie sich direkt mit Hilfe eines Ge(Li)-Detektors ausmessen läßt.

Das erste erfolgreiche Experiment gelang Bernow et al. am μ-Mesonenstrahl des 164″ (Poldurchmesser) Synchro-Zyklotrons der Columbia-Universität.

Die experimentelle Anordnung ist denkbar einfach. Die μ⁻-Mesonen, die im Innern des Zyklotrons durch Auftreffen eines hoch-energetischen Protonen-strahls auf ein Target erzeugt werden, werden zunächst wegen ihrer negativen Ladung im Streumagnetfeld des Zyklotrons nach außen abgelenkt und dann in einem magnetisch abgeschirmten Kanal durch die Abschirmmauer des Zyklotrons in die Targethalle geführt (s. Figur 266). Ein Ablenkmagnet eliminiert einen Teil unerwünschter anderer Teilchen und sorgt außerdem dafür, daß nur μ⁻-Mesonen von einheitlichem Impuls zum Target gelangen kön-

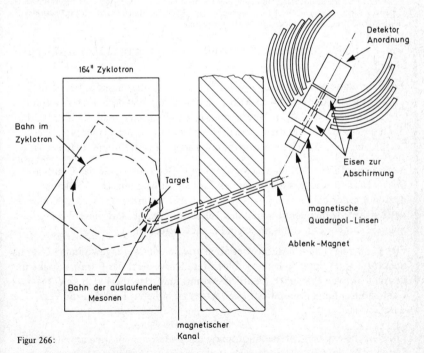

Figur 266:

Aufbau des μ-Mesonenstrahls am Synchro-Zyklotron der Columbia-Universität. Die Figur ist der Arbeit von Bardin et al., Phys.Rev. 160, 1043 (1967), entnommen.

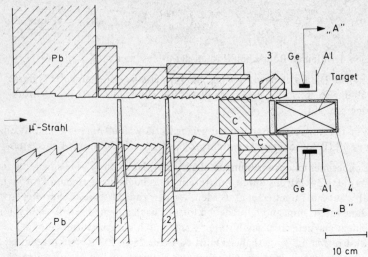

Figur 267:

Targetanordnung zur Beobachtung von Kern-Gamma-Strahlung μ-mesonischer Atome. Die Figur ist der Arbeit von Backe et al. in dem Buch Matthias und Shirley, „Hyperfine Structure and Nuclear Radiations", North Holland Publ.Comp., Amsterdam 1968, entnommen.

nen. Ein typischer experimenteller Aufbau am Target ist in Figur 267 dargestellt*.

Die Szintillationszähler 1, 2, 3 und 4 bilden ein Zählerteleskop, bei dem 1, 2 und 3 in Koinzidenz und 4 in Anti-Koinzidenz geschaltet sind. Der Graphitblock C verlangsamt die μ-Mesonen und ist so bemessen, daß die im Strahl noch enthaltenen π-Mesonen praktisch vollständig absorbiert werden. Der Anti-Koinzidenz-Detektor 4 umgibt das Target in Gestalt einer offenen Dose.

Seitlich am Target befinden sich zwei Ge(Li)-Detektoren, die das Gamma-Spektrum und Röntgenspektrum des Targets beobachten. Der Vielkanalanalysator, der das Ge(Li)-Spektrum aufnimmt, ist mit dem (1, 2, 3 Koinzidenz, 4 Anti-Koinzidenz)-Signal des Teleskops gegatet. Auf diese Weise gelingt es, den Untergrund hinreichend zu unterdrücken.

Figur 268 zeigt das von Bernow et al. in etwa dieser Weise gewonnene Gamma-Spektrum eines Sm_2O_3-Targets. Die untere Kurve zeigt das Gamma-Spektrum des radioaktiven Präparats. Deutlich erkennt man, daß die 121,8 keV 2+ → 0+ Gamma-Strahlung im μ-mesonischen Atom zu höheren Energien hin verschoben ist.

*Dies ist die experimentelle Anordnung der μ-Mesonen-Gruppe am 600 MeV Synchro-Zyklotron in Cern (Backe et al.); ein ganz ähnlicher Aufbau wurde von Bernow verwendet.

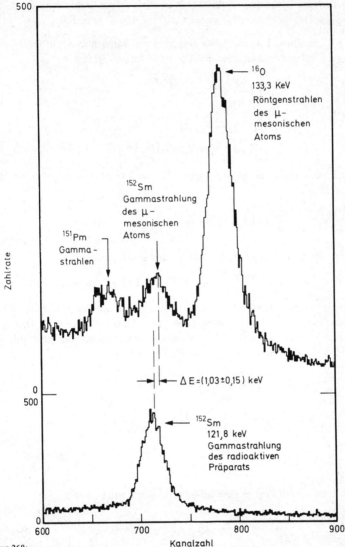

Figur 268:

Beobachtung der Isomerie-Verschiebung der 121,8 keV Gamma-Strahlung des ^{152}Sm in μ-mesonischen Atomen. Diese Figur ist der Arbeit von Bernow et al., Phys.Rev.Letters 18, Seite 787 (1967), entnommen.

Die Analyse ergab für diese Verschiebung den Wert:

$$\Delta = (1,03 \pm 0,15)\ \text{keV}.$$

Um daraus die Änderung des mittleren quadratischen Ladungsradius $\langle r^2 \rangle_{exc} - \langle r^2 \rangle_{gr}$ abzuleiten, müssen wir $\left| \psi_\mu(0) \right|^2$ berechnen.

Die 1s-Wellenfunktion eines μ-Mesons in einem Samarium-Atom lautet unter der vereinfachenden Annahme eines punktförmigen Kerns:

$$(597) \qquad \psi_{1s} = \left(\frac{Z^3}{\pi a_\mu^3} \right)^{1/2} \cdot e^{-\frac{Z}{a_\mu} r}$$

mit:

$$Z = 62 \quad \text{und} \quad a_\mu = 2{,}55 \cdot 10^{-11} \text{ cm}.$$

Man erkennt, daß ψ auf ein e-tel seines Maximalwertes schon bei einem Radius von:

$$\frac{a_\mu}{Z} = 4{,}1 \cdot 10^{-13} \text{ cm}$$

abklingt. Dies ist weniger als der Radius des Samariumkerns:

$$R = R_0 \cdot A^{1/3} = 1{,}48 \cdot 10^{-13} \cdot 152^{1/3} \text{ cm} = 7{,}9 \cdot 10^{-13} \text{ cm}.$$

Der Ansatz einer punktförmigen Kernladungsverteilung führt deshalb auf sehr ungenaue Wellenfunktionen. Wesentlich besser ist der Ansatz einer homogen geladenen Kugel vom Radius R. μ-Mesonen im Coulomb-Feld einer solchen Ladungsverteilung hätten die potentielle Energie:

$$(598) \qquad V(r) = \frac{Z e^2}{8\pi \, \epsilon_0 R^3} \cdot (r^2 - 3R^2) \qquad\qquad \text{für } r \leqslant R$$

und:

$$(599) \qquad V(r) = -\frac{Z e^2}{4\pi \, \epsilon_0 \, r} \qquad\qquad \text{für } r \geqslant R.*$$

Wir wollen hier auf eine exakte Integration der Radial-Gleichung:

$$(600) \qquad \frac{d^2 u}{dr^2} + \frac{2m_\mu}{\hbar^2} \cdot (E - V(r)) \cdot u = 0$$

---

*Man erhält dieses Potential durch Integration der Poisson-Gleichung für das elektrische Potential $U(r)$:

$$\Delta U(r) = -\frac{\rho}{\epsilon_0}, \quad \text{mit } \rho = \frac{Z e}{\frac{4}{3} \pi R^3}.$$

für dieses Potential verzichten und uns statt dessen mit der folgenden einfachen Näherung begnügen:

Wir müssen beachten, daß wegen der kräftigen Variation von $\psi_\mu(r)$ innerhalb des Kernvolumens nicht mehr $\psi_\mu(0)$ in die Gleichung für Δ eingesetzt werden darf, sondern es ist ein geeigneter Mittelwert von $\psi_\mu(r)$ zu verwenden. Da die Ausdehnung der μ^- Wellenfunktion sich etwa mit der Ausdehnung des Kerns deckt, setzen wir als einfachste Näherung für die μ^--Dichte:

$$(601) \qquad \overline{\left| \psi_{\mu^-}(r) \right|^2} \approx \frac{1}{\frac{4}{3}\pi R^3} = \frac{3}{4\pi R_0^3 \cdot A}$$

oder nach Einsetzen der Zahlenwerte:

$$\overline{\left| \psi_{\mu^-}(r) \right|^2} \approx \frac{3}{4\pi \cdot 1{,}48^3 \cdot 10^{-39} \cdot 152} \text{ cm}^{-3} = 4{,}84 \cdot 10^{+35} \text{ cm}^{-3}.$$

Damit erhalten wir für die Änderung des mittleren quadratischen Ladungsradius:

$$\langle r^2 \rangle_{\text{exc}} - \langle r^2 \rangle_{\text{gr}} = \frac{6\,\epsilon_0\,\Delta}{e^2 \cdot Z \cdot \overline{\left| \psi_{\mu^-}(r) \right|^2}}$$

$$= \frac{6 \cdot 8{,}86 \cdot 10^{-14} \cdot 1{,}03 \cdot 10^3}{1{,}6 \cdot 10^{-19} \cdot 62 \cdot 4{,}9 \cdot 10^{35}} \frac{\text{As V cm}^3}{\text{V cm As}}$$

$$= 1{,}14 \cdot 10^{-28} \text{ cm}^2 = 1{,}14 \cdot 10^{-2} \text{ fm}^2,$$

oder für die relative Vergrößerung des mittleren quadratischen Ladungsradius, wenn man wieder für $\langle r^2 \rangle$ den Wert $37{,}5 \times 10^{-26}$ cm einsetzt:

$$\frac{\Delta \langle r^2 \rangle}{\langle r^2 \rangle} = \frac{1{,}1 \cdot 10^{-28}}{37{,}5 \cdot 10^{-26}} = 3 \cdot 10^{-4}.$$

Die genauere Auswertung durch Bernow et al. lieferte den Wert:

$$\frac{\Delta \langle r^2 \rangle}{\langle r^2 \rangle} = +\,(5{,}8 \pm 0{,}7) \cdot 10^{-4}.$$

Es ist befriedigend zu sehen, daß dieser Wert in der gleichen Größenordnung liegt, wie der Wert, der aus Mößbauer-Isomerie-Verschiebungen abgeleitet wurde.

Inzwischen sind nach dieser Methode zahlreiche Messungen durchgeführt worden. In Figur 269 ist ein Vergleich zwischen weiteren Messungen der

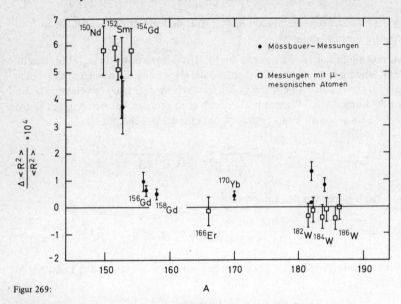

Figur 269:

Vergleich weiterer Messungen der Columbia-Gruppe mit den Mößbauer-Resultaten. Diese Figur ist der Arbeit von Bernow et al., Phys.Rev.Letters 21, 457 (1968), entnommen.

Columbia-Gruppe mit den Mößbauer-Resultaten durchgeführt. Die Übereinstimmung ist nur mäßig und zeigt, wie schwierig es immer noch ist, die systematischen Fehler niedrig zu halten. Zusätzliche Messungen wurden von der Darmstädter Gruppe in Cern durchgeführt. Sie bestätigen das von der Columbia-Gruppe gefundene negative Vorzeichen von $\Delta \langle r^2 \rangle / r^2$ bei den Wolfram-Isotopen und ergeben noch etwas größere negative Werte für die Osmium Isotope ^{188}Os, ^{190}Os und ^{192}Os.

Man muß aus den nun vorliegenden Messungen den Schluß ziehen, daß das Zunehmen des Trägheitsmoments nicht so einfach zu erklären ist, wie es im Vibrations-Rotations Modell von Greiner, Fässler und Sheline geschieht. Heute liegen erste Ansätze einer „mikroskopischen" Theorie* vor, die die Änderung der Trägheitsmomente ebenfalls erklären kann, ohne jedoch mit den $\Delta \langle r^2 \rangle / \langle r^2 \rangle$-Daten in Widerspruch zu stehen.

---

* Meyer und Speth, Nucl. Phys. A 203, 17 (1973).
Im Gegensatz zu den „phänomenologischen" Kerntheorien meint man mit „mikroskopischen" Theorien alle solche Berechnungen, die von den Einzelteilchen-Wellenfunktionen und -Wechselwirkungen ausgehen.

Es wurde auch schon einmal der Verdacht geäußert, daß die negativen Werte von $\Delta \langle r^2 \rangle / \langle r^2 \rangle$ bei den Osmium-Isotopen und eventuell bei den Wolfram-Isotopen ihre Ursache darin haben könnten, daß diese Kerne nicht zigarrenförmig deformiert sind, sondern abgeplattete Rotations-Ellipsoide darstellen. Jedoch dürfte dieser Verdacht keiner ernsthaften Prüfung standhalten.

Die entwickelte Vorstellung der kollektiven Rotation stark deformierter gg-Kerne läßt sich in besonders eleganter Weise dadurch prüfen, daß man die statischen magnetischen Momente der Rotationszustände systematisch ausmißt und mit der theoretischen Vorhersage vergleicht:

⑨⑴ Systematik der g_R-Faktoren der stark deformierten gg-Kerne im Gebiet $150 \leqslant A \leqslant 190$

Lit.: Grodzins, Ann.Rev.Nucl.Sc. 18, 291 (1968)
Bodenstedt, Fortschritte der Physik 10, 321 (1962)

Wir hatten bereits in den Experimenten ⑥⑵ und ⑺⑴ beschrieben, wie die g-Faktoren angeregter Kernzustände mit Lebensdauern im ns-Gebiet experimentell bestimmt werden können. Ausführlich hatten wir dort die Methode der Beobachtung magnetischer Hyperfeinstruktur-Aufspaltung mit Hilfe des Mößbauer-Effekts und mit Hilfe der gestörten Gamma-Gamma-Richtungskorrelationen beschrieben.

Experimente dieser Art sind nicht einfach, und sehr leicht werden die Meßergebnisse durch systematische Fehler beeinträchtigt. Dies erklärt, warum seit der ersten Messung eines g_R-Faktors über ein Jahrzehnt verstrichen ist, bis eine halbwegs zuverlässige Systematik über die g_R-Faktoren der gg-Kerne im Gebiet:

$$150 \leqslant A \leqslant 190$$

vorlag. Bis heute gibt es noch keine Messungen von g_R-Faktoren im deformierten Gebiet mit $A \geqslant 220$.[*] Der Grund liegt darin, daß dort einmal die Lebensdauer der 2+ Rotationsniveaus sehr kurz ist und andererseits die 2+ → 0+ Übergänge sehr stark konvertiert sind. In Figur 270 ist eine Zusam-

[*]Während der Drucklegung wurde eine Messung des g_R-Faktors des Isotops ^{224}Ra veröffentlicht (Herzog, Krien und Freitag, Z.f.Physik 260, 57 (1973)).

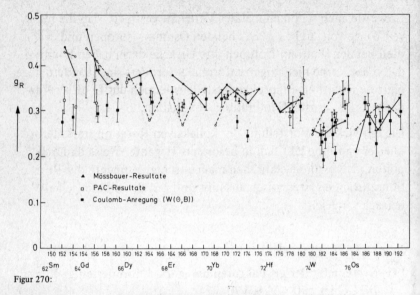

Figur 270:

Zusammenstellung der in den letzten Jahren erzielten Resultate für g_R-Faktoren der stark deformierten gg-Kerne im Gebiet $150 \leqslant A \leqslant 190$. Diese Figur ist dem Artikel von Grodzins, Ann.Rev.Nucl.Sc. 18, 291 (1968), entnommen. In der gleichen Figur sind die von Nilsson und Prior berechneten Werte unter Verwendung von zwei verschiedenen Parametersätzen für G_P und G_N eingetragen.

menstellung der in den letzten Jahren erzielten Resultate gegeben. Sie ist dem oben zitierten Übersichtsartikel von Grodzins entnommen.

Die in dieser Figur eingetragenen Daten enthalten neben Mößbauer- und PAC-Messungen auch einige Werte, die durch Beobachtung der Drehung der Gamma-Winkelverteilung nach Coulomb-Anregung in einem äußeren Magnetfeld erhalten wurden. Man hat Experimente dieser Art zunächst mit dem Protonenstrahl von **Van-de-Graaf-Generatoren** durchgeführt. Es zeigte sich jedoch, daß gerade diese Methode besonders anfällig für systematische Fehler war. Heute ist dieses Verfahren wieder ganz aktuell geworden, seit man die Coulomb-Anregung mit ^{16}O-Ionen durchführt. Insbesondere ergibt sich die Möglichkeit, bei der Rückstoß-Implantation der angeregten Kerne in ein Gas durch die dauernden gaskinetischen Zusammenstöße des schnell fliegenden Ions die paramagnetische Korrektur auszuschließen. Die hohe Geschwindigkeit entspricht nämlich einer Temperatur, bei der der Paramagnetismus vernachlässigbar klein wird. Experimente dieser Art wurden kürzlich am Weizmann Institut durchgeführt*. Man kann bei diesen Experimenten auch die relative Stärke der Abschwächung der γ-Anisotropie durch die statistisch schwankende magnetische Hyperfeinstruktur-Wechselwirkung bei verschiedenen Isotropen des gleichen Elements ausnutzen, um die Veränderung des

---

*Gilad, Goldring, Herber, and Kalish, Nucl.Phys. A 91, 85 (1967).

g_R-Faktors mit der Neutronenzahl zu untersuchen. Sehr genaue Ergebnisse wurden von Ben-Zvi et al.* erzielt.

Die Systematik der g_R-Faktoren zeigt, daß alle beobachteten Werte recht dicht um 0,3 herumstreuen.

Die dargestellten Werte sind g_R-Faktoren von 2+ Rotationsniveaus. Bis heute sind nur in zwei Fällen g_R-Faktoren von 4+ Zuständen bestimmt worden. In beiden Fällen wurde die PAC-Methode angewendet. Die Ergebnisse dieser Messungen** sind:

$$g_R\,(4+,\ ^{180}\mathrm{Hf}) = +\,0,5 \pm 0,1$$

und

$$g_R\,(4+,\ ^{166}\mathrm{Er}) = +\,0,266 \pm 0,024.$$

Sie stimmen innerhalb der Meßfehlergrenzen mit den 2+ g_R-Faktoren überein.***

Die Modellvorstellung, daß die Nukleonen der Rotation des deformierten Potentials adiabatisch folgen, ohne daß sich die innere Struktur ändert, führt zu folgendem Ausdruck für den g_R-Faktor:

$$(602) \qquad g_R = \frac{\theta_P}{\theta}.$$

θ_P ist der Beitrag der Protonen zum Gesamtträgheitsmoment θ des Kerns. Wir haben diese Formel bereits oben (s. Gleichung 378) abgeleitet. Die Annahme einer gleichmäßigen Verteilung der Protonen und der Neutronen im Innern des Kerns führt damit zu:

$$g_R = \frac{Z}{A} \approx 0,4 \qquad \text{im Gebiet } 150 \leqslant A \leqslant 190.$$

---

* Ben-Zvi, Gilad, Goldberg, Goldring, Speidel, and Sprinzak, Nucl.Phys. A 151, 401 (1970).

**Bodenstedt, Körner, Gerdau, Radeloff, Günther und Strube, Z.f.Physik 165, 57 (1961).
Gerdau, Krull, Mayer, Braunsfurth, Heisenberg, Steiner und Bodenstedt, Z.f.Physik 174, 389 (1963).

***Im Zeitraum bis zur Drucklegung wurden mehrere weitere g_R-Faktoren von 4+ Zuständen bestimmt.

Es ist zunächst einmal befriedigend zu sehen, daß die beobachteten
g_R-Faktoren in der Nähe dieses Wertes liegen. Mit Sicherheit kann
man jedoch sagen, daß systematisch die g_R-Faktoren etwas niedriger
liegen als Z/A.

Nun hatten wir bei der Diskussion der Trägheitsmomente gesehen,
daß die Annahme einer starren Mitbewegung aller Nukleonen zu
große Trägheitsmomente liefert. Unter Verwendung der Paarungskraft als Restwechselwirkung der Nukleonen untereinander gelang
es Nilsson und Prior (s. Seite 739ff.) die richtigen Trägheitsmomente
zu berechnen. Wir hatten bei der Diskussion dieses Modells darauf
hingewiesen, daß empirisch bei den Protonen eine etwas größere
Paarungskraft gefunden wurde als bei den Neutronen. Der Effekt
dieses Unterschieds würde eine relativ stärkere Reduktion von θ_P
gegenüber θ_N sein. Dies hätte aber zur Folge, daß tatsächlich

$$g_R < \frac{Z}{A}$$

würde.

Nilsson und Prior* führten neben der Berechnung der Trägheitsmomente auch eine quantitative Berechnung der g_R-Faktoren
durch. Das Ergebnis dieser Berechnung ist für zwei etwas verschiedene Parametersätze für G_P und G_N in Figur 270 eingetragen. Die
Übereinstimmung mit den Meßresultaten ist innerhalb der bisher
erzielten Genauigkeit sehr gut.

Bisher haben wir uns ausführlich nur mit den Rotationen stark deformierter gg-Kerne beschäftigt. Man findet jedoch ähnliche Phänomene auch bei den stark deformierten Kernen mit ungerader Massenzahl. Ein Beispiel für Rotationsbanden von Kernen mit ungerader
Massenzahl hatten wir in dem Zerfallsschema des ^{177m}Lu kennengelernt (s. Seite 586).

Bei Kernen mit ungerader Massenzahl werden die Rotationsspektren
durch die Kopplung des kollektiven Rotationsdrehimpulses mit

---

*Nilsson and Prior, Mat.Fys.Medd.Dan.Vid.Selsk.32, no 16 (1961).

dem Einzelteilchendrehimpuls komplizierter. Wir wollen zunächst diese Kopplung und die daraus folgenden Konsequenzen studieren.

Das Kopplungsschema für den Grenzfall der starken Kopplung der Einzelteilchenbahn an die Deformationsachse (wir hatten dieses Modell oben damit begründet, daß die kollektive Rotation langsam gegenüber der Umlauffrequenz der Einzelteilchen erfolgt) ist in Figur 271 dargestellt.

Die Ellipse deutet den deformierten Potentialtopf an. Er ist rotationssymmetrisch um die z'-Achse. Der Drehimpuls des unpaarigen Nukleons, $\mathbf{j}$, ist keine Konstante der Bewegung, sondern präzediert um die z'-Achse. Die Komponente in Richtung der z'-Achse, $\Omega\hbar$, ist dagegen zeitlich konstant.

Das gesamte System führt eine kollektive Rotation um eine Achse senkrecht zur z'-Achse aus. Wir bezeichnen den Rotationsdrehimpuls mit $\mathbf{R}$. Dann gilt für den Gesamtdrehimpuls:

$$(603) \qquad \mathbf{I} = \mathbf{j} + \mathbf{R}.$$

Da $\mathbf{R}$ senkrecht zur z'-Achse steht, ist die Komponente von $\mathbf{I}$ in Richtung der z'-Achse, $K \cdot \hbar$, identisch mit der Komponente von $\mathbf{j}$ in Richtung der z'-Achse, $\Omega \cdot \hbar$.

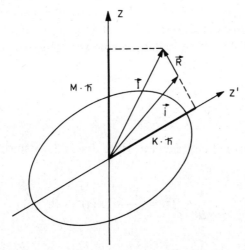

Figur 271:

Vektordiagramm für die starke Koppelung des Drehimpulses der inneren Bewegung j an die Deformationsachse (z'-Achse).

13*

Allerdings gilt dies nicht immer. Es sind zusätzliche kollektive Vibrationen des Atomkerns möglich, die mit einem Drehimpuls verbunden sind, dessen Komponente in Richtung von z' nicht zu verschwinden braucht. In solchen Fällen ist:

$$K \neq \Omega.$$

Der Gesamtdrehimpuls I ist natürlich nach wie vor eine gute Quantenzahl des Atomkerns.

In einem schwachen Magnetfeld oder elektrischen Feldgradienten in Richtung von z präzediert $\mathbf{I}$ um die z-Richtung, wobei als weitere Quantenzahl wie bisher die magnetische Quantenzahl M beobachtbar wird.

Die Figur 271 ist insofern etwas mißverständlich, als alle Vektoren in einer Ebene gezeichnet sind. Tatsächlich präzediert $\mathbf{j}$ rasch um die z'-Achse, die z'-Achse langsam um den Gesamtdrehimpuls-Vektor $\mathbf{I}$ und $\mathbf{I}$ noch langsamer um die äußere Quantisierungsachse z.

Wir wollen nun die Eigenzustände dieses gekoppelten Systems studieren.

Der Gesamt-Hamilton-Operator setzt sich zusammen aus dem Hamilton-Operator der Einzelteilchen-Bewegungen im deformierten Potential und der kinetischen Energie der kollektiven Rotation:

$$(604) \qquad H = H_{\text{int}}(\mathbf{r}') + T_{\text{rot}}.$$

Der kollektive Anteil läßt sich mit Hilfe des Trägheitsmoments so ausdrücken:

$$T_{\text{rot}} = \frac{1}{2\theta} \cdot \mathbf{R}^2 = \frac{1}{2\theta} \cdot (\mathbf{I} - \mathbf{j})^2$$

$$(605)$$

$$= \frac{1}{2\theta} \cdot (\mathbf{I}^2 + \mathbf{j}^2) - \frac{1}{2\theta} \cdot 2\,\mathbf{I} \cdot \mathbf{j}.$$

Der zweite Term in T_{rot} ist ein Kopplungsterm zwischen dem Gesamtdrehimpuls und dem Drehimpuls der inneren Bewegung. Diesen Term haben Bohr und Mottelson* in dem nach ihnen benannten Modell vernachlässigt. In dieser Näherung lautet damit der vollständige Hamilton-Operator:

$$(606) \qquad H = H_0 + \frac{1}{2\theta} \cdot \mathbf{I}^2$$

mit

$$(607) \qquad H_0 = H_{int}\,(\mathbf{r}') + \frac{1}{2\theta}\,\mathbf{j}^2.$$

Die Eigenfunktionen dieses Hamilton-Operators lassen sich als Produkte von inneren Wellenfunktionen $\chi\,(\mathbf{r}')$ mit den Kreiselfunktionen D^I_{MK}, die die Rotation des Gesamtsystems darstellen, ausdrücken:

$$\psi^I_{MK} = \left(\frac{2I+1}{16\pi^2}\right)^{1/2} \cdot \{\chi^\alpha_K\,(\mathbf{r}') \cdot D^I_{MK} + (-1)^{I-K} \cdot \chi^\alpha_{-K} \cdot D^I_{M-K}\}.^{**}$$

(608)

Die Darstellung der Wellenfunktion in dieser Form ist äußerst übersichtlich und nützlich für praktische Anwendungen. Ungewohnt ist in dieser Schreibweise, daß die Wellenfunktion eines Systems von A Partikeln eine Funktion von mehr Koordinaten als der $3A$ Ortskoordinaten ist. Sie enthält nämlich zusätzlich die drei Euler-Winkel, die die Orientierung des deformierten Potentialtopfs im Raum beschreiben.

---

*Bohr and Mottelson, Dan.Mat.Fys.Medd. 27, No 16 (1953).

**Die Kreiselfunktionen sind die Lösungen der Schrödinger-Gleichungen:

$$(609) \qquad I_z D^I_{MK} = M \cdot \hbar \cdot D^I_{MK}$$

$$I_{z'} D^I_{MK} = K \cdot \hbar \cdot D^I_{MK}$$

und

$$\mathbf{I}^2 D^I_{MK} = I\,(I+1) \cdot \hbar^2 \cdot D^I_{MK}.$$

α steht für alle übrigen Quantenzahlen der inneren Bewegung außer K.

Will man zu der üblichen Darstellung der Wellenfunktion im Raum der Ortskoordinaten der A Teilchen allein übergehen, so hätte man zunächst von den gestrichenen Koordinaten $\mathbf{r}'$ auf die raumfesten Koordinaten $\mathbf{r}$ zu transformieren und dann über die nicht interessierenden Euler-Winkel zu integrieren.

Man erkennt, daß diese Wellenfunktionen den vollständigen Hamilton-Operator diagonalisieren; denn der Operator $\mathbf{I}^2$ wirkt nur auf die Kreiselfunktionen, und diese sind Eigenfunktionen des $\mathbf{I}^2$-Operators, und H_0 wirkt nur auf die inneren Wellenfunktionen χ_K^α, und diese sind Eigenfunktionen des H_0-Operators.

Die Funktionen:

$$\chi_K^\alpha \cdot D_{MK}^I$$

allein sind noch keine geeigneten Lösungen unseres Problems, denn aus der Symmetrie unseres speziell gewählten deformierten Potentials folgt, daß die Wellenfunktion invariant sein muß gegenüber einer Rotation (R) des gestrichenen Koordinatensystems um eine Achse senkrecht zur z'-Achse um 180 Grad. Unsere oben dargestellte Lösung ist gegenüber dieser Transformation invariant, denn der erste Summand geht in den zweiten und der zweite geht genau in den ersten Summanden über*.

Die Energie-Eigenwerte des vollständigen Hamilton-Operators sind:

$$\langle H \rangle = \langle H_0 \rangle + \frac{\hbar^2}{2\theta} \cdot I \cdot (I+1)$$

(611)

$$= \epsilon_K^\alpha + \frac{\hbar^2}{2\theta} \cdot I \cdot (I+1).$$

---

*Aus den mathematischen Eigenschaften der Kreiselfunktion folgt, daß für diesen Drehoperator R gilt:

(610) $$R\,D_{MK}^I = (-1)^{I-K} \cdot D_{M-K}^I.$$

Hierbei sind ϵ_K^α die Energie-Eigenwerte von H_0, d.h. also der inneren Zustände des Systems. I durchläuft die Werte:

$$K, K+1, K+2 \ldots$$

Es ist interessant, die allgemeine Lösung auf den Fall $K = 0$ und positive Parität zu spezialisieren:

Für $K = 0$ geht die Kreiselfunktion in die Kugelflächenfunktion über:

$$(612) \qquad D_{MK=0}^I = \left(\frac{4\pi}{2I+1}\right)^{1/2} \cdot Y_{IM},$$

und man erhält:

$$(613) \qquad \begin{aligned} \psi_{MK=0}^I &= \left(\frac{1}{4\pi}\right)^{1/2} \cdot \{\, \chi_{K=0}^\alpha \cdot Y_{IM} + (-1)^I \cdot \chi_{K=0}^\alpha \cdot Y_{IM} \,\} \\ &= \left(\frac{1}{4\pi}\right)^{1/2} \cdot \chi_{K=0}^\alpha \cdot Y_{IM} \cdot \{\, 1 + (-1)^I \,\}. \end{aligned}$$

Der Faktor in der geschweiften Klammer verschwindet für ungerade I und ist $+2$ für gerade I. Dies ist der Grund dafür, daß in den Grundniveau-Rotationsbanden der gg-Kerne nur die geraden Drehimpulse $0, 2, 4, 6, \ldots$ vorkommen.

Die Vernachlässigung des Kopplungsterms bedeutet, daß die innere Wellenfunktion χ_K^α sich nicht ändert, wenn der Kern verschieden schnell rotiert. Daraus folgt, daß die elektromagnetische Übergangswahrscheinlichkeit allein durch das statische innere magnetische Dipol-Moment, das statische innere elektrische Quadrupol-Moment und durch das zusätzliche magnetische Moment der kollektiven Rotation bestimmt wird.

Die Berechnung der reduzierten $M1$- und $E2$-Übergangswahrscheinlichkeiten mit Hilfe der obigen Wellenfunktion liefert*:

$$(614) \qquad B_{i\to f}(E2) = \frac{5}{16\pi} \cdot e^2 \cdot Q_0^2 \cdot \langle I_i 2 K 0 \mid I_f K \rangle^2$$

---

*Siehe Alder, Bohr, Huus, Mottelson, and Winther, Rev.Mod.Phys. 28, 432 (1956), Gleichungen (V. 16) und (V. 17).

und:

$$B_{i \to f}(M1) = \frac{3}{4\pi} \cdot K^2 \cdot (g_K - g_R)^2 \cdot \mu_K^2 \cdot \langle I_i \, 1 \, K \, 0 \, | \, I_f \, K \rangle^2.$$

(615)

Q_0 ist das sogenannte innere Quadrupolmoment. Es ist definiert durch:

(616) $Q_0 = \langle \alpha K \, | \, Q'_{op} \, | \, \alpha K \rangle$,

wobei der gestrichene Quadrupol-Operator auf die inneren Koordinaten der Protonen wirkt:

$$Q'_{op} = \sum_{i=1}^{Z} (3 \, z_i'^2 - r_i'^2).$$

Im Gegensatz dazu war das spektroskopische Quadrupol-Moment Q_I definiert durch:

$$Q_I = \langle I, M = I \, | \, Q_{op} \, | \, I, M = I \rangle$$

mit:

(617) $Q_{op} = \sum_{i=1}^{Z} (3 \, z_i^2 - r_i^2).$

Im Grenzfall des adiabatischen Modells läßt sich Q_I aus Q_0 unmittelbar berechnen. Der Zusammenhang wurde von Bohr und Mottelson[*] zuerst angegeben:

(618) $Q_I = Q_0 \cdot \dfrac{3K^2 - I(I+1)}{(I+1) \cdot (2I+3)}$.

Die Größe g_K ist das gyromagnetische Verhältnis der inneren Wellenfunktion. Zur Definition von g_K zerlegt man den totalen magne-

---

[*] Man findet die Herleitung in der Originalarbeit: Bohr and Mottelson, Dan. Mat.Fys.Medd. 27, no 16 (1953), page 56.

tischen Moment-Operator in den Rotationsanteil und den Anteil, der von der inneren Bewegung herrührt:

(619) $$\mu_{op} = \mu_K + \mu_R$$

mit:

$$\mu_K = g_K \mu_k \cdot K \cdot e_{z'} \text{ *}$$

und

$$\mu_R = g_R \cdot \mu_k \cdot \frac{R}{\hbar}.$$

Das spektroskopische magnetische Moment ist damit:

$$\mu_I = \langle I, m = I \mid \mu_{op} \mid I, m = I \rangle.$$

Man führt die Vektor-Addition von μ_K und μ_R in entsprechender Weise durch, wie bei der Herleitung der Schmidt-Formeln (s. Seite 480ff.) und erhält:

(621) $$\mu_I = \left\{ g_R \cdot I + (g_K - g_R) \cdot \frac{K^2}{I + 1} \right\} \cdot \mu_k.$$

Die Formel für die reduzierten Übergangswahrscheinlichkeiten $B(M1)$ und $B(E2)$ kann man verwenden, um das $M1/E2$ Mischungsverhältnis in Gamma-Übergängen einer Rotationsbande zu berechnen. Der $M1/E2$ Mischungsparameter δ war definiert durch:

(622) $$\frac{1}{\delta^2} = \frac{W_\gamma(M1)}{W_\gamma(E2)}$$

mit:

(623) $$\text{Vorzeichen } \frac{1}{\delta} = \text{Vorzeichen } \frac{\langle f \parallel M1 \parallel i \rangle}{\langle f \parallel E2 \parallel i \rangle}.$$

Unter Beachtung von (s. Gleichung (393):

(624) $$W_{i \to f} = \frac{2(L+1)}{\epsilon_0 \cdot L \cdot [(2L+1)!!]^2} \cdot \frac{1}{\hbar} \cdot \left(\frac{E_\gamma}{\hbar c}\right)^{2L+1} \cdot B_{i \to f}(\sigma L)$$

---

*μ_k ist nicht etwa $\langle \mu_K \rangle$, sondern wie oben das Kernmagneton.

ergibt sich für $1/\delta$:

$$\frac{1}{\delta} = 4 \cdot \sqrt{5} \cdot \frac{g_K - g_R}{Q_0} \cdot \frac{\hbar c}{E_\gamma} \cdot \frac{\mu_k}{e} \cdot K \cdot \frac{\langle I_i\, 1\, K\, 0 \mid I_f\, K \rangle}{\langle I_i\, 2\, K\, 0 \mid I_f\, K \rangle} \cdot$$

(625)

Es ist bemerkenswert, daß der Mischungsparameter δ gegen ∞ geht, wenn g_K gleich g_R wird. Das bedeutet, daß für $g_K = g_R$ die M1-Übergangswahrscheinlichkeit verschwindet.

Die Erklärung für dieses interessante Phänomen ist folgende: Wenn $g_K = g_R$ ist, dann gilt für den magnetischen Moment-Operator:

$$\boldsymbol{\mu}_{op} = \boldsymbol{\mu}_K + \boldsymbol{\mu}_R$$

(626)
$$= g_K \cdot \mu_k \cdot K \cdot \mathbf{e}_{z'} + g_R \cdot \mu_k \cdot \frac{\mathbf{R}}{\hbar}$$

$$= g_R \cdot \mu_k \cdot (K \cdot \mathbf{e}_{z'} + \frac{\mathbf{R}}{\hbar})$$

$$= g_R \cdot \mu_k \cdot \frac{\mathbf{I}}{\hbar}.$$

Der magnetische Moment-Operator ist also in diesem speziellen Fall gleich dem totalen Drehimpulsoperator multipliziert mit dem skalaren Faktor $g_R \cdot \mu_k / \hbar$.

Da aber die Kernzustände Eigenzustände des Drehimpulsoperators $\mathbf{I}$ sind, muß der Drehimpulsoperator und damit auch der magnetische Momentoperator in den Kernzuständen diagonal sein. Das bedeutet aber, daß alle M1-Übergangsmatrixelemente verschwinden müssen.

Diese Überlegung gilt natürlich ganz allgemein. M1-Übergänge treten in der Atomhülle wie in den Atomkernen nur deshalb auf, weil g_s von g_l verschieden ist, so daß der Vektor des magnetischen Moments nicht die Richtung des Drehimpulsvektors hat.

Wir wollen uns nun wieder dem Zusammenhang zwischen g_K, g_R und Q_0 und dem Mischungsparameter δ zuwenden:

Wir haben oben gesehen, daß sich δ mit Hilfe von Gamma-Gamma-Richtungskorrelationsmessungen experimentell bestimmen läßt.

Untersucht man den Parameter δ für eine Serie von Gamma-Übergängen innerhalb einer Rotationsbande und dividiert alle gemessenen δ-Werte durch die Gamma-Energien E_γ, so sollte sich ein konstanter Wert ergeben, der außer von der K-Quantenzahl allein von den inneren Parametern g_K, g_R und Q_0 abhängt.

Eine solche Messung hatten wir im Experiment (69) beschrieben.

Bei sechs aufeinanderfolgenden Kaskadenübergängen einer $K = 9/2^+$ Rotationsbande in ^{177}Hf war δ durch Gamma-Gamma-Richtungs-korrelationsmessungen und durch Konversionsmessungen bestimmt worden. Für jeden dieser Übergänge wurde nun unter Verwendung der zuletzt genannten Formel der „innere" Parameter $(g_K - g_R)/Q_0$ berechnet. Das Resultat ist in Figur 272 dargestellt. Man erkennt, daß tatsächlich innerhalb der Meßgenauigkeit keine Änderung dieses inneren Parameters mit steigendem Rotationsdrehimpuls nachzuweisen ist.

Eine der interessantesten Größen beim Studium der Rotationsbanden der Kerne mit ungerader Massenzahl ist der g_R-Faktor:

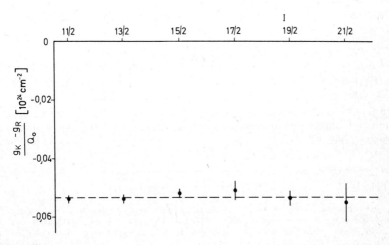

Figur 272:

Meßergebnisse für die Größe $(g_K - g_R)/Q_0$ für die verschiedenen Niveaus einer Rotationsbande im ^{177}Hf. Diese Figur ist der Arbeit von Hübel et al., Nucl.Phys. A 127, 609 (1969), entnommen.

(92) Systematik der g_R-Faktoren stark deformierter ug- und gu-Kerne

Lit.: Grodzins, Ann.Rev.Nucl.Sc. 18, 291 (1968)

Aus der Formel (621) für das gesamte magnetische Moment folgt für g_R:

$$(627) \qquad g_R = \frac{\mu_I}{I \cdot \mu_k} - (g_K - g_R) \cdot \frac{K^2}{I(I+1)}$$

oder durch Elimination von $g_K - g_R$ unter Verwendung des Ausdrucks (625) für $1/\delta$:

$$g_R = \frac{\mu_I}{I \cdot \mu_k} - \frac{1}{4 \cdot \sqrt{5}} \cdot e \cdot Q_0 \cdot \frac{E_\gamma}{\hbar c} \cdot \frac{1}{\delta} \cdot \frac{K}{I(I+1) \cdot \mu_k} \cdot \frac{\langle I_i\, 2\, K\, 0 \mid I_f\, K \rangle}{\langle I_i\, 1\, K\, 0 \mid I_f\, K \rangle}$$

$$(628)$$

Alle Größen in dieser Formel sind im allgemeinen leicht der Messung zugänglich. Neben dem magnetischen Moment im Grundzustand und dem Mischungsparameter δ, der sich aus Gamma-Gamma-Winkelkorrelationsmessungen oder Konversionsmessungen ableiten läßt*, benötigt man vor allem auch das innere Quadrupol-Moment Q_0. In Frage kommt eine absolute $B(E2)$-Messung aus dem Wirkungsquerschnitt für Coulomb-Anregung. Ein anderer Weg ist die Ableitung von $B(E2)$ aus einer Messung der Halbwertszeit des ersten angeregten Zustands der Rotationsbande.

Eine Zusammenstellung der bisher bekannten Ergebnisse ist in Figur 273 dargestellt. Sie ist dem zusammenfassenden Artikel von Grodzins entnommen.

Die beobachteten g_R-Faktoren weichen in bemerkenswerter Weise von den g_R-Faktoren der gg-Kerne ab. Einmal fällt auf, daß von Kern zu Kern starke Schwankungen auftreten. Vor allem aber liegen die g_R-Faktoren der Kerne mit ungerader Neutronenzahl systematisch tiefer und die g_R-Faktoren der Kerne mit ungerader Protonenzahl systematisch höher als die g_R-Faktoren der gg-Kerne.

Figur 273:　　　　　　　　　　　　　　　　　　　　　　　　　　▶

Zusammenstellung aller bisher bekannten Ergebnisse für g_R-Faktoren stark deformierter ug- und gu-Kerne. Diese Figur ist dem zusammenfassenden Artikel von Grodzins, Ann.Rev.Nucl.Sc. 18, 291 (1968), entnommen. Die eingetragenen Kurven sind die theoretischen Werte, die von Nilsson und Prior berechnet wurden.

---

*Gamma-Gamma-Winkelkorrelationsmessungen ist der Vorzug zu geben, da sie auch das Vorzeichen von δ festlegen. Konversionsdaten ergeben nur δ^2.

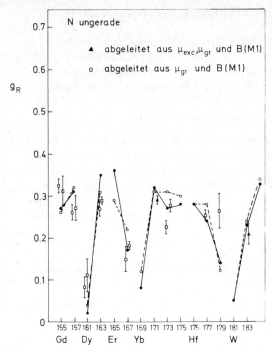

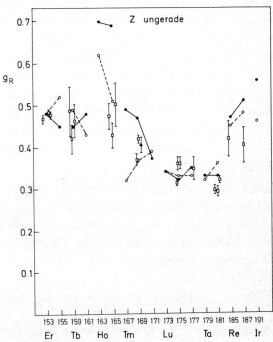

Die Erklärung dieses Phänomens ist offensichtlich folgende: Wir hatten bei der Diskussion der Trägheitsmomente und der g_R-Faktoren der gg-Kerne gesehen, daß der Ansatz der Paarungskraft als Restwechselwirkung die beobachteten Effekte sehr gut beschreibt. Die Paarungskraft streut Teilchen aus zwei Zuständen $|\nu\rangle$ und $|-\nu\rangle$ in zwei Zustände $|\nu'\rangle$ und $|-\nu'\rangle$. Die Wirkung ist eine Reduzierung des Trägheitsmoments.

Diese Streuungen können natürlich wegen des Pauli-Prinzips nur in Paare von Zuständen $|\nu'\rangle$ und $|-\nu'\rangle$ erfolgen, wo beide Zustände unbesetzt sind. Bei einem Isotop mit ungerader Neutronenzahl ist jedoch ein Zustand an der Fermi-Grenze einfach besetzt. Streuungen von Neutronen-Paaren in diesen Zustand sind deshalb verboten. Dieser sogenannte „blocking effect" führt dazu, daß die Wirkung der Paarungskraft bei den Neutronen reduziert wird,

d.h. θ_N vergrößert und damit $g_R = \dfrac{\theta_P}{\theta_P + \theta_N}$ verkleinert wird. In entsprechender Weise vergrößert ein unpaariges Proton den Wert von θ_P und vergrößert damit auch den g_R-Faktor.

Daß genau dieser Effekt beobachtet wird, ist ein wichtiger Hinweis für die Richtigkeit des Modellbildes.

Nilsson und Prior* führten eine quantitative Berechnung der g_R-Faktoren für ug- und gu-Kerne unter Verwendung der Paarungskraft durch. Das Ergebnis dieser Berechnungen ist in Figur 273 eingetragen. Die Übereinstimmung ist recht gut. Bemerkenswert gut kommen auch die individuellen Schwankungen von Isotop zu Isotop heraus. Die Berechnungen von Nilsson und Prior gehen von geeigneten Einzelteilchen-Wellenfunktionen im deformierten Kernpotential aus. Bei stark deformierten Kernen sind die Schalenmodell-Wellenfunktionen natürlich keine gute Beschreibung der Einzelteilchenbahnen.

Bevor man Einzelteilchen-Wellenfunktionen im deformierten Potential berechnet, sollte man die absolute Größe der Deformation kennen. Ein indirekter Weg liegt darin, aus dem Wirkungsquerschnitt für Coulomb-Anregung $B(E2)$-Werte abzuleiten und dann über die Beziehung (s. Gleichung (614)):

$$(629) \qquad B_{i \to f}(E2) = \frac{5}{16\pi} \cdot e^2 \cdot Q_0^2 \cdot \langle I_i\, 2\, K\, 0 \mid I_f\, K \rangle^2$$

*Nilsson and Prior, Mat.Fys.Medd.Dan.Vid.Sels. 32, no 16 (1961).

das innere Quadrupol-Moment Q_0 zu bestimmen, das unmittelbar die Deformation beschreibt.

Zu beachten ist jedoch, daß diese Beziehung für Q_0 nur im adiabatischen Grenzfall streng gültig ist. Es wäre deshalb von großem Interesse, systematisch spektroskopische Quadrupol-Momente stark deformierter Kerne zu messen.

Das spektroskopische Quadrupol-Moment von gg-Kernen im Grundzustand verschwindet. Hier kommt nur die Messung von Q_I in einem angeregten Zustand, z.B. im 2+ Rotationszustand, in Frage.

In den letzten Jahren ist eine elegante Methode zur direkten Messung elektrischer Quadrupol-Momente angeregter Kernzustände entdeckt worden:

(93) **Die direkte Messung elektrischer Quadrupol-Momente von 2+ Zuständen der gg-Kerne mit Hilfe des Reorientierungseffekts**

Lit.: Breit and Lazarus, Phys.Rev. 100, 942 (1955)
Breit, Gluckstern, and Russel, Phys.Rev. 103, 727 (1956)
Schilling, Scharenberg, and Tippie, Phys.Rev.Letters 19, 318 (1967)
de Boer, Proceedings of the International Conference on Nuclear Structure, Tokyo 1967, S. 199ff.

Breit und Lazarus machten zuerst darauf aufmerksam, daß der Coulomb-Anregungsprozeß bei gg-Kernen im Prinzip die direkte Messung statischer elektrischer Quadrupol-Momente im 2+ Zustand durch den sogenannten Reorientierungs-Effekt ermöglicht.

Es handelt sich hier um folgenden Effekt zweiter Ordnung:

Das unelastisch gestreute geladene Teilchen regt den Targetkern zunächst durch die Coulomb-Wechselwirkung auf das 2+ Niveau an. Der angeregte Kern unterliegt dann aber noch weiter der elektrischen Wechselwirkung zwischen seinem elektrischen Quadrupol-Moment und dem elektrischen Feldgradienten des vorbeifliegenden Projektils. Diese Wechselwirkung hält zwar nur sehr kurze Zeit an; es läßt sich jedoch leicht abschätzen, daß wegen der dichten Annäherung des Projektils an den Targetkern sehr große elektrische Feldgradienten auftreten. Die Wirkung ist eine elektrische Hyperfeinstrukturaufspaltung, deren Größe im Maximum leicht 100 keV erreichen kann.

Der Coulomb-Anregungsprozeß führt zu einer verschiedenen Besetzung der
m-Zustände, bezogen auf die Richtung des einfallenden Teilchen-Strahls als
Quantisierungsachse. Wenn das Projektil nicht genau um 180° zurückgestreut
wird, sondern seitlich abgelenkt wird, ist der elektrische Feldgradient nicht
axialsymmetrisch zur *z*-Achse. Die Folge davon ist eine Umbesetzung der
m-Zustände. Daher kommt der Name „Reorientierung".

Bei Coulomb-Anregungen mit Protonen ist der Reorientierungs-Effekt im
allgemeinen vernachlässigbar klein. Bei der Verwendung schwerer Ionen wie
z.B. ^{16}O-Ionen ist jedoch wegen der größeren Kernladung und der geringeren
Geschwindigkeit und damit größeren Wechselwirkungszeit der Reorientierungs-Effekt hinreichend groß, um ihn messen zu können.

Verschiedene Experimente wurden vorgeschlagen:

1. Man mißt die Winkelverteilung der Zerfalls-Gammastrahlung. Die Umbesetzung der *m*-Zustände muß zu einer Änderung der Winkelverteilung
   führen.

2. Man mißt absolute Wirkungsquerschnitte für die unelastische Streuung;
   der Reorientierungs-Effekt ändert den absoluten Wirkungsquerschnitt.

3. Man mißt die Winkelverteilung der unelastisch gestreuten Projektil-Teil-
   chen. Diese Winkelverteilung wird ebenfalls verändert, da mit der Umbesetzung der *m*-Zustände wegen des Drehimpulserhaltungssatzes ein Drehimpulsübertrag auf das unelastisch gestreute Teilchen verbunden ist.

Das erste Experiment ist zwar das naheliegendste, es ist jedoch nicht immer
das zuverlässigste. Es stellte sich einmal heraus, daß die erwarteten Effekte
recht klein sind. Zum anderen führen normale Kernspin-Gitter-Relaxations-
prozesse zu ähnlichen Veränderungen der Gamma-Winkelverteilungen.

Das dritte Experiment vermeidet diese Schwierigkeit. Wahrscheinlich wird
man in der Zukunft von Messungen dieser Art die genauesten Resultate zu
erwarten haben.

Als Beispiel einer solchen Untersuchung sei die Messung des statischen Quadrupol-Moments des 2+ Zustands von ^{114}Cd durch Schilling et al. näher
beschrieben.

Figur 274 zeigt schematisch die experimentelle Anordnung. Der 25 MeV
^{16}O-Strahl trifft von links auf das ^{114}Cd-Target, und die Winkelverteilung
der unelastisch gestreuten ^{16}O-Ionen wird mit Hilfe mehrerer Si(Li)-Halbleiter-
Detektoren gemessen. Die Energieauflösung dieser Detektoren war nicht gut
genug, um zwischen den elastisch gestreuten und den unelastisch gestreuten
^{16}O-Ionen sauber unterscheiden zu können. Um nur die unelastisch gestreuten Ionen zu erfassen, wurden für alle Detektoren die Koinzidenzen mit der
folgenden Zerfalls-Gammastrahlung gemessen. Ein großer 5" × 4" NaJ(Tl)
Szintillationsdetektor ist dicht oberhalb des Targets montiert, so daß er diese

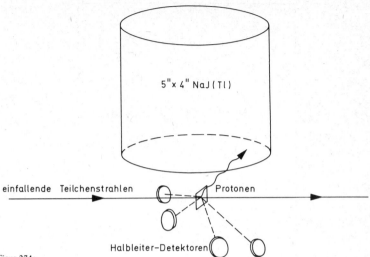

Figur 274:

Experimentelle Anordnung von Schilling et al., Phys.Rev.Letters 19, 318 (1967), für ein Reorientierungs-experiment.

Gamma-Strahlung mit großem Raumwinkel und großer Ansprechwahrschein-lichkeit registriert. Die gemessenen Koinzidenzzählraten wurden noch durch die beobachtete Zählrate für elastische Streuung dividiert. Das Verhältnis:

$$(630) \qquad \frac{d\sigma_{unel}/d\Omega}{d\sigma_{el}/d\Omega} = P(\theta)$$

gibt die Wahrscheinlichkeit des Anregungsprozesses als Funktion des Streu-winkels wieder. Figur 275 zeigt das experimentelle Ergebnis für $P(\theta)$ (in willkürlichen Einheiten).

Die gemessene Funktion $P(\theta)$ weicht kräftig von der Gestalt ab, die die Theorie der Coulomb-Anregung ohne Berücksichtigung von Mehrfachprozes-sen liefert.

Bei Berücksichtigung des Reorientierungs-Effekts ergab sich Übereinstimmung mit den Meßpunkten für ein elektrisches Quadrupol-Moment von:

$$Q(2+) = -(0,64 \pm 0,19) \cdot 10^{-24} \text{ cm}^2.$$

Die Theorie der Coulomb-Anregung unter Berücksichtigung der Mehrfach-prozesse und insbesondere des Reorientierungs-Effekts ist sehr kompliziert und kann hier nicht entwickelt werden. Man findet eine ausführliche Dar-stellung in der Arbeit von Breit, Gluckstern und Russel.

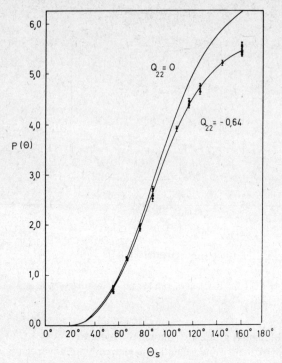

Figur 275:

Θ_S

Experimentelles Resultat des Reorientierungsexperiments von Schilling et al. $P(\theta)$ ist das Verhältnis des differentiellen Wirkungsquerschnitts für die unelastische Streuung dividiert durch den differentiellen Wirkungsquerschnitt für die elastische Streuung der einfallenden Ionen. Diese Größe ist als Funktion des Streuwinkels in Schwerpunktskoordinaten dargestellt. Die obere Kurve zeigt den theoretischen Verlauf der ungestörten Streuung. Die untere Kurve ist das Resultat eines Angleichs an die Meßpunkte unter Berücksichtigung einer elektrischen Quadrupolstörung. Als Resultat dieses Angleichs ergibt sich für das elektrische Quadrupolmoment des 2+ Zustands $Q_I = -0,64\ b$.

Ein Überblick über den gegenwärtigen Stand dieses aktuellen Arbeitsgebiets wurde von de Boer auf der Kernphysikkonferenz in Tokio 1967 gegeben. Diesem Bericht ist die folgende Tabelle entnommen (Tabelle 17, S. 781).

Es fällt auf, daß bisher hauptsächlich 2+ Zustände von „sphärischen" Kernen untersucht wurden. Dies liegt daran, daß hier die Wirkungsquerschnitte größer sind, und deshalb ist die Beobachtung des Reorientierungs-Effekts leichter als bei den 2+ Rotationsniveaus.

Es liegen jedoch Messungen an den Rotationsniveaus der Samarium-Isotope vor. Es ist interessant, die gemessenen Quadrupol-Momente mit den Q_0-Werten zu vergleichen, die man aus der reduzierten Übergangswahrscheinlichkeit $B(E2)$ errechnet.

Tabelle 17

Elektrische Quadrupolmomente, gemessen mit Hilfe der Reorientierung:

Isotop	$Q_I(2+)$ $[10^{-24} \text{ cm}^2]$	Isotop	$Q_I(2+)$ $[10^{-24} \text{ cm}^2]$
^{104}Ru	$- 0,63 \pm 0,20$	^{122}Te	$- 0,50 \pm 0,22$
^{110}Pd	$- 0,82 \pm 0,18$	^{126}Te	$- 0,33 \pm 0,17$
^{112}Cd	$+ 0,12 \pm 0,35$	^{128}Te	$- 0,20 \pm 0,20$
^{114}Cd	$- 0,60 \pm 0,15$	^{130}Ba	$- 1,10 \pm 0,34$
^{116}Cd	$- 0,78 \pm 0,14$	^{148}Sm	$- 0,73 \pm 0,38$
^{116}Sn	$+ 0,4 \ \ \pm 0,3$	^{150}Sm	$- 1,22 \pm 0,22$
^{124}Sn	$- 0,38 \pm 0,25$	^{152}Sm	$- 1,8 \ \ \pm 0,6$

Für ^{152}Sm beträgt der $B(E2)_{\text{exc}}$-Wert

$$B(E2)_{\text{exc}} = (3,40 \pm 0,12) \cdot 10^{-48} \ e^2 \text{ cm}^4, \ *$$

und man erhält damit für Q_0 (s. Gleichung 614):

(631)
$$Q_0 = \left(\frac{16\pi}{5 \ e^2} \cdot B(E2)_{\text{exc}} \right)^{1/2} \cdot \frac{1}{\langle I_i \ 2 \ K \ 0 \ | \ I_f \ K \rangle}$$

$$= \left(\frac{16\pi \cdot 3,40}{5} \right)^{1/2} \cdot 10^{-24} \text{ cm}^2 ** = 5,85_{21} \cdot 10^{-24} \text{ cm}^2.$$

Aufgrund der „Bohr-Mottelson-Formel" (s. Gl. 618)

(632)
$$Q_I = Q_0 \cdot \frac{3 \ K^2 - I(I + 1)}{(I + 1) \cdot (2I + 3)}$$

errechnet man:

$$Q_I = Q_0 \cdot \left(- \frac{I}{2I + 3} \right) = - \frac{2}{7} \ Q_0 = - 1,6_{\ 6} \cdot 10^{-24} \text{ cm}^2.$$

---

*Stelson and Grodzins, Nuclear Data 1, 21 (1965).

**Der Clebsch-Gordan-Koeffizient ist: $\langle 0200 \ | \ 20 \rangle = 1$.

Der aus dem Reorientierungsexperiment abgeleitete Wert:

$$Q_I = -1{,}8_6 \cdot 10^{-24}\ cm^2$$

stimmt gut damit überein.

Es ist befriedigend zu sehen, daß auch das Vorzeichen richtig herauskommt. Da der Feldgradient des vorbeifliegenden Projektils einschließlich des Vorzeichens bekannt ist, liefert das Reorientierungsexperiment immer auch das Vorzeichen des Quadrupol-Moments.

Die Untersuchung der elektrischen Quadrupol-Momente der 2+ Rotationsniveaus mit Hilfe des Reorientierungs-Effekts steckt noch in den Kinderschuhen. Systematische Fehler kommen leicht dadurch in die Auswertung, daß der Reorientierungs-Effekt nicht der einzige Effekt höherer Ordnung ist, der das Meßresultat beeinflußt. Es ist jedoch zu erwarten, daß man in den nächsten Jahren erhebliche Fortschritte erzielen wird.

Das Bestechende an diesem Verfahren liegt darin, daß wegen der dichten Annäherung des Projektil-Kerns an den Targetkern alle Effekte der Elektronenhülle bei der Berechnung des elektrischen Feldgradienten vernachlässigbar klein sind. Bei allen sonst bekannten Verfahren zur Messung elektrischer Quadrupol-Momente wird die Größe des wirksamen elektrischen Feldgradienten in erster Linie durch Elektronen-Wellenfunktionen bestimmt, deren Berechnung immer noch große Unsicherheiten enthält.

Die Resultate am ^{152}Sm und auch an den übrigen geraden Samarium-Isotopen stimmen innerhalb der Meßgenauigkeit mit dem Wert überein, den man aus $B(E2)$ über das innere Quadrupol-Moment Q_0 und die Bohr-Mottelson-Formel berechnet.

Wir hatten oben (s. Seite 618) zwei weitere Quadrupol-Momente von 2+ Rotationsniveaus diskutiert. Es handelt sich um die Quadrupol-Momente des ^{160}Dy und des ^{172}Yb, die beide aus der beobachteten statistischen Störung von $\gamma\gamma$-Richtungskorrelationen durch Hyperfeinwechselwirkungen mit der 4f-Elektronenhülle abgeleitet wurden.

Die vorläufig noch sehr ungenauen und nicht für den Sternheimer-Effekt korrigierten Resultate:

$$\left| Q_{2+}\,(^{160}\mathrm{Dy}) \right| = 1{,}52^{+0{,}47}_{-0{,}66} \cdot 10^{-24}\mathrm{cm}^2$$

und:

$$\left| Q_{2+} \, (^{172}\text{Yb}) \right| = 2{,}22^{+0{,}64}_{-0{,}49} \cdot 10^{-24} \text{ cm}^2$$

sind ebenfalls mit den Q_0-Werten verträglich.

Der Vergleich ist in der folgenden Tabelle durchgeführt:

Tabelle 18:

Vergleich gemessener Q_{2+}-Werte mit den aus $B(E2)_{\text{exc}}$ abgeleiteten Q_0-Werten:

Isotop	$Q_{2+}(\text{exp})$ $[10^{-24}\text{cm}^2]$	$B(E2)_{\text{exc}}$ $[10^{-48}e^2\text{cm}^4]$	$Q_0 = \left(\dfrac{16\pi}{5\,e^2} \cdot B(E2)_{\text{exc}}\right)^{1/2}$ $[10^{-24}\text{cm}^2]$	$Q_{2+} = -\dfrac{2}{7} Q_0$ $[10^{-24}\text{cm}^2]$
^{148}Sm	$-\ 0{,}73 \pm 0{,}38$	$0{,}89 \pm 0{,}10$	$3{,}0\ \pm 0{,}15$	$-\ 0{,}85 \pm 0{,}05$
^{150}Sm	$-\ 1{,}22\ \pm 0{,}22$	$1{,}32 \pm 0{,}06$	$3{,}41 \pm 0{,}08$	$-\ 0{,}975 \pm 0{,}03$
^{152}Sm	$-\ 1{,}8\ \ \pm 0{,}6$	$3{,}53 \pm 0{,}10$	$5{,}85 \pm 0{,}10$	$-\ 1{,}66 \pm 0{,}03$
^{160}Dy	$(-)\ 1{,}52^{+0{,}47}_{-0{,}66}$	$4{,}46 \pm 0{,}30$	$6{,}70 \pm 0{,}20$	$-\ 1{,}91 \pm 0{,}06$
^{172}Yb	$(-)\ 2{,}22^{+0{,}64}_{-0{,}49}$	$5{,}89 \pm 0{,}20$	$7{,}70 \pm 0{,}15$	$-\ 2{,}20 \pm 0{,}05$

Es wird heute allgemein angenommen, daß die aus den $B(E2)$-Werten abgeleiteten inneren Quadrupol-Momente die tatsächliche Deformation der stark deformierten Kerne innerhalb weniger Prozent richtig wiedergegeben.

Wir wollen uns nun mit der Berechnung der Einzelteilchen-Wellenfunktionen eines stark deformierten Kerns beschäftigen. Die ersten detaillierten Rechnungen wurden von S.G. Nilsson* und Mottelson und Nilsson** durchgeführt.

Nilsson verwendet den folgenden Ansatz für den Hamilton-Operator eines einzelnen Nukleons im deformierten Potential:

$$(633) \qquad H = H_0 + C \cdot \mathbf{l} \cdot \mathbf{s} + D \cdot \mathbf{l}^2 ,$$

---

*Nilsson, Mat.Fys.Medd.Dan.Vid.Selsk. 29, no 16 (1955).

**Mottelson and Nilsson, Mat.Fys.Scr.Dan.Vid.Selsk. 1, no 8 (1959).

wo:

$$(634) \qquad H_0 = -\frac{\hbar^2}{2m} \cdot \Delta' + \frac{m}{2} \cdot (\omega_x^2 x'^2 + \omega_y^2 \cdot y'^2 + \omega_z^2 z'^2).$$

Das erste Glied in H_0 ist die kinetische Energie des Teilchens $p^2/2m$, das zweite bedeutet die potentielle Energie. Bei der Diskussion des Schalenmodells (s. Seite 486ff.) hatten wir einen ähnlichen Ansatz verwendet. Allerdings war hier das Potential rotationssymmetrisch angesetzt (s. Seite 486):

$$(635) \qquad V(r) = -V_0 + \frac{1}{2} m\omega^2 \cdot r^2$$

mit:

$$r^2 = x^2 + y^2 + z^2.$$

Der Strich an den Koordinaten bedeutet, daß wir innere Wellenfunktionen im körperfesten Koordinatensystem x', y' und z' berechnen wollen.

An diesem drei-dimensionalen harmonischen Oszillator-Potential werden noch die beiden in der ersten Gleichung aufgeführten Korrekturterme angebracht. Die erste Korrektur ist das uns vom Schalenmodell her bekannte Spin-Bahn-Glied $C \cdot \mathbf{l} \cdot \mathbf{s}$.

Das zweite Korrekturglied von der Form $D \cdot \mathbf{l}^2$ hat keine direkte physikalische Bedeutung. Es ist eine künstliche Konstruktion. Dieses Glied soll dafür Rechnung tragen, daß das tatsächliche mittlere Potential nur schlecht durch ein Parabelpotential wiedergegeben wird. Es liegt eher in der Mitte zwischen einem Kastenpotential und einem Parabelpotential. Wir hatten bei der Behandlung des Schalenmodells diese beiden Grenzfälle ausführlich durchgerechnet und in Figur 155 die Eigenwerte sowohl des Kastenpotentials als auch des Parabelpotentials dargestellt. Beim Parabelpotential (Oszillator-Potential) beobachtet man bei den einzelnen Termen eine l-Entartung. Beim Kastenpotential ist diese l-Entartung aufgehoben, und zwar in der Weise, daß innerhalb jeder Oszillator-Schale die Terme umso tiefer liegen, je größer l ist.

Genau diese Term-Aufspaltung läßt sich künstlich auch dadurch hervorrufen, daß man zum Parabelpotential einen Korrekturterm $D \cdot l^2$ mit negativem Koeffizienten D hinzufügt. Der Vorteil liegt darin, daß mit dem so formulierten Hamilton-Operator leichter zu arbeiten ist als mit einem Potentialtopf mit realistischer r-Abhängigkeit. Für den Fall des rotationssymmetrischen Parabelpotentials diagonalisieren die Eigenfunktionen des harmonischen Oszillator-Potentials automatisch auch den vollständigen Hamilton-Operator, und der Zusatz-Term $D \cdot l^2$ ändert nur die Energie-Eigenwerte.

Nilsson beschränkte sich im weiteren auf zylindersymmetrische Potentiale (symmetrisch um die z'-Achse):

$$\omega_x^2 = \omega_y^2 ,$$

und er führte einen Deformationsparameter δ und eine mittlere Oszillatorfrequenz ω_0 durch die Beziehungen ein:

(636)
$$\omega_x^2 = \omega_y^2 = \omega_0^2 \cdot \left(1 + \frac{2}{3} \delta \right)$$
$$\omega_z^2 = \omega_0^2 \cdot \left(1 - \frac{4}{3} \delta \right).$$

Es ist also:

$$(\omega_x^2 + \omega_y^2 + \omega_z^2) \cdot \frac{1}{3} = \omega_0^2.$$

Für $\delta = 0$ erhält man sphärische Symmetrie. $\delta > 0$ beschreibt den Fall zigarrenförmiger Deformation und $\delta < 0$ den Fall des abgeplatteten Rotations-Ellipsoids.

Der Zusammenhang zwischen Q_0 und dem Deformationsparameter ist näherungsweise:

(637)
$$Q_0 = \frac{4}{5} \delta \cdot Z \cdot \langle r^2 \rangle \cdot \left\{ 1 + \frac{1}{2} \delta \right\},$$

wo $\langle r^2 \rangle$ der mittlere quadratische Ladungsradius des Kerns ist*.

Die Parameter C, D und ω_0 wurden so angepaßt, daß für $\delta = 0$ die Energie-Eigenwerte in möglichst gute Übereinstimmung mit den Schalenmodell-Eigenwerten gebracht wurden**.

Die Eigenfunktionen und die Energie-Eigenwerte dieses Hamilton-Operators hat Nilsson mit Hilfe der Methode der Störungstheorie*** berechnet.

Als Basiszustände verwendete er die Eigenzustände des nicht-deformierten Potentialtopfs unter Weglassen des Spin-Bahn-Glieds und des l^2-Terms. Er verwendete die Eigenzustände mit definierter Komponente des Bahndrehimpulses in Richtung von z': $l_{z'} = \Lambda \cdot \hbar$ und mit definierter Eigendrehimpuls-Komponente in Richtung von z': $s'_z = \Sigma \cdot \hbar$.

Die Basiszustände sind damit durch die Quantenzahlen charakterisiert:

$$|N l \Lambda \Sigma \rangle.$$

---

*Mottelson and Nilsson, Mat.Fys.Dan.Vid.Selsk. 1, no 8 (1959).

**Es wurden die Schalenmodellparameter von Klinkenberg, Rev.Mod.Phys. 24, 63 (1952), zugrunde gelegt.

***Die Methode der Störungstheorie ist folgende:
Man stellt die gesuchte Eigenfunktion ψ_i des Hamilton Operators H dar als Linear-Kombination in einem vollständigen orthogonalen Funktionensystem $|u_\alpha \rangle$, der sogenannten Basis:

$$|\psi_i \rangle = \sum_\alpha a_{i\alpha} \cdot |u_\alpha \rangle.$$

Geht man mit diesem Ansatz in die Schrödinger-Gleichung:

$$H \cdot |\psi_i \rangle = E_i |\psi_i \rangle$$

hinein und bildet:

$$\langle \psi_k |H| \psi_i \rangle = \langle \psi_k |E_i| \psi_i \rangle,$$

so entsteht ein lineares Gleichungssystem für die Koeffizienten $a_{i\alpha}$. Man löst dieses Gleichungssystem durch Diagonalisierung der Matrix $\langle u_k |H| u_i \rangle$.

Die genaue Gestalt dieser Eigenfunktionen des drei-dimensionalen harmonischen Oszillator-Potentials hatten wir bei der Behandlung des Schalenmodells auf Seite 490 explizit hergeleitet. N ist die Oszillator-Quantenzahl. Die Komponente des Gesamtdrehimpulses in Richtung der z'-Achse, Ω, ist dann natürlich:

$$\Omega = \Lambda + \Sigma.$$

Diese Basis ist besonders praktisch, da sie zu besonders wenigen und einfach zu berechnenden nicht-Diagonal-Gliedern der Hamilton-Matrix führt.

Nilsson hat sich bei der Diagonalisierung der Hamilton-Matrix auf die Elemente einer Oszillator-Schale N beschränkt. Da außerdem nur Basiszustände des gleichen Ω beitragen, ergeben sich bei dieser Näherung nur Beiträge einiger weniger Basiszustände, und man hat eine Hamilton-Matrix von nur sehr niedrigem Rang zu diagonalisieren.

Die Ergebnisse für die Wellenfunktionen, sie werden heute allgemein Nilsson-Wellenfunktionen genannt, und die Ergebnisse für die Energie-Eigenwerte als Funktion des Deformationsparameters sind in den zitierten Arbeiten von Nilsson und von Mottelson und Nilsson ausführlich dargestellt und tabelliert.

Diese Tabellen verwenden die folgende Parametrisierung:

1. Bei der Veränderung der Oszillator-Frequenzen ω_x, ω_y und ω_z mit der Größe der Deformation wurde die Tröpfchen-Modellvorstellung zugrunde gelegt, daß das Kernvolumen bei der Deformation unverändert bleibt; daraus folgt, daß das Produkt der Frequenzen konstant bleibt:

$$\omega_x \cdot \omega_y \cdot \omega_z = \text{const}$$

und ω_0 eine schwache Abhängigkeit von δ bekommt. Diese lautet:

$$(638) \qquad \omega_0(\delta) = \mathring{\omega}_0 \cdot \left(1 - \frac{4}{3}\,\delta^2 - \frac{16}{27}\,\delta^3\right)^{-\frac{1}{6}}.$$

Die Energie-Eigenwerte sind in Einheiten von $\hbar \cdot \omega_0(\delta)$ berechnet.

2. Die Stärke der Spin-Bahn-Aufspaltung wird durch einen Parameter κ beschrieben, der definiert ist durch:

$$(639) \qquad \kappa = -\frac{1}{2} \frac{C}{\hbar \mathring{\omega}_0}.$$

Die richtige Größe der Spin-Bahn-Aufspaltung erhält man für:

$$\kappa \approx 0,05.$$

3. Die Größe des l^2-Terms wird durch einen Parameter μ beschrieben, der definiert ist durch:

$$(640) \qquad \mu = \frac{2D}{C}.$$

Für die einzelnen Oszillator-Schalen werden verschieden große Werte von μ verwendet. μ nimmt mit zunehmendem N zu, da die Abweichungen vom Parabelpotential bei den schweren Kernen am größten sind. Nilsson tabellierte die Wellenfunktionen für die Parameter:

$$\mu = 0 \quad , \text{ für: } N = 0, 1 \text{ und } 2;$$

$$\mu = 0,35, \text{ für: } N = 3;$$

$$\mu = 0,45, \text{ für: } N = 4, 5 \text{ und } 6;$$

$$\mu = 0,40, \text{ für: } N = 7.$$

4. An Stelle des Deformationsparameters δ wird bei der Tabellierung ein Deformationsparameter η verwendet, der definiert ist durch:

$$(641) \qquad \eta = \delta \cdot \frac{\omega_0(\delta)}{\kappa \cdot \mathring{\omega}_0} = \frac{\delta}{\kappa} \cdot \left[1 - \frac{4}{3} \delta^2 - \frac{16}{27} \delta^3 \right]^{-\frac{1}{6}}.$$

Als Beispiel sei im folgenden die Tabellierung der Nilsson-Wellen-funktionen für die Oszillator-Schale $N = 5$ und für $\Omega = 5/2$ wieder-gegeben*. Die Basisfunktionen $|\ Nl\ \Lambda\ \Sigma\ \rangle$ sind:

$$|\ 552\ +\rangle,\quad |\ 532\ +\rangle;\quad |\ 553\ -\rangle \text{ und } |\ 533\ -\rangle.\ **$$

Tabelle 19

Die Nilsson-Wellenfunktionen für die Schale $N = 5$, $\Omega = \dfrac{5}{2}$:

		$\eta = -6$	$\eta = -4$	$\eta = -2$	$\eta = 0$	$\eta = +2$	$\eta = +4$	$\eta = +6$
	$r^\alpha_{N\Omega}$	−5,889	−6,883	−6,410	−4,400	−1,688	1,293	4,396
	a_{52}	0,442	0,300	−0,113	0,000	0,042	0,056	0,060
[503]	a_{32}	0,755	0,717	−0,553	−0,378	−0,278	−0,220	−0,183
	a_{53}	−0,311	−0,271	0,139	0,000	−0,085	−0,137	−0,171
	a_{33}	−0,370	−0,568	0,814	0,926	0,956	0,964	0,966
	$r^\alpha_{N\Omega}$	−13,002	−12,441	−11,766	−11,400	−10,840	−10,022	−9,039
	a_{52}	−0,056	0,156	0,158	0,000	0,151	−0,249	0,312
[512]	a_{32}	−0,514	0,609	0,806	0,926	−0,945	0,936	−0,924
	a_{53}	−0,525	0,218	−0,009	0,000	−0,051	0,074	−0,077
	a_{33}	−0,676	0,747	0,571	0,378	−0,286	0,238	−0,208
	$r^\alpha_{N\Omega}$	−16,595	−15,175	−14,743	−15,000	−15,696	−16,559	−17,439
	a_{52}	−0,533	−0,562	0,533	−0,522	0,465	−0,396	−0,334
[523]	a_{32}	0,256	0,253	−0,179	0,000	0,139	−0,201	−0,220
	a_{53}	0,557	0,748	−0,822	0,853	−0,873	0,890	0,906
	a_{33}	−0,583	−0,316	0,092	0,000	−0,057	0,103	0,139
	$r^\alpha_{N\Omega}$	−25,314	−24,968	−25,214	−26,000	−27,243	−28,846	−30,718
	a_{52}	−0,719	0,781	−0,824	0,853	−0,872	0,882	0,887
[532]	a_{32}	0,315	−0,226	0,114	0,000	−0,103	0,187	0,254
	a_{53}	−0,563	0,565	−0,552	0,522	−0,478	0,428	0,380
	a_{33}	0,258	−0,143	0,058	0,000	−0,034	0,053	0,060

---

*Entnommen der Arbeit von Mottelson und Nilsson, Mat. Fys. Dan. Vid. Selsk. 1, no 8 (1959), S. 94.

**Für Σ ist nur das Vorzeichen von Σ eingesetzt, da der Betrag immer 1/2 ist.

Mit Hilfe der tabellierten Koeffizienten $a_{l\Lambda}$ erhält man die Eigenfunktionen:

(642) $$\chi_{N\Omega}^{\alpha} = \sum_{l\Lambda} a_{l\Lambda}^{\alpha} \cdot | N l \Lambda \Sigma \rangle.$$

Die Energie-Eigenwerte erhält man aus den tabellierten Eigenwerten
$r_{N\Omega}^{\alpha}$ zu:

(643) $$E_{N\Omega}^{\alpha} = \left(N + \frac{3}{2}\right) \cdot \hbar\, \omega_0(\delta) + \kappa \cdot \hbar \cdot \overset{\circ}{\omega}_0 \cdot r_{N\Omega}^{\alpha}.$$

Es ist heute üblich, die Nilsson-Eigenfunktionen außer durch die
Angabe von Ω und Parität durch die sogenannten asymptotischen
Quantenzahlen zu charakterisieren. Dies sind die Quantenzahlen:

$$[\, N, n_z, \Lambda \,].$$

Diese Größen sind für deformierte Kerne an sich keine guten Quantenzahlen. Sie werden jedoch asymptotisch gute Quantenzahlen für
$\eta \to +\infty$. n_z ist die Zahl der Null-Durchgänge der radialen Wellenfunktion längs der z'-Achse.

Es ist instruktiv, die Energie-Eigenwerte der verschiedenen Nilsson-
Bahnen als Funktion des Deformationsparameters zu betrachten.

Im stark deformierten Gebiet:

$$150 \leqslant A \leqslant 190$$

liegen die Protonen-Zahlen zwischen den magischen Zahlen 50 und
82 und die Neutronen-Zahlen zwischen den magischen Zahlen 82
und 126. Die in diesem Gebiet liegenden Nilsson-Bahnen sind in
Figur 276 und 277 dargestellt. Auf der Abszissen-Achse sind sowohl
δ als auch η als Deformationsparameter aufgetragen. Die Ordinate
enthält die Energie-Eigenwerte in der Einheit $\hbar \cdot \omega_0(\delta)$. Für $\delta = 0$
erhält man die Schalenmodell-Zustände. Sie sind durch die Schalen-
modell-Quantenzahlen z.B. $h11/2$ gekennzeichnet. Bei $\eta = 0$ ist keine Richtung im Raum ausgezeichnet, und es liegt eine $2j + 1$fache

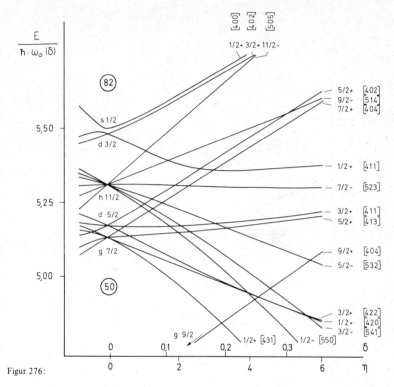

Figur 276:

Nilsson-Diagramm für Einzelteilchen-Zustände zwischen den magischen Zahlen 50 und 82. Die Energie-eigenwerte sind als Funktion des Deformationsparameters dargestellt. Diese Figur ist der Arbeit von Mottelson und Nilsson, Mat.Fys.Skr.Dan.Vid.Selsk. 1, no 8 (1959), entnommen.

Orientierungsentartung vor. Diese wird durch $\eta \neq 0$ sofort aufgehoben; es bleibt nur noch eine 2fache Entartung jedes Zustands übrig. Wegen der Spiegel-Symmetrie des Potentialtopfs sind die Zustände $|\Omega\rangle$ und $|-\Omega\rangle$ entartet. Der $h11/2$ Zustand spaltet also in:

$$\frac{2j+1}{2} = 6$$

Zustände auf, mit den Ω-Werten:

$$\frac{1}{2}; \ \frac{3}{2}; \ \frac{5}{2}; \ \frac{7}{2}; \ \frac{9}{2} \ \text{und} \ \frac{11}{2}.$$

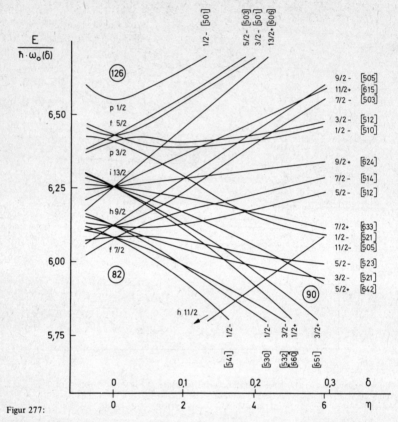

Figur 277:

Nilsson-Diagramm für Einzelteilchen-Zustände zwischen den magischen Zahlen 82 und 126. Diese Figur ist der gleichen Arbeit von Mottelson und Nilsson entnommen.

Die Aufspaltung wird umso stärker, je größer die Deformation wird. Für positive Deformationsparameter, d.h. also zigarrenförmig deformierte Kerne, liegt der Term mit $\Omega = \dfrac{1}{2}$ am tiefsten und der mit $\Omega = j$ am höchsten.

Der Sinn dieser Aufspaltung läßt sich in folgendem klassischen Bild erklären:

Bei $\Omega = j$ liegt der Drehimpuls praktisch in Richtung der Deformationsachse. Das Teilchen läuft an der engsten Stelle des Rotationsellipsoids um. Im Vergleich zu allen übrigen Ω-Zuständen ist $\langle r^2 \rangle$

am kleinsten und damit auch das Trägheitsmoment dieses Teilchens am kleinsten. Seine kinetische Energie:

$$\frac{\hbar^2}{2\theta} \cdot l(l+1)$$

ist deshalb am größten, und wenn man Unterschiede in der mittleren potentiellen Energie der verschiedenen Ω-Zustände vernachlässigt, dann ist damit auch die gesamte Energie am größten.

Man kann diese Überlegung sofort auch auf negative Deformationen übertragen, und man erkennt, daß sich der Sinn der Energieaufspaltung umkehrt in Übereinstimmung mit dem Nilsson-Diagramm.

Wir haben uns bisher darauf beschränkt, die Wellenfunktion eines einzelnen Nukleons zu berechnen, das sich in einem statischen deformierten Potential bewegt. Wenn man nun das Vielteilchen-Problem behandeln will, so ist zu beachten, daß wie bei den sphärischen Kernen wieder verhältnismäßig einfache Verhältnisse dadurch geschaffen werden, daß eine Paarungswechselwirkung wirksam wird. Da die Wellenfunktionen zweier Teilchen in den Zuständen $| \alpha, \Omega \rangle$ und $| \alpha, -\Omega \rangle$ sich wesentlich stärker überlappen als die irgendwelcher anderen Zustände, sind diese Teilchen besonders häufig im Bereich der gegenseitigen Anziehung, und damit tritt zwischen diesen Teilchen die zusätzliche Bindungs-Energie der Paarungswechselwirkung auf.

Ein Kern mit ungerader Massenzahl besteht deshalb aus einem gg-Restkern, der nur aus jeweils zum Spin 0 gekoppelten Nukleonen-Paaren besteht, und aus dem einzelnen unpaarigen Nukleon, das im wesentlichen der Träger der beobachtbaren Eigenschaften des Kerns ist.

Mit der expliziten Tabellierung der Wellenfunktionen aller Einzelteilchen-Bahnen erlaubt das Nilsson-Modell neben der Voraussage aller nieder-energetischen Einzelteilchen-Terme, einschließlich ihrer Spins, Paritäten und Anregungsenergien, auch die magnetischen Momente, elektromagnetischen Übergangswahrscheinlichkeiten usw. vorherzusagen.

Es ist interessant zu prüfen, inwieweit das Nilsson-Modell in Verbindung mit dem Bohr-Mottelson-Modell der Koppelung an die Rotationsbewegung des deformierten Rumpfes die beobachteten Eigenschaften der stark deformierten Kerne richtig wiedergibt:

(94) Systematik der Einzelteilchen-Zustände und der Rotationsbanden stark deformierter Kerne und der Vergleich mit Nilssonmodell und Bohr-Mottelson-Modell.

Lit.: Mottelson and Nilsson, Mat.Fys.Dan.Vid.Selsk. 1, no 8 (1959)
Gallagher and Soloviev, Mat.Fys.Dan.Vid.Selsk. 2, no 2 (1962)

Mottelson und Nilsson haben 1959 einen systematischen Vergleich aller damals gut bekannten Terme der stark deformierten Kerne mit ungerader Massenzahl mit dem Nilsson-Modell durchgeführt.

Das überraschende Ergebnis war dieses:

Alle überhaupt bekannten niedrig angeregten Zustände lassen sich bis auf ganz wenige Ausnahmen ohne Schwierigkeiten und fast immer eindeutig im Nilsson-Modell interpretieren. Zu sehr vielen Einzelteilchen-Zuständen beob-

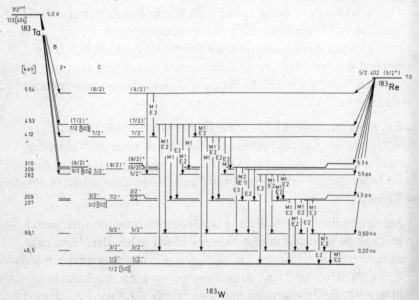

Figur 280:   Zerfallsschema des ^{183}Ta.

achtet man eindeutig die nach dem Bohr-Mottelson-Modell erwarteten Rotationsbanden, und schließlich kann man feststellen, daß umgekehrt auch fast alle nach dem Nilsson-Modell erwarteten Zustände tatsächlich beobachtet werden.

Das Nilsson-Modell scheint die Einzelteilchen-Zustände deformierter Kerne besser zu beschreiben als das einfache Schalenmodell die Einzelteilchen-Zustände sphärischer Kerne. Das mag daran liegen, daß bei sphärischen Kernen, vor allem bei leichten oder mittel-schweren Kernen, offensichtlich trotz der Paarungskraft mehrere Teilchen in einer nicht abgeschlossenen Unterschale in einer Vielzahl von Möglichkeiten zum Gesamtdrehimpuls koppeln können. Bei stark deformierten Kernen scheint dagegen das deformierte Potential in recht wirksamer Weise die Einzelteilchen-Bahnen einer Unterschale voneinander zu entkoppeln bis auf die Paare in „zeitumgekehrten" Zuständen $| \Omega \rangle$ und $| - \Omega \rangle$. Dies geschieht in ähnlicher Weise, wie in der Atomhülle ein starkes äußeres Magnetfeld beim Paschen-Back-Effekt Spin- und Bahndrehimpuls voneinander entkoppelt.

Wir wollen uns hier darauf beschränken, den Vergleich zwischen dem Nilsson-Modell und den tatsächlich beobachteten Termen an zwei willkürlich herausgegriffenen Beispielen aufzuzeigen.

Figur 280 zeigt das Termschema des ^{183}W, so wie es aus Untersuchungen des β^--Zerfalls des ^{183}Ta und des *EC*-Zerfalls des ^{183}Re bekannt ist*. Um die elf beobachteten, niedrig angeregten Terme mit dem Nilsson-Diagramm zu vergleichen, muß man zunächst die Größe des Deformationsparameters abschätzen.

Nehmen wir an, daß die Deformation des ^{183}W vergleichbar ist mit der Deformation der benachbarten gg-Kerne ^{182}W und ^{184}W, so läßt sich δ aus den für diese Isotope beobachteten $B(E2)_{exc}$-Werten (reduzierte *E*2-Übergangswahrscheinlichkeiten, bestimmt aus dem Wirkungsquerschnitt für Coulomb-Anregungen) ableiten.

Für diese beiden Isotope wurde innerhalb der Meßgenauigkeit der gleiche $B(E2)_{exc}$-Wert gemessen**.

Der Mittelwert ist:

$$B(E2)_{exc} = 4{,}44_{40} \cdot 10^{-48} \; e^2 \; cm^{-4}.$$

---

*Nuclear Data B1, no 1 (1966), Diagramm B1 - 1 - 39.

**Nuclear Data A1, no 1 (1965), Seite 80.

Für das innere elektrische Quadrupol-Moment Q_0 folgt daraus:

(644)
$$Q_0 = \left(\frac{16\pi}{5\,e^2}\right)^{1/2} \cdot (B(E2)_{exc})^{1/2}$$

$$= \left(\frac{16\pi}{5} \cdot 4{,}44 \cdot 10^{-48}\right)^{1/2} \text{cm}^2 = 6{,}7 \cdot 10^{-24}\,\text{cm}^2.$$

Verwendet man schließlich den Zusammenhang zwischen Q_0 und δ (s. Seite 785):

$$Q_0 = \frac{4}{5}\,\delta \cdot Z \cdot \langle r^2 \rangle \cdot \left\{1 + \frac{1}{2}\,\delta\right\},$$

so erhält man für δ:

(645)
$$\delta \cdot \left(1 + \frac{1}{2}\,\delta\right) = \frac{5}{4} \cdot \frac{Q_0}{Z \cdot \langle r^2 \rangle}.$$

Setzt man noch näherungsweise (s. Seite 751, Gl. 593):

$$\langle r^2 \rangle = \frac{3}{5}\,R^2, \text{ mit } R = R_0 \cdot A^{1/3},$$

so ergibt unsere Abschätzung:

$$\langle r^2 \rangle = \frac{3}{5} \cdot 1{,}48^2 \cdot 10^{-26} \cdot 183^{2/3}\,\text{cm}^2$$

$$= 42 \cdot 10^{-26}\,\text{cm}^2$$

und damit:

$$\delta\left(1 + \frac{1}{2}\,\delta\right) = \frac{5}{4} \cdot \frac{6{,}7 \cdot 10^{-24}}{74 \cdot 42 \cdot 10^{-26}} = 0{,}27$$

oder

$$\delta = 0{,}24.$$

^{183}W hat 74 Protonen und 109 Neutronen.

Wir müssen damit im Nilsson-Diagramm für die Neutronen-Bahnen zwischen $N = 82$ und $N = 126$ für ein δ von 0,24 alle Terme oberhalb $N = 82$ bis hinauf zu $N = 108$ zweifach besetzen. Dann sollte sich im Grundzustand des

^{183}W das unpaarige Neutron im nächsten Term befinden, der damit Spin und Parität bestimmt.

Die interessierenden Terme des in Figur 279 dargestellten Nilsson-Diagramms sind in Figur 281 noch einmal herausgezeichnet, und die erwartete Besetzung der Terme ist eingetragen.

Man erwartet aufgrund dieses Diagramms für den Grundzustand einen 1/2$^-$-Zustand. Tatsächlich werden dieser Spin und diese Parität beobachtet.

Es folgt eine Rotationsbande mit der Spin-Folge 1/2– 3/2–, 5/2–, 7/2– und 9/2–. Alle Kaskadenübergänge in dieser Bande enthalten kräftige E2-Beimischungen. Aus der Beschleunigung dieser E2-Übergänge folgt eindeutig der kollektive Charakter dieser Zustände.

Der 209 keV Zustand vom Spin 3/2– gehört nicht zu dieser Rotationsbande. Als erstes angeregtes Einzelteilchen-Niveau erwartet man im Nilsson-Diagramm tatsächlich einen 3/2–-Zustand, nämlich die [512]-Bahn. Auch auf diesem Zustand baut sich eine Rotationsbande auf mit der Spin-Folge: 3/2–, 5/2–, 7/2– und 9/2–. Wieder findet man kräftige E2-Beimischungen in den Kaskaden-Übergängen dieser Bande.

Der 9/2+ Zustand bei 310 keV ist der nächste Einzelteilchen-Zustand. Hierbei muß es sich um eine Lochanregung des 9/2+ [624]-Nilsson-Zustands handeln.

Schließlich findet man noch einen Zustand bei 453 keV mit dem Spin 7/2–. Offensichtlich ist dies der nächst-höhere Nilsson-Zustand 7/2– [503] unseres Diagramms.

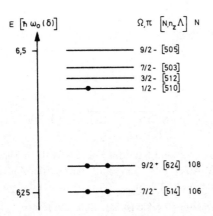

Figur 281:

Ausschnitt aus dem Nilsson-Diagramm in Figur 277. Die eingetragenen Energieterme entsprechen einem Deformationsparameter von δ = +0,24. Man erwartet für den Grundzustand des ^{183}W die in diesem Diagramm eingetragene Besetzung der Terme.

15*

Es ist besonders interessant, daß der 9/2+ Zustand eine extrem lange Lebensdauer von:

$$T_{1/2} \, (309 \text{ keV}) = 5{,}3 \text{ sec}$$

hat, obwohl nach Spin- und Paritätsauswahlregeln die Übergänge zum darunter liegenden 9/2− Zustand und zum 7/2− Zustand erlaubte E1-Übergänge wären.

Bei unserer Interpretation müßte sich jedoch bei diesen Übergängen der „innere Drehimpuls", Ω, von 9/2 nach 1/2 ändern und der asymptotische Bahndrehimpuls, Λ, von 4 nach 0, d.h. um vier Einheiten. Es ist deshalb nicht verwunderlich, daß hier eine ungeheuer starke Behinderung vorliegt. Wir werden uns mit diesem besonderen Phänomen beim Experiment ⑨⑥ ausführlich beschäftigen.

Interessant ist ein Vergleich der absoluten Energien. Um diesen Vergleich durchzuführen, müssen wir $\hbar \cdot \omega_0(\delta)$ abschätzen. Für diesen Vergleich sei die geringfügige δ-Abhängigkeit von ω_0 vernachlässigt.

Wir ersetzen $\omega_0(\delta)$ durch die Oszillator-Frequenz ω_0 des Schalenmodells. Wir hatten oben (s. Seite 489 und 491) gesehen, daß ω_0 mit der Tiefe des Potentialtopfs V_0 und dem Kernradius R in folgender Weise zusammenhängt:

$$\hbar \, \omega_0 = \hbar \cdot \sqrt{\frac{2V_0}{m_N \cdot R^2}}$$

oder:

(646) $$\hbar \, \omega_0 = \frac{\hbar c}{R} \cdot \sqrt{\frac{2V_0}{m_N \cdot c^2}} \ .$$

Mit $V_0 = 40$ MeV und $R = R_0 \times A^{1/3}$ ergibt sich:

$$\hbar \omega_0 = \frac{2 \cdot 10^{-11}}{1{,}48 \cdot 10^{-13} \cdot 183^{1/3}} \cdot \sqrt{\frac{2 \cdot 40}{960}} \ \text{MeV} = 6{,}9 \ \text{MeV}.$$

Der Abstand zwischen 6,5 und 6,25 der Energie-Skala in Figur 281 entspricht also $0{,}25 \times 6{,}9$ MeV $= 1{,}7$ MeV, und damit beträgt der Abstand zwischen dem 1/2− [510]-Zustand und dem 3/2− [512]-Zustand etwa 120 keV.

Die tatsächliche Anregungsenergie ist 207 keV. Andererseits kommt die Anregungsenergie des 9/2+ [624]-Zustands im Nilsson-Diagramm zu groß heraus.

Das Nilsson-Modell versagt in der Voraussage der absoluten Energien der Einzelteilchen-Zustände. Das ist verständlich, wenn man bedenkt, daß schon geringfügige Veränderungen der Parameter zu kräftigen gegenseitigen Verschiebungen der Zustände führen müssen. Befriedigend ist jedoch, daß die Größenordnung der Termabstände besser zu stimmen scheint als beim Schalenmodell für sphärische Kerne.

Wir wollen nun als zweites Beispiel das Term-Schema eines gg-Kerns diskutieren. Der Einfachheit halber betrachten wir den Nachbarkern ^{182}W.

Das Term-Schema, das im β^--Zerfall des ^{182}Ta und im EC-Zerfall des ^{182}Re beobachtet wurde, ist in Figur 282 dargestellt. Um diese Figur übersichtlich zu halten, sind die Gamma-Übergänge nicht eingezeichnet. Es ist dagegen die Interpretation der Terme eingetragen.

Man erkennt die Grundniveau-Rotationsbande mit der Spinfolge 0+, 2+, . . . , 8+. Darüber ist eine Bande, deren Grundzustand man als Vibrationszustand deutet. Es muß sich um eine kollektive Anregung handeln, denn der E2-Übergang zum Grundzustand ist stark beschleunigt.

Wie bei den sphärischen Kernen verhindert die Paarungskraft das Auftreten tiefliegender Zweiteilchen-Zustände. Man findet Zweiteilchen-Anregungen

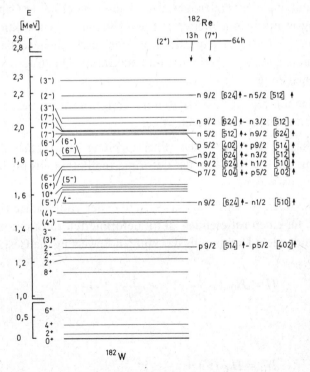

Figur 282:   Termschema des ^{182}W.

erst oberhalb von 1,2 MeV. Es handelt sich sowohl um Zwei-Protonen-Zustän-
de als auch um Zwei-Neutronen-Zustände. Die Interpretation ist eingetragen,
soweit sie eindeutig ist.

Wieder ergibt sich zwanglos eine einfache Deutung aller niedrig angeregter
Terme.

Eine Systematik der Zweiteilchen-Zustände stark deformierter gg-Kerne wurde von Gallagher und Soloviev gegeben, in der die Interpretation einer großen
Zahl von gg-Kernen in diesem Modell versucht wurde.

Natürlich lassen sich mit Hilfe des Nilsson-Modells und des Bohr-
Mottelson-Modells noch viele Feinheiten sorgfältiger studieren. Zum
Beispiel hat man Störungen in den Rotationsbanden durch Coriolis-
Koppelung verschiedener Banden untereinander untersucht; dann
lassen sich die Trägheitsmomente in den verschiedenen Rotationsbanden miteinander vergleichen; dann kann man absolute Gamma-
Übergangswahrscheinlichkeiten mit den Nilsson-Wellenfunktionen
berechnen und mit den gemessenen Werten vergleichen; schließlich
kann man magnetische Momente und elektrische Quadrupol-Momente untersuchen usw.

Wir wollen uns hier auf die Darstellung einiger weniger, besonders
interessanter Phänomene beschränken.

Eines dieser Phänomene ist die „Entkoppelung" der Einzelteilchen-
Bewegung von der Rotation des deformierten Potentialtopfs bei
$K = 1/2$-Zuständen.

Wir hatten oben (s. Seite 766) gesehen, daß der vollständige Hamilton-
Operator für einen rotierenden, stark deformierten Kern mit nicht
verschwindendem Drehimpuls der inneren Bewegung die Gestalt hat:

$$H = H_0 + \frac{1}{2\theta} \cdot \mathbf{I}^2 - \frac{1}{2\theta} \cdot 2 \cdot \mathbf{I} \cdot \mathbf{j}$$

mit:

$$(647) \qquad H_0 = H_{\text{int}}(\mathbf{r}') + \frac{1}{2\theta} \cdot \mathbf{j}^2.$$

Das Koppelungsglied $-\dfrac{1}{2\theta} \cdot 2\,\mathbf{I} \cdot \mathbf{j}$ wurde von Bohr und Mottelson im allgemeinen Fall unberücksichtigt gelassen. Zumindest für niedrige Rotationsdrehimpulse ist dies eine recht gute Näherung.

Für den speziellen Fall $K = 1/2$ zeigten sie jedoch, daß die Koppelung der Einzelteilchenbahn an den deformierten Rumpf so schwach ist, daß der Coriolis-Term $\dfrac{1}{2\theta} \cdot 2\,\mathbf{I} \cdot \mathbf{j}$ zu einer erheblichen Veränderung der Eigenfunktionen und der Energieeigenwerte führt.

Man erkennt dies, wenn man den Coriolis-Term in 0-ter Näherung Störungstheorie berücksichtigt:

Wir formen den Coriolis-Term zunächst in folgender Weise um:

$$(648) \qquad 2\,\mathbf{I} \cdot \mathbf{j} = I_+ \cdot j_- + I_- \cdot j_+ + 2\,I_{z'} \cdot j_{z'} \;*$$

und erhalten damit den Hamilton-Operator:

$$(649) \qquad H = H_0 + \frac{1}{2\theta} \cdot \mathbf{I}^2 - \frac{1}{2\theta}\,(I_+ j_- + I_- j_+) - \frac{1}{2\theta} \cdot 2\,I_{z'} \cdot j_{z'}.$$

Die Eigenfunktionen:

$$\psi^I_{MK} = \left(\frac{2I+1}{16\pi^2} \right)^2 \cdot \{ \chi^\alpha_K\,(\mathbf{r}') \cdot D^I_{MK} + (-1)^{I-K} \cdot \chi^\alpha_{-K} \cdot D^I_{M-K} \}$$
$$(650)$$

diagonalisieren die beiden ersten Terme. Auch der letzte Term ist diagonal. Er liefert den konstanten Zusatz zu den Eigenwerten:

$$(651) \qquad -\frac{\hbar^2}{2\theta} \cdot 2K\Omega = -\hbar^2 \cdot \frac{K^2}{\theta} \qquad\qquad \text{für } K = \Omega.$$

---

*$I_{+(-)}$ und $j_{(+)(-)}$ sind die Leiter-Operatoren: $I_{+(-)} = I_{x'} \underset{(-)}{+} \mathrm{i}\,I_{y'}$ und $j_{+(-)} = j_{x'} \underset{(-)}{+} \mathrm{i}\,j_{y'}$. Damit erhält man unmittelbar:

$$I_+ j_- + I_- j_+ = (I_{x'} + \mathrm{i}\,I_{y'}) \cdot (j_{x'} - \mathrm{i}\,j_{y'}) + (I_{x'} - \mathrm{i}\,I_{y'}) \cdot (j_{x'} + \mathrm{i}\,j_{y'})$$
$$(652)$$
$$= 2\,I_{x'} \cdot j_{x'} + 2\,I_{y'}\,j_{y'}.$$

Wir betrachten nun das vorletzte Glied: $\langle \frac{1}{2\theta}(I_+\,j_- + I_-\,j_+)\rangle$. Hier ist es wesentlich, daß die Leiter-Operatoren j_+ und j_- die z'-Komponente des Drehimpulses j um eine Einheit ändern* . Für $K = +1/2$ führt dieses Glied zu nicht verschwindenden Matrix-Elementen, da die Wellenfunktion Anteile mit $K = +1/2$ und $K = -1/2$ enthält, die sich also in der z'-Komponente des Drehimpulses gerade um eine Einheit unterscheiden. Die Berechnung des Matrix-Elements erfordert einige Rechenarbeit und Kenntnisse über die D-Funktionen. Das Ergebnis lautet:

$$(655) \qquad \langle \frac{1}{2\theta}(I_+\,j_- + I_-\,j_+)\rangle = \frac{\hbar^2}{2\theta}\cdot a\cdot(-1)^{I+\frac{1}{2}}\cdot\left(I+\frac{1}{2}\right)$$

mit:

$$(656) \qquad a = -\langle \chi_{1/2}\,|\,j_+\,|\,\chi_{-1/2}\rangle.$$

Man nennt a auch den Entkoppelungs-Parameter. Zur Berechnung von a ist es zweckmäßig, die innere Wellenfunktion $\chi_{1/2}$ in Eigenfunktionen des $\mathbf{j}^2$-Operators zu entwickeln:

$$(657) \qquad \chi_{1/2}^{\alpha} = \sum_j c_{j1/2}^{\alpha}\cdot\chi_{1/2}^{j}.$$

Damit ergibt sich a zu:

$$(658) \qquad a = \sum_j (-1)^{j-\frac{1}{2}}\cdot\left|\,c_{j1/2}^{\alpha}\,\right|^2\cdot\left(j+\frac{1}{2}\right).$$

---

* Es wird in der Quantenmechanik allgemein bewiesen, daß die folgenden Beziehungen gelten:

$$(653) \qquad j_+\,|\,j,m\rangle = \hbar\cdot\sqrt{(j-m)\cdot(j+m+1)}\cdot|\,j,m+1\rangle$$

und:

$$(654) \qquad j_-\,|\,j,m\rangle = \hbar\cdot\sqrt{(j+m)\cdot(j-m+1)}\cdot|\,j,m-1\rangle$$

(siehe z.B. auch: Eder, Quantenmechanik I, BI 264/264a, Formel 5.12).

Die Energie-Eigenwerte der $K = 1/2$ Rotationsbande lauten damit:

$$\langle E_{\text{rot}} \rangle = \epsilon_0 + \frac{\hbar^2}{2\theta} \cdot \left\{ I(I+1) - K^2 + a \cdot (-1)^{I + \frac{1}{2}} \cdot \left(I + \frac{1}{2} \right) \right\}.$$
(659)

In dieser Formel ist ϵ_0 der Energie-Eigenwert des H_0-Operators für den $K = 1/2$ Zustand.

Die Rotationsformel enthält also ein Zusatzglied, das linear in I ist, und das mit steigendem I alternierendes Vorzeichen hat. Ob sich dieses Glied bemerkbar macht, hängt natürlich von der absoluten Größe von a ab.

Die Berechnung von a läßt sich in jedem Einzelfall unmittelbar mit Hilfe der tabellierten Nilsson-Wellenfunktionen ausführen. Man muß nur die hier verwendete Basis:

$$\text{(660)} \qquad \chi^{j}_{\Omega = \frac{1}{2}} = \left| j\,\Omega \right\rangle$$

in die der Tabellierung der Nilsson-Wellenfunktionen zugrunde liegende Basis transformieren. Wegen:

$$\mathbf{j} = \mathbf{l} + \mathbf{s}$$

lautet diese Transformation:

$$\text{(661)} \qquad \left| j\,\Omega \right\rangle = \sum_{\Lambda \Sigma} \left\langle l\,\frac{1}{2}\,\Lambda\,\Sigma \,\middle|\, j\,\Omega \right\rangle \cdot \left| l\,\Lambda \right\rangle \cdot \left| \frac{1}{2}\,\Sigma \right\rangle .*$$

Man erhält damit die Koeffizienten $c_{j1/2}$ aus den tabellierten Koeffizienten der Nilsson-Wellenfunktion als:

$$\text{(662)} \qquad c^{\alpha}_{j1/2} = \sum_{l \Lambda} \left\langle l\,\frac{1}{2}\,\Lambda\,\Sigma \,\middle|\, j\,\frac{1}{2} \right\rangle \cdot a^{\alpha}_{l\Lambda}.$$

---

*Siehe auch Seite 578 Fußnote; $\left\langle l\,\frac{1}{2}\,\Lambda\,\Sigma \,\middle|\, j\,\Omega \right\rangle$ sind die Clebsch-Gordan-Koeffizienten.

Es ist interessant zu sehen, ob die tatsächlich beobachteten $K = 1/2$ Rotationsbanden die erwartete Anomalie in den Energietermen zeigen:

⑨⑤ Experimentelle Beobachtung des Entkoppelungs-Phänomens bei $K = 1/2$ Rotationsbanden

Lit.: Mottelson and Nilsson, Mat,Fys.Dan.Vid.Selsk. 1, no 8 (1959), table VIII, S. 84

Günther, Hübel, Kluge, Krien, and Toschinski, Nucl.Phys. A 123, 386 (1969)

Kaufmann, Bowman, Bhattacherjee, Nucl.Phys. A 119, 417 (1968)

Einer der am gründlichsten untersuchten Fälle ist die $K = 1/2$ Grundniveau-Rotationsbande in ^{169}Tm. Die untersten Niveaus des ^{169}Tm werden im E.C.-Zerfall des ^{169}Yb bevölkert. Figur 283 zeigt das Zerfallsschema. Man erkennt sofort, daß in der Rotationsbande mit der Spin-Folge 1/2; 3/2; 5/2; 7/2 die Terme 3/2 und 7/2 gegenüber den Termen 1/2 und 5/2 zu niedrig liegen. Ein solcher Effekt wird durch einen negativen Entkoppelungs-Parameter a hervorgerufen. Der Angleich des Entkoppelungs-Parameters a an die

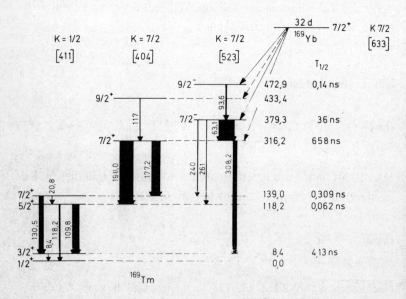

Figur 283:   Zerfallsschema des ^{169}Yb.

beobachteten Termabstände unter Verwendung der Formel für $\langle E_{rot} \rangle$ auf Seite 803 ergibt:

$$a_{exp} = -0,9.$$

Der $K = 1/2$ Grundzustand des ^{169}Tm entspricht im Nilsson-Modell der Bahn [411]. Für eine Deformation von $\delta = 0,29$ errechneten Mottelson und Nilsson:

$$a_{theor} = -0,77.$$

Die Übereinstimmung ist befriedigend. In der oben zitierten Arbeit wird für eine ganze Serie von $K = 1/2$ Banden der beobachtete Entkoppelungs-Parameter mit dem berechneten Wert im Nilsson-Modell verglichen. Diese Tabelle ist im folgenden wiedergegeben:

Tabelle 20

Gemessene und berechnete Entkoppelungsparameter a für $K = \frac{1}{2}$ Rotationsbanden:

Isotop	E_{exc} des Grund-niveaus der Bande	Nilssonbahn $[N, n_z \Lambda]$	Angenommene Deformation δ	$a_{theor.}$	a_{exp}
^{25}Al	450 keV	[211]	0,40	0,0	$-0,02$
^{25}Mg	580 keV	[211]	0,40	0,0	$-0,20$
^{25}Al	2510 keV	[200]	0,37	$-0,2$	$-0,56$
^{25}Mg	2560 keV	[200]	0,37	$-0,2$	$-0,42$
^{25}Al	3090 keV	[330]	0,54	-3	$-3,2$
^{25}Mg	3400 keV	[330]	0,54	-3	$-3,5$
^{165}Er	243 keV	[521]	0,30	0,9	1,0
^{169}Tm	0 keV	[411]	0,29	$-0,9$	$-0,77$
^{171}Tm	0 keV	[411]	0,29	$-0,9$	$-0,87$
^{171}Yb	0 keV	[521]	0,28	0,9	0,85
^{181}W	515 keV	[510]	0,23	$-0,2$	0,22
^{183}W	0 keV	[510]	0,21	$-0,2$	0,17
^{233}Pa	0 keV	[530]	0,23	$-2,5$	$-1,38$
^{235}U	0,08 keV	[631]	0,24	$-0,9$	$-0,25$
^{239}Pu	0 keV	[631]	0,26	$-0,9$	$-0,58$

Die Übereinstimmung ist überzeugend, wenn man berücksichtigt, daß sich für die verschiedenen Einzelteilchenbahnen ganz verschiedene Werte von a ergeben.

Der Entkopplungs-Effekt beeinflußt auch die magnetischen Momente und magnetischen Dipol-Übergangswahrscheinlichkeiten.

Beim [169]Tm sind die Lebensdauern und die magnetischen Dipol-Momente aller vier Niveaus der Rotationsbande experimentell bestimmt worden, und man kennt auch die $M1/E2$ Multipol-Mischungen der Gamma-Übergänge. Eine genaue Analyse durch Günther et al. und durch Kaufmann et al. ergab, daß alle Eigenschaften in dem vorliegenden einfachen Modell sehr gut zu interpretieren sind.

Der Coriolis-Term im Hamilton-Operator der Rotationszustände liefert für die $K = 1/2$ Bande in 0-ter Näherung bereits einen starken Effekt. Es ist deshalb nicht erstaunlich, daß dieses einfache Modell bereits ausreicht, um die wichtigsten beobachteten Eigenschaften der $K = 1/2$ Banden recht gut wiederzugeben.

Es sei noch erwähnt, daß das hier geschilderte Entkoppelungs-Phänomen in ganz entsprechender Form auch in der Molekül-Physik bekannt ist. Die Rotationsspektren zwei-atomiger Moleküle zeigen diesen Effekt besonders ausgeprägt, wenn die inneren Elektronen-Wellenfunktionen einen $^2\Sigma$-Zustand bilden. Dieses Symbol bedeutet, daß der Gesamt-Bahndrehimpuls verschwindet und der Spin $S = 1/2$ ist. In diesem Fall liegt offensichtlich überhaupt keine Koppelung des inneren Drehimpulses an die z'-Achse, die hier die Verbindungslinie der beiden Kerne bildet, vor. Man findet eine ausführliche Diskussion in dem Buch von Herzberg* über Molekülspektren.

Als letztes charakteristisches Phänomen der Rotationsspektren wollen wir die sogenannte K-Auswahlregel diskutieren.

Die K-Auswahlregel ist nur ein Beispiel aus einer Vielzahl von zusätzlichen Auswahlregeln für β^-- und γ-Übergänge zwischen Zuständen stark deformierter Kerne. Herleitungen und zusammenfassende Darstellungen dieser Auswahlregeln findet man in den Originalarbei-

---

*Herzberg, Spectra of Diatomic Molecules, S. 222.

ten von Alaga et al.* und von Mottelson und Nilsson**. Hier sei auf die Herleitung der K-Auswahlregel verzichtet. Die Auswahlregel lautet:

$$(663) \qquad | K_i - K_f | \leqslant \lambda,$$

wo:

$$\lambda = \text{Multipolarität des } \gamma\text{-Übergangs,}$$

d. h. der von der Strahlung übernommene Drehimpuls muß zumindest die Änderung des inneren Drehimpulses (z'-Komponente des Drehimpulses) decken.

(96) Experimente zur K-Auswahlregel

Lit.: Scharff-Goldhaber, McKeown, and Mihelich, Bull.Am.Phys.Soc. 1, 206
(1956)
Stiening and Deutsch, Phys.Rev. 121, 1484 (1961)
Bodenstedt, Körner, Gerdau, Radeloff, Günther und Strube, Z.f.Physik
165, 57 (1961)
Blumberg, Speidel, Schlenz, Weigt, Hübel, Göttel, Wagner, and Bodenstedt, Nucl.Phys. A 90, 65 (1967)
Bodenstedt, Buttler, Radeloff, Meyer, Schänzler, Forker, Wagner,
Krien und Plingen, Z.f.Physik 190, 60 (1966)

Der wahrscheinlich erste Fall eines experimentell beobachteten K-Verbots ist der 58 keV Übergang in ^{180}Hf (s. Figur 284). Dieser isomere Übergang wurde von Scharff-Goldhaber et al. entdeckt und als K-Isomerie gedeutet. Stiening und Deutsch zeigten durch Richtungskorrelationsmessungen, daß der Spin des oberen Zustands 8 ist und daß die Multipolarität überwiegend $E1$ ist. Die Halbwertszeit von

$$T_{1/2} = 5,5 \, h$$

*Alaga, Alder, Bohr, and Mottelson, Dan.Mat.Fys.Medd. 29, no 9 (1955).

**Mottelson and Nilsson, Mat.Fys.Dan.Vid.Selsk. 1, no 8 (1959).

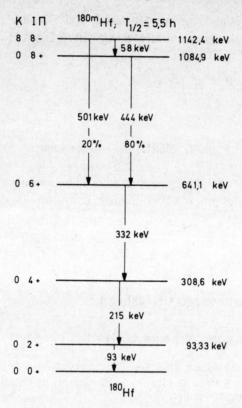

Figur 284:   Zerfallsschema des ^{180m}Hf.

bedeutet, daß gegenüber der Weisskopf-Abschätzung für Einzelteilchen-Übergänge eine Retardierung um einen Faktor 2×10^{-17} vorliegt. Der Grad der Verbotenheit dieses $E1$-Übergangs beträgt hier:

$$\Delta K - \lambda = 8 - 1 = 7,$$

denn der obere Zustand ist ein Zweiteilchen-Zustand mit $K_i = 8$ und der untere Zustand ein Term der Grundniveau-Rotationsbande mit $K_f = 0$. Die Hamburger Richtungskorrelationsgruppe bestimmte die Multipolarität des 501 keV Übergangs auf den 6+ Term. Hier handelt es sich um eine Mischung von $M2$ mit $E3$. Die Retardierungsfaktoren betragen $6,7 \times 10^{-15}$ bzw. $2,6 \times 10^{-10}$.

Ganz ähnliche Verhältnisse liegen beim ^{178}Hf vor. Auch hier findet man einen isomeren $8^-(K = 8) \to 8^+(K = 0)$ Übergang mit $\Delta K = 8$ und der Multipolarität $E1$.

Als nächstes Beispiel sei der 1094 keV Übergang in ^{172}Yb erwähnt (s. Figur 285). Hier ändert sich die K-Quantenzahl um nur drei Einheiten. Trotzdem führt auch hier die K-Auswahlregel zu einer Isomerie. Die Halbwertszeit des oberen Niveaus beträgt 7,95 ns.

Die Bestimmung der Multipol-Mischung des 1094 keV Übergangs stieß auf erhebliche technische Schwierigkeiten. Blumberg et al. gelang schließlich die Lösung dieses Problems. Es handelt sich um eine Mischung von 91% $E2$ und 9% $M1$. Im Vergleich mit der Weisskopf-Abschätzung ist der $M1$-Übergang

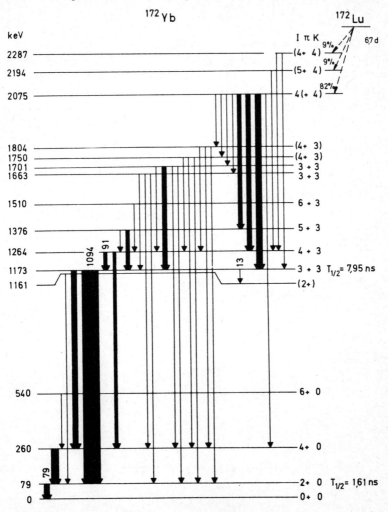

Figur 285:   Zerfallsschema des ^{172}Lu.

um einen Faktor $1,5 \times 10^{-5}$ retardiert und der $E2$-Übergang um einen Faktor $5,3 \times 10^{-2}$.

Schließlich sei noch erwähnt, daß das in Experiment ⑥⑨ erwähnte ^{177}Hf-Isomer mit einer Halbwertszeit von 1,1 Sekunden ebenfalls auf einem hochgradigen K-Verbot beruht. Figur 286 zeigt noch einmal den interessierenden Ausschnitt aus dem Zerfallsschema. Das isomere Niveau ist ein Dreiteilchen-Zustand mit der K-Quantenzahl:

$$K = \frac{23}{2} \ .$$

Der Gamma-Zerfall bevölkert Rotationsniveaus der $K = 7/2$ und der $K = 9/2$ Bande. Auch hier konnten aus gemessenen partiellen Übergangswahrscheinlichkeiten die Hinderungsfaktoren der einzelnen Übergänge abgeleitet werden.

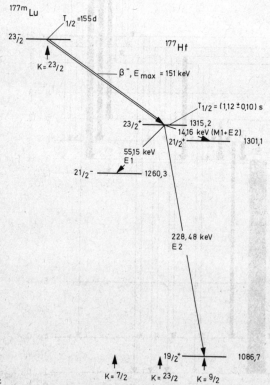

Figur 286:

Ausschnitt aus dem Zerfallsschema des $^{177\text{m}}$Lu. Die isomeren Übergänge im Zerfall des 1315,2 keV Zustands des ^{177}Hf sind dargestellt. Das vollständige Zerfallsschema wurde in Figur 194 bereits dargestellt.

In der folgenden Tabelle sind die hier diskutierten Fälle noch einmal übersichtlich zusammengestellt.

Tabelle 21

Beobachtete Hinderungsfaktoren für K-verbotene Gamma-Übergänge:

Isotop	γ-Übergang [keV]	$\mid K_i - K_f \mid$	Multipolarität	K-Verbot $[\mid K_i - K_f \mid - \lambda]$	$\Gamma_{exp} / \Gamma_{Weisskopf}$
^{180}Hf	58	8	$E1$	7	$2 \cdot 10^{-17}$
			$M2$	6	$6{,}7 \cdot 10^{-15}$
	501	8	$E3$	5	$2{,}6 \cdot 10^{-10}$
^{172}Yb	1094	3	$M1$	2	$1{,}5 \cdot 10^{-5}$
			$E2$	1	$5{,}3 \cdot 10^{-2}$
^{177}Hf	55	8	$E1$	7	$2 \cdot 10^{-14}$
	228.5	7	$E2$	5	$1 \cdot 10^{-8}$

Man entnimmt dieser Tabelle, daß durchweg jeder Grad K-Verbotenheit eine Retardierung um etwa einen Faktor 100 zur Folge hat.

Es sei noch erwähnt, daß die hier genannten Fälle willkürlich aus einer sehr viel größeren Zahl bekannter K-verbotener Gamma-Übergänge herausgegriffen wurden.

Die tatsächlich beobachtete, sehr starke Behinderung der K-verbotenen Gamma-Übergänge liefert noch einmal einen überzeugenden Beweis für die Richtigkeit des Konzepts der starken Koppelung der Einzelteilchen-Bewegung an den deformierten Rumpf und der adiabatischen Mitbewegung bei der Rotation.

Man hat neben der Rotation noch einen weiteren Freiheitsgrad kollektiver Anregungen beobachtet, die Vibrationen.

Man unterscheidet elektrische Dipol-Schwingungen, elektrische Quadrupol-Schwingungen und elektrische Oktupol-Schwingungen, je nachdem, ob die dynamische Deformation des Kerns aus der Gleichgewichtslage zu einem elektrischen Dipol-Moment, einem elektrischen Quadrupol-Moment oder einem elektrischen Oktupol-Moment führt.

Die elektrischen Dipol-Schwingungen stellen ein besonders reizvolles Phänomen dar. Die Dipol-Schwingungen bedeuten, daß im Innern des Kerns die Schwerpunkte der Neutronen und der Protonen nicht mehr zusammenfallen, sondern relativ zueinander oszillieren. Man kann sich vorstellen, daß diese Oszillationen mit sehr großen Direktionskräften verbunden sind und daß deshalb der erste Anregungszustand der elektrischen Dipol-Schwingung bei sehr hoher Energie liegen muß. Die klarsten Verhältnisse liegen für einen gg-Kern vor. Wegen der $E1$-Auswahlregel muß der erste angeregte Zustand der Dipol-Schwingung ein 1^--Zustand sein.

Experimentell entdeckte man die Dipol-Schwingungen bei der systematischen Untersuchung der Energieabhängigkeit des Wirkungsquerschnitts für (γ,n)-Photoprozesse. Man fand empirisch, daß bei allen Kernen bei ca. 15 MeV ein breites ausgeprägtes Maximum im Wirkungsquerschnitt beobachtet wird. Dieses Maximum ist unter dem Namen „Riesenresonanz" (giant resonance) bekannt.

Die theoretische Kernphysik hat diese Resonanz seit ihrer Entdeckung fasziniert, und bis heute ist sie ein hochaktuelles Gebiet der Forschung geblieben. Man weiß heute sicher, daß der Hauptanteil an der Resonanz die kollektive Dipol-Schwingung ist. Die Anregungsenergie dieser Dipolschwingung liegt so hoch, daß der vibrierende Kern instabil gegenüber Neutronen-Emission wird und deshalb mit sehr kurzer Halbwertszeit unter Abgabe eines Neutrons zerfällt. Die Konsequenz dieser kurzen Halbwertszeit ist die Breite der Riesenresonanz.

Man hat sich besonders dafür interessiert, ob die Riesenresonanz die Gestalt einer einfachen Lorentz-Kurve hat oder ob ihr eine Struktur überlagert ist. Der genauen Ausmessung der Riesenresonanz stehen jedoch experimentelle Schwierigkeiten im Wege; denn man benötigt Quellen energievariabler monoenergetischer Gamma-Strahlung im interessierenden Energie-Gebiet zwischen 10 und 30 MeV.

(97) **Beobachtung der Riesenresonanz für Kern-Photoprozesse und die elektrische Dipol-Schwingung der Atomkerne**

Lit.: Fuller, Petree and Weiss, Phys.Rev. 112, 554 (1958)
Fuller and Weiss, Phys.Rev. 112, 560 (1958)
Bramblett, Caldwell, Harvey, and Fultz, Phys.Rev. 133, B 869 (1964)
Danos, Bull.Am.Phys.Soc. 1, 135 (1956)

Fast alle älteren Messungen der Energieabhängigkeit der (γ,n)-Wirkungsquerschnitte wurden mit Hilfe des kontinuierlichen Bremsstrahlspektrums von Betatrons* durchgeführt. Das Bremsstrahlspektrum ist experimentell und theoretisch gut bekannt und hat eine scharf definierte hochenergetische Grenze, die durch die Energie des Elektronenstrahls gegeben ist.

Zur Messung der Energieabhängigkeit des Wirkungsquerschnitts wird die Neutronenausbeute mit sehr hoher Genauigkeit als Funktion der Elektronenenergie gemessen, und die gemessene Ausbeutekurve wird hinterher entfaltet. Es ist selbstverständlich, daß ein solches Verfahren nicht sehr geeignet ist, die Struktur der Riesenresonanz genau auszumessen, da das breite Bremsstrahlspektrum alle Feinheiten so stark verwischt, daß sie durch eine noch so genaue Entfaltung nicht vollkommen reproduziert werden können. Trotzdem hat man das Verfahren zu erstaunlicher Genauigkeit entwickelt. Figur 287 zeigt schematisch die experimentelle Anordnung, die von Fuller et al. am 40 MeV Betatron des National Bureau of Standards in Washington verwendet wurde.

Die im Betatron beschleunigten Elektronen treffen auf ein inneres Target und erzeugen dort die Bremsstrahlung. Die Bremsstrahlung wird hauptsächlich in Flugrichtung der Elektronen emittiert. Noch im Betatron-Bunker wird

---

*Ein Betatron ist ein Teilchenbeschleuniger für Elektronen. Die Elektronen laufen auf konstantem Bahnradius in einer torusförmigen Vakuumkammer herum. Wie beim Zyklotron werden die Teilchen durch ein Magnetfeld, das sogenannte Führungsfeld, über die Lorentzkraft auf eine Kreisbahn abgelenkt. Damit während der Beschleunigung der Bahnradius konstant bleibt, muß das Führungsfeld zeitlich zunehmen.

Ein dem Führungsfeld proportionaler starker magnetischer Fluß durchsetzt das Innere der Kreisbahn der Elektronen. Seine zeitliche Zunahme induziert eine Ringspannung, die die Elektronen beschleunigt. Die Elektronen erfahren genau die richtige Beschleunigung, so daß ihr Bahnradius konstant bleibt, wenn die mittlere Feldstärke des zentralen Beschleunigungsfeldes gerade doppelt so groß ist wie das Führungsfeld.

16*

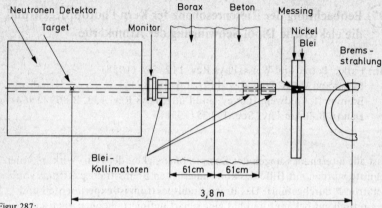

Figur 287:

Experimentelle Anordnung von Fuller et al. zur Ausmessung der Riesenresonanz. Ein kollimierter Strahl des kontinuierlichen Bremsstrahlspektrums, das in einem Betatron erzeugt wird, trifft auf das Target. Der Neutronendetektor besteht aus einem ausgedehnten Paraffin-Zylinder, in den elf lange zylindrische Geigerzählrohre mit BF_3-Füllung eingebettet sind. Die Figur ist der Arbeit von Fuller, Petree und Weiss, Phys. Rev. 112, 554 (1958), entnommen.

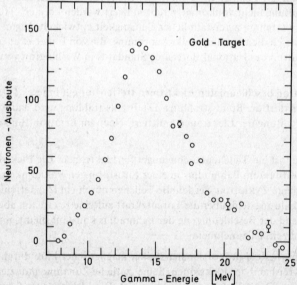

Figur 288:

Beispiel für ein Meßresultat. Die Riesenresonanz wurde an einem Goldtarget ausgemessen. Die Entfaltung des Spektrums ist bereits durchgeführt worden. Diese Figur ist der Arbeit von Fuller und Weiss, Phys.Rev. 112, 560 (1958), entnommen.

durch einen Blei-Kollimator ein schmales Gamma-Bündel ausgeblendet. Drei weitere Blei-Kollimatoren befinden sich am Eingang und Ausgang des durch die Betonwand in die Targethalle führenden Strahlrohrs. Die Strahlintensität wird bei jedem Meßpunkt mit Hilfe eines Gamma-Monitors gemessen. Dieser Monitor besteht aus einer Ionisationskammer mit dünnen Aluminium-Fenstern.

Danach trifft der Strahl das zu untersuchende Target, das sich im Zentrum eines 4π-Neutronendetektors befindet.

Da die Photo-Neutronen mit hoher Energie entstehen, müssen sie zunächst abgebremst werden. Die thermischen Neutronen lassen sich dann mit großer Ansprechwahrscheinlichkeit mit Hilfe von Zählrohren, die mit BF_3 gefüllt sind, nachweisen. Der Neutronendetektor besteht deshalb aus einem großen massiven Paraffin-Zylinder, in den elf BF_3-Zählrohre eingebettet sind.

Figur 288 zeigt als Beispiel das Ergebnis einer Messung der Neutronenausbeute als Funktion der Gamma-Energie für ein Goldtarget. Die Entfaltung ist bereits durchgeführt. Man erkennt einen breiten ausgeprägten „Peak" mit einem Maximum bei etwa 14 MeV. Auf der hoch-energetischen Seite der Resonanz-kurve ist der Abfall flacher, als etwa nach der Breit-Wigner-Formel für eine einzelne Resonanz zu erwarten wäre. Die Ursache liegt vermutlich darin, daß dort zusätzliche ($\gamma,2n$)-Prozesse auftreten. Wir hatten oben gesehen, daß die Bindungsenergie eines einzelnen Neutrons bei etwa 8 MeV liegt. Oberhalb von etwa 16 MeV sollte deshalb der ($\gamma,2n$)-Prozeß möglich werden.

Fuller et al. untersuchten mit der gleichen Anordnung auch eine Reihe von Targets im Gebiet stark deformierter Kerne. Das auffallende Ergebnis war die Aufspaltung der Resonanzkurve in einen Doppelpeak.

Dieser interessante Effekt war von Danos schon 1956 vorausgesagt worden. Er beruht darauf, daß für einen deformierten Kern die elektrische Dipol-Schwingung in Richtung der langen Achse des Ellipsoids langsamer erfolgt als in Richtung der x'- oder der y'-Achse. Danos zeigte, daß die Dipol-Fre-quenzen sich näherungsweise umgekehrt verhalten wie die Achsenlängen.

Man sollte deshalb aus der absoluten Größe der Aufspaltung der beiden „Peaks" direkt auf das Achsenverhältnis und damit auf das Quadrupol-Mo-ment des Kerns schließen können. Da für Rotationsellipsoide die Achsen in Richtung von x' und y' gleich sind, sollte der „Peak" der Riesenresonanz, der einer Schwingung in Richtung dieser Achsen entspricht, eine doppelt so große Intensität haben wie der der Schwingung in Richtung der z'-Achse energetische „Peak" der intensivere, dann muß der Kern in der z'-Richtung verlängert sein, d.h. Q_0 muß positiv sein, und umgekehrt muß ein negatives Quadrupol-Moment vorliegen, wenn der nieder-energetische „Peak" höhere längert sein, d.h., Q_0 muß positiv sein, und umgekehrt muß ein negatives Quadrupol-Moment vorliegen, wenn der nieder-energetische Peak höhere Intensität hat.

Seit kurzem kann man die Gestalt der Riesenresonanzen mit erheblich besserer Genauigkeit ausmessen, als es unter Verwendung der kontinuierlichen Bremsstrahlspektren möglich war. Das Verfahren wurde von Bramblett, Caldwell, Harvey und Fultz entwickelt. Es beruht auf der Erzeugung mono-energetischer Gamma-Strahlung bis herauf zu 30 MeV durch Positronen-Vernichtung im Flug.

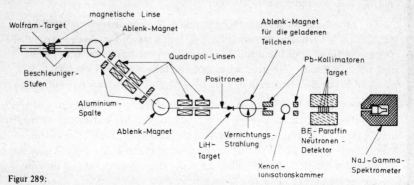

Figur 289:

Experimentelle Anordnung von Bramblett et al. zur Ausmessung der Riesenresonanz unter Verwendung energievariabler, monochromatischer Gamma-Strahlung. Die monochromatische Gamma-Strahlung wird durch Vernichtung von beschleunigten Positronen im Flug erzeugt. Die Figur ist der Arbeit von Bramblett, Cladwell, Harvey und Fultz, Phys.Rev. 133, B 869 (1964), entnommen.

Die experimentelle Anordnung ist in Figur 289 dargestellt. Der wichtigste Teil der Apparatur ist ein zweistufiger Linearbeschleuniger. In der ersten Stufe werden Elektronen auf eine Energie von 10 MeV beschleunigt. Sie treffen dann auf ein 2,5 mm dickes Wolfram-Target. In diesem Target findet neben Bremsstrahlung in erheblichem Umfang Elektron-Positron-Paarerzeugung statt. Ein Teil der Positronen tritt mit niedriger Energie nach rechts aus dem Wolfram-Target aus und wird in der zweiten Stufe des Linearbeschleunigers auf die gewünschte Energie zwischen 8 und 28 MeV beschleunigt. Nach der Beschleunigungsstrecke passiert der Positronenstrahl einen Ablenkmagneten. Das folgende Spaltsystem eliminiert alle Positronen, deren Energie um mehr als etwa 1% von der Soll-Energie abweicht. Über den zweiten Ablenkmagneten und ein Strahlführungssystem mit vier magnetischen Quadrupol-Linsen werden die Positronen auf ein 1,5 mm dickes LiH-Target fokussiert. Ein solches Target ist noch hinreichend dünn, um den Energie-Verlust der hindurchtretenden Positronen recht klein zu halten, andererseits ist es bereits dick genug, um einen merklichen Bruchteil der Positronen durch einen direkten Zusammenstoß mit einem Target-Elektron zum Vernichtungsprozeß zu führen. Die Energie der bei diesem Vernichtungs-Prozeß im Flug in Flugrichtung emittierten Photonen läßt sich in folgender Weise leicht berechnen:

Wenn die kinetische Energie der Positronen bei der Vernichtung E_{kin} beträgt und das Partner-Elektron in Ruhe ist, dann ist die insgesamt im Laborsystem verfügbare Energie:

$$\Delta E = E_{kin} + 2\,m_0\,c^2, \text{ mit } m_0 = \text{Elektronenruhenergie.}$$

Diese Energie wandelt sich beim Vernichtungsprozeß in zwei Photonen um:

$$h\nu_1 + h\nu_2 = E_{kin} + 2\,m_0\,c^2.$$

Wenn sich γ_1 in Flugrichtung des Positrons bewegt, dann muß sich γ_2 in entgegengesetzter Richtung bewegen, damit der Impulssatz befriedigt werden kann.

Der Impuls des Systems vor der Vernichtung ist der Impuls des einlaufenden Positrons:

$$p_i = \frac{1}{c} \cdot (E_{kin}{}^2 + 2E_{kin} \cdot m_0\,c^2)^{1/2}.$$

Nach der Vernichtung muß dieser Impuls von den γ-Quanten übernommen werden:

$$\frac{h\nu_1}{c} - \frac{h\nu_2}{c} = \frac{1}{c} \cdot (E_{kin}{}^2 + 2E_{kin} \cdot m_0\,c^2)^{1/2}$$

oder:

$$h\nu_1 - h\nu_2 = (E_{kin}{}^2 + 2\,E_{kin} \cdot m_0\,c^2)^{1/2}.$$

Die Elimination von $h\nu_2$ liefert:

$$h\nu_1 = \frac{1}{2} \cdot \left\{ (E_{kin}{}^2 + 2E_{kin} \cdot m_0 c^2)^{1/2} + E_{kin} + 2m_0\,c^2 \right\}.$$

Da $m_0 c^2 \ll E_{kin}$, gilt näherungsweise:

$$(E_{kin}{}^2 + 2E_{kin} \cdot m_0\,c^2)^{1/2} = E_{kin} + m_0\,c^2,$$

und man erhält:

$$h\nu_1 = \frac{1}{2} \cdot \left\{ 2E_{kin} + 3m_0\,c^2 \right\}$$

oder:

$$hv_1 = E_{kin} + \frac{3}{2}\, m_0\, c^2$$

$$= E_{kin} + 0{,}77 \text{ MeV.}$$

Die in Flugrichtung der Positronen emittierten Vernichtungsquanten übernehmen also praktisch die kinetische Energie der Positronen.

Die Positronen, die das LiH-Target passiert haben, werden aus dem Strahl entfernt, indem sie durch einen Magneten abgelenkt werden. Der Gamma-Strahl wird durch Blei-Kollimatoren gebündelt und trifft dann in entsprechender Weise, wie bei dem Bremsstrahlexperiment, auf das im Innern eines Neutronen-Detektors montierte Target, an dem die Dipol-Resonanz ausgemessen werden soll.

Um bei jeder eingestellten Gamma-Energie die Gamma-Intensität messen zu können, durchläuft der Gamma-Strahl eine dünnwandige Ionisationskammer, deren Ansprechwahrscheinlichkeit vorher durch Vergleichsmessungen mit einem großen NaJ(Tl)-Szintillationsdetektor als Funktion der Gamma-Energie geeicht wurde.

Das Ergebnis einer Messung am ^{159}Tb ist in Figur 290 dargestellt. Es zeigt einen ausgeprägten Doppel-,,Peak", wobei der ,,Peak" bei höherer Energie die höhere Intensität hat. Dies ist in Übereinstimmung mit einem positiven inneren Quadrupol-Moment.

Bramblett et al. konnten mit der beschriebenen Apparatur experimentell zwischen (γ,n) und $(\gamma,2n)$-Prozessen unterscheiden. Dazu wurden die BF$_3$ Zählrohre im Neutronen-Detektor zu zwei Gruppen zusammengefaßt, und dann wurden jeweils die Einzelzählrate beider Gruppen und die Koinzidenzzählrate registriert. Die Analyse der Meßkurven am ^{159}Tb in (γ,n)- und $(\gamma,2n)$-Prozesse ist in Figur 291 dargestellt. Man erkennt, daß die Einsatzschwellen der zwei Prozesse bei 8,0 bzw. 14,5 MeV liegen.

Bramblett et al. leiteten aus den Verhältnissen der ,,Peak"-Energien das Achsenverhältnis des deformierten Kerns und damit das absolute innere Quadrupol-Moment Q_0 her. Ihr Resultat:

$$Q_0 = + (7{,}0 \pm 1{,}1) \cdot 10^{-24} \text{ cm}^2$$

ist in guter Übereinstimmung mit dem aus dem Wirkungsquerschnitt für Coulomb-Anregung abgeleiteten Wert von:

$$Q_0 = (8{,}4 \pm 0{,}7) \cdot 10^{-24} \text{cm}^2.$$

Dies bestätigt, daß die Natur des Doppel-,,Peaks" richtig erklärt wurde.

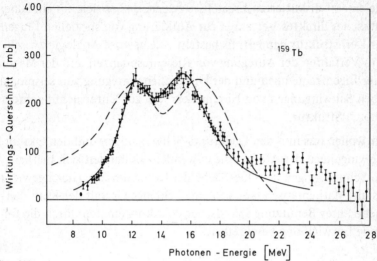

Figur 290:

Meßresultat für die Riesenresonanz am ^{159}Tb. Der Doppelpeak ist charakteristisch für (γ,n)-Reaktionen an stark deformierten Kernen. Die Figur ist der zitierten Arbeit von Bramblett et al. entnommen.

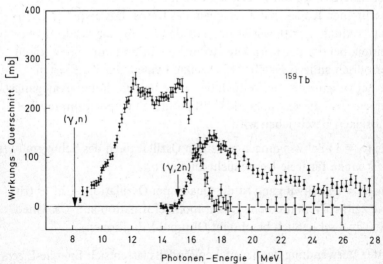

Figur 291:

Analyse der Meßresultate am ^{159}Tb, entnommen der zitierten Arbeit von Bramblett et al.

Die zuletzt diskutierten Ergebnisse zeigen, daß es sich um ein äußerst nützliches direktes Verfahren zur Aufklärung von speziellen Fragen der Kernstruktur handelt. Es besteht eine gewisse Analogie zwischen dem Verfahren der Anregung von Riesenresonanzen und der Messung ihrer Eigenfrequenzen und der künstlichen Anregung von seismographischen Schwingungen von Himmelskörpern zur Untersuchung ihrer inneren Struktur.

Wir wollen uns nun den Quadrupol-Schwingungen und den Oktupol-Schwingungen der Atomkerne zuwenden. Es handelt sich hierbei um Schwingungen der Oberfläche der Kerne um ihre Gleichgewichtsgestalt. Mathematisch läßt sich eine beliebige Gestalt der Kernoberfläche unter Benutzung sphärischer Polarkoordinaten durch die folgende Entwicklung beschreiben:

$$(664) \qquad r(\theta,\varphi) = R_0 \cdot \left\{ 1 + \sum_{\lambda=0}^{\infty} \sum_{\mu=-\lambda}^{+\lambda} \alpha_{\lambda\mu} \cdot Y_\lambda^\mu(\theta,\varphi) \right\}.$$

Zeitlich konstante Werte von $\alpha_{\lambda\mu} \neq 0$ beschreiben eine statische Deformation des Kerns, zeitlich veränderliche Koeffizienten $\alpha_{\lambda\mu}$ beschreiben Kollektiv-Bewegungen des Kerns. Das erste Glied der Entwicklung, $\lambda = 0$, würde eine radiale Schwingung des Kerns bedeuten, bei der der Kern kugelförmig bleibt und nur seinen Radius periodisch ändert. Es gibt bisher keine Evidenz für die Existenz dieser Schwingungen. Vermutlich liegen sie bei sehr hohen Anregungsenergien, da die Kernmaterie recht gut durch eine inkompressible Flüssigkeit beschrieben wird.

Die ($\lambda = 1$)-Schwingungen bedeuten Oszillationen des Schwerpunkts. Sie können für freie Kerne nicht auftreten.

Die ($\lambda = 2$)-Schwingung ist die Quadrupol-Oszillation, d. h. es tritt eine zeitlich veränderliche Quadrupol-Deformation auf. Das Glied mit $\lambda = 3$ schließlich beschreibt Oktupol-Vibrationen.

Unter Verwendung des Tröpfchen-Modells lassen sich Energie-Eigenwerte und Eigenfunktionen der Vibrationszustände berechnen. In diesem Modell liefern der Oberflächenspannungs-Term und der

Coulomb-Abstoßungs-Term die Direktionskraft für die Schwingungen. Beschränkt man sich in der Entwicklung der kinetischen Energie auf das quadratische Glied in $\dot{\alpha}_{\lambda\mu}$:

$$(665) \qquad T = \frac{1}{2} \sum_{\lambda\mu} B_\lambda \cdot \left| \dot{\alpha}_{\lambda\mu} \right|^2$$

und in der Entwicklung der potentiellen Energie auf das quadratische Glied in $\alpha_{\lambda\mu}$:

$$(666) \qquad V = \frac{1}{2} \sum_{\lambda\mu} C_\lambda \cdot \left| \alpha_{\lambda\mu} \right|^2,$$

so erhält man die Schrödinger-Gleichung des harmonischen Oszillators.

Die Anregungszustände sind äquidistant. Bei sphärischen gg-Kernen und $\lambda = 2$ ist der erste angeregte Zustand (Ein-Phonon-Anregung) ein 2+ Zustand. Bei der doppelten Anregungsenergie liegt das Zwei-Phonon-Triplett mit den Spins 0+, 2+ und 4+. Für $\lambda = 3$ hat der erste angeregte Zustand den Spin 3−.

Auf eine ausführliche Durchführung der Berechnungen im Tröpfchen-Modell ist hier verzichtet, da dieses Modell nur eine sehr grobe Näherung der Wirklichkeit darstellt. Es darf nicht verwundern, daß das Tröpfchen-Modell insbesondere die Konstanten B_λ und C_λ nur schlecht wiedergibt. Ähnlich wie bei den Rotationsbewegungen der Atomkerne spielen Einzelteilchen-Effekte eine entscheidende Rolle.

Mehrere mikroskopische Modelle der Kernvibrationen sind in den letzten Jahren entwickelt worden, die die beobachteten Phänomene bereits recht gut wiedergeben. Wegen ihrer Kompliziertheit geht ihre Behandlung über den Rahmen dieses Buches hinaus.

Wir wollen uns auf eine Darstellung der wichtigsten empirischen Ergebnisse beschränken:

(98) Systematik der Quadrupol- und Oktupol-Vibrationen der gg-Kerne

Lit.: Stelson and Grodzins, Nuclear Data A 1, 21 (1965)

Grodzins, Ann.Rev.Nucl.Sc. 18, 291 (1968)

Hansen and Nathan, Nucl.Phys. 42, 197 (1963)

Nathan and Nilsson in Siegbahn: Alpha-, Beta-, and Gamma-Ray
Spectroscopy, N.H.P.C., Amsterdam (1965), Vol. I, Chapter X

Weigt, Herzog, Richter, Hübel, Toschinski and Fechner, Nucl.Phys.
A 122, 577 (1968)

Crannell, Helm, Kendall, Oeser, and Yearian, Phys.Rev. 123, 923 (1961)

Kollektive Anregungen der Atomkerne erkennt man an folgenden charakteristischen Merkmalen:

1. Die Gamma-Übergänge sind gegenüber der Weisskopf-Abschätzung für Einzelteilchen-Übergänge erheblich beschleunigt.
2. Die Anregungsenergien verändern sich stetig mit der Massenzahl und der Ordnungszahl der Isotope.

Man fand empirisch, daß fast ausnahmslos die ersten Anregungszustände der gg-Kerne den Spin 2+ haben und ihre Übergänge zum Grundzustand erheblich beschleunigt sind.

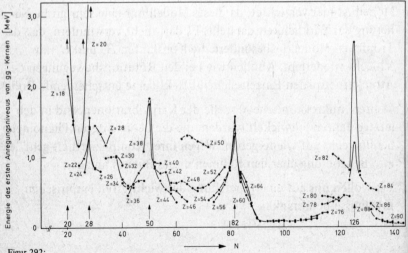

Figur 292:

Energien der ersten Anregungszustände von gg-Kernen. Diese Figur ist dem Buch von Buttlar: „Einführung in die Grundlagen der Kernphysik", Akademische Verlagsgesellschaft Frankfurt 1964, entnommen.

Die Anregungsenergien dieser 2+ Zustände sind in Figur 292 dargestellt. Man erkennt den systematischen Gang mit Z und N. Besonders auffallend ist die Tatsache, daß die Anregungsenergien bei der Annäherung an abgeschlossene Protonen- oder Neutronenschalen regelmäßig zunehmen. Bei den magischen Zahlen selbst treten ausgeprägte Maxima auf.

Die Erklärung liegt darin, daß die abgeschlossenen Nukleonenschalen besonders stabile Konfigurationen darstellen. Sie liefern besonders starke Direktionskräfte für Vibrationsschwingungen und folglich hohe Vibrationsenergien.

Wir haben bereits gesehen, daß die besonders niedrig liegenden 2+ Zustände zwischen $A = 150$ und $A = 190$ und bei $A > 220$ Rotationszustände sind. Dies folgte aus der Systematik der Spins und Anregungsenergien der folgenden Terme.

Die übrigen 2+ Zustände muß man als Quadrupol-Vibrationen interpretieren. In sehr vielen Fällen findet man tatsächlich auch bei etwa der doppelten Anregungsenergie das erwartete Zwei-Phononen-Triplett mit den Spins 0+, 2+ und 4+. Diese Terme sind zwar nicht entartet, sie liegen jedoch dicht beieinander.

Die Messung der Halbwertszeiten der 2+ Vibrationszustände läßt sich im allgemeinen nicht mit Hilfe der Technik verzögerter Koinzidenzen durchführen, denn diese Halbwertszeiten liegen zwischen 10^{-11} sec und 10^{-12} sec. Man hat jedoch in den meisten Fällen diese Halbwertszeiten aus den gemessenen Wirkungsquerschnitten für Coulomb-Anregung ableiten können. Eine sorgfältige Zusammenstellung von Stelson und Grodzins ist in der Zeitschrift: Nuclear Data (A 1, 21 (1965)) veröffentlicht. Man findet in dieser Arbeit eine Tabellierung der reduzierten Übergangswahrscheinlichkeiten $B(E2)_{\text{exc}}$.

Für Rotationsübergänge hatten wir aus den $B(E2)$-Werten das innere Quadrupol-Moment Q_0 und damit die Größe der Deformation abgeleitet (s. Gl. 631 und 645):

$$B(E2)_{\text{exc}} = \frac{5}{16\pi} \cdot e^2 \cdot Q_0^2 \cdot \langle I_{\text{i}}\, 2\, K\, 0 \mid I_{\text{f}}\, K \rangle^2$$

oder mit: $\langle 0\, 2\, 0\, 0 \mid 2\, 0 \rangle = 1$:

$$B(E2)_{\text{exc}} = \frac{5}{16\pi} \cdot e^2 \cdot Q_0^2.$$

Bei axialsymmetrischer statischer Quadrupol-Deformation hat die Oberfläche des Kerns die Gestalt:

$$(667) \qquad R(\vartheta, \varphi) = R_0 \cdot \left\{ 1 + \alpha_{20} \cdot Y_2^0(\vartheta, \varphi) \right\}.$$

Stelson und Grodzins definieren als Quadrupol-Deformationsparameter β_2 diesen Koeffizienten α_{20}:

(668) $$\beta_2 = \alpha_{20}.$$

Berechnet man für einen Kern dieser Gestalt und homogener Ladungsdichte das innere elektrische Quadrupol-Moment Q_0, so ergibt sich:

$$Q_0 = \langle \,| \, r^2 \cdot (3\cos^2\vartheta - 1) \cdot \rho \,| \,\rangle,$$

wo ρ = Protonendichte = $\dfrac{3Z}{4\pi\,R_0^3}$. Man erhält damit:

$$Q_0 = \frac{3Z}{4\pi\,R_0^3} \cdot \int\limits_{\varphi=0}^{2\pi} \int\limits_{\vartheta=0}^{\pi} \int\limits_{r=0}^{R(\delta,\,\varphi)} r^2\,(3\cos^2\vartheta - 1)\,r^2 dr \cdot \sin\vartheta \cdot d\vartheta \cdot d\varphi.$$

Die Integration über r liefert:

$$= \frac{3Z}{4\pi\,R_0^3} \cdot \int\limits_{\varphi=0}^{2\pi} \int\limits_{\vartheta=0}^{\pi} \frac{R^5(\vartheta,\,\varphi)}{5}\,(3\cos^2\vartheta - 1) \cdot \sin\vartheta \cdot d\vartheta \cdot d\varphi$$

oder:

$$= \frac{3Z}{4\pi\,R_0^3} \cdot \frac{1}{5} \cdot R_0^5 \cdot \int\limits_{\varphi=0}^{2\pi} \int\limits_{\vartheta=0}^{\pi} (1 + \beta_2 \cdot Y_2^0(\vartheta,\varphi))^5 \cdot (3\cos^2\vartheta - 1)$$

$$\cdot \sin\vartheta \cdot d\vartheta \cdot d\varphi.$$

Für kleine β_2 kann man setzen:

$$= \frac{3Z}{5\cdot 4\pi} \cdot R_0^2 \int\limits_{\varphi=0}^{2\pi} \int\limits_{\vartheta=0}^{\pi} \{ 1 + 5\beta_2\, Y_2^0(\vartheta,\varphi) \} \cdot (3\cos^2\vartheta - 1)$$

$$\cdot \sin\vartheta \cdot d\vartheta \cdot d\varphi.$$

Man setzt nun:

$$Y_2^0(\vartheta\ \varphi) = \sqrt{\frac{5}{16\pi}} \cdot (3\cos^2\vartheta - 1)$$

ein und integriert über φ:

$$Q_0 = \frac{3Z}{5 \cdot 2} \cdot R_0^2 \cdot$$

$$\cdot \int\limits_{\vartheta = 0}^{\pi} \{1 + 5\beta_2 \cdot \sqrt{\frac{5}{16\pi}} \cdot (3 \cos^2 \vartheta - 1)\}(3 \cos^2 \vartheta - 1) \cdot \sin \vartheta \cdot d\vartheta.$$

Nun führt man noch die Integration über ϑ aus und erhält für den Zusammenhang zwischen dem Deformationsparameter β_2 und dem inneren Quadrupol-Moment Q_0:

$$(669) \qquad Q_0 = \beta_2 \cdot \frac{3}{\sqrt{5\pi}} \cdot Z \cdot R_0^2.$$

Man erhält damit für β_2:

$$(670) \qquad \beta_2 = \frac{\sqrt{5\pi}}{3Z \cdot R_0^2} \cdot Q_0 = B(E2)_{\text{exc}}^{1/2} \cdot \frac{4\pi}{3Z \cdot R_0^2 \cdot e}.$$

Stelson und Grodzins haben die durch diese Formel definierte Größe β_2 nicht nur für Rotationsübergänge, sondern auch für Vibrationsübergänge berechnet und tabelliert. Da bei Vibrationsübergängen das innere Quadrupol-Moment nicht zeitlich konstant ist, sondern schwingt, hat jetzt β_2 eine etwas andere physikalische Bedeutung. β_2 bedeutet jetzt die dynamische Quadrupol-Deformation, d.h. die mittlere Amplitude der Quadrupol-Schwingung.

Es ist interessant, die Systematik dieser β_2-Werte zu verfolgen: In Figur 293 ist β_2/β_{2sp} als Funktion von N und Z dargestellt. β_{2sp} ist die in gleicher Weise definierte dynamische Quadrupol-Deformation für Einzelteilchen-Übergänge. Zu ihrer Berechnung wurde für $B(E2)$ die Weisskopf-Abschätzung eingesetzt.

Aus dem Zusammenhang zwischen β_2 und $B(E2)$ folgt unmittelbar, daß

$$(671) \qquad \left(\frac{\beta_2}{\beta_{2sp}}\right)^2 = H$$

der Faktor ist, um den der kollektive Übergang beschleunigt ist.

Man erkennt aus Figur 293, daß bei den magischen Neutronenzahlen $N = 28$; 50; 82 und 126 β_2 sich dem Einzelteilchenwert β_{2sp} nähert. Ebenfalls findet man Minima von β_2 für $Z = 28$; 50 und 82. Die Erklärung ist offensichtlich wieder darin zu sehen, daß für abgeschlossene Nukleonenzahlen eine besondere

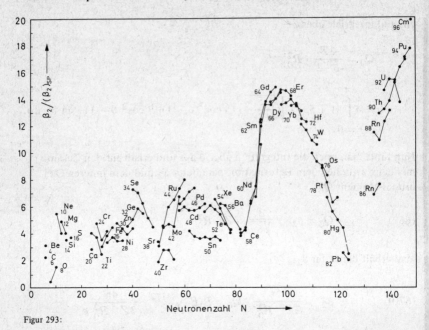

Figur 293:

Systematik der „Quadrupolstärke" der $(2+ \rightarrow 0+)$-Übergänge der gg-Kerne. Diese Figur ist der Arbeit von Stelson und Grodzins, Nuclear Data A 1, 21 (1965), entnommen.

Stabilität vorliegt und damit die Amplituden der Quadrupol-Schwingungen klein sind. Extrem große Werte von β_2 zwischen Samarium und Osmium sowie oberhalb von Radium zeichnen die stark deformierten (statisch deformierten) Kerne aus.

Höhere Vibrationsanregungen als die des Zwei-Phononen-Tripletts sind bisher nur selten beobachtet worden. Das bekannteste Beispiel ist ^{106}Pd. Das Zerfallsschema ist in Figur 294 dargestellt. Diese Figur ist dem Artikel von Nathan und Nilsson: „Collective Nuclear Motion and the Uniform Model" entnommen. Die neben Spin und Parität eingetragene Quantenzahl N besagt, daß das entsprechende Niveau als N-Phononen Anregung klassifiziert wurde. Vom Zwei-Phononen-Triplett werden alle drei Terme beobachtet. Die höheren Mehr-Phononen-Multipletts werden dagegen nur unvollständig bevölkert.

Untersuchungen der Multipol-Mischungen der Gamma-Übergänge durch Weigt et al. ergaben jedoch, daß zumindest die höheren Glieder mit $N = 4$ bzw. 5 keine besonders reinen Vibrationszustände sein können.

Wenn die Protonen und Neutronen in gleicher Weise an der Kernvibration beteiligt sind, dann sollte das gyromagnetische Verhältnis genauso wie bei der kollektiven Rotation näherungsweise durch

$$(672) \qquad g_{vib} = \frac{Z}{A}$$

gegeben sein. Andererseits erwartet man aufgrund der kleineren Beschleunigungsfaktoren (10 –20 gegenüber etwa 100 bei den Rotationsübergängen), daß vielleicht doch nur einige wenige Nukleonen wesentlich am Vibrationsdrehimpuls beteiligt sind. Der Anteil der Neutronen und der Anteil der Protonen könnte sich von Isotop zu Isotop mit Rücksicht auf die Schalenstruktur kräftig verändern.

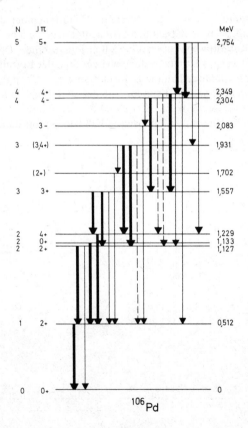

Figur 294:

Termschema des ^{106}Pd. Die Zahlen in der Spalte ganz links auf der Figur unter *N* bedeuten die Schwingungsquantenzahlen. Diese Figur ist der Arbeit von Nathan und Nilsson in Siegbahn: Alpha-, Beta-. and Gamma-Ray Spectroscopy, North Holland Publ.Comp., Amsterdam 1965,entnommen. Einige Spinzuordnungen sind korrigiert entsprechend der Arbeit von Weigt et al., Nucl.Phys. A 122, 577 (1968).

Die bisher vorliegenden Meßresultate für g_{vib} sind recht unvollständig und noch nicht sehr zuverlässig. Wegen der kleinen Halbwertszeiten kommen nur Verfahren in Frage, die die sehr kräftigen magnetischen Hyperfeinfelder in ferro magnetischen Wirtsgittern ausnutzen, um Gamma-Winkelverteilungen nach Coulomb-Anregungen oder Gamma-Gamma-Richtungskorrelationen zu stören.

Figur 295 zeigt eine Zusammenstellung der bisher gewonnenen Ergebnisse. Sie ist dem Übersichtsartikel von Grodzins (Ann.Rev.Nucl.Sc.) entnommen. Man erkennt, daß die g-Faktoren innerhalb der großen Meßfehlergrenzen recht gut durch Z/A beschrieben werden. Mit zunehmender Massenzahl ist ein stetiger Abfall des g-Faktors von etwa 0,5 beim Eisen bis etwa 0,3 beim Platin angedeutet.

In diesem Diagramm sind auch g_{vib}-Werte für Vibrationen der stark deformierten Kerne angegeben. Tatsächlich beobachtet man auch bei diesen Kernen neben der Rotationsbewegung reine Vibrationszustände. Der Spin der Vibrationsbewegung ist jetzt jedoch wie der Spin der Einzelteilchen-Bewegungen im Nilsson-Modell an die Deformationsachse gekoppelt. Es gibt die beiden Möglichkeiten, daß die Komponente des Vibrations-Spins in Richtung der Deformationsachse die Werte $K = 0$ und $K = 2$ annimmt. Im ersten Fall spricht man von β-Vibrationen, im zweiten Fall von γ-Vibrationen.

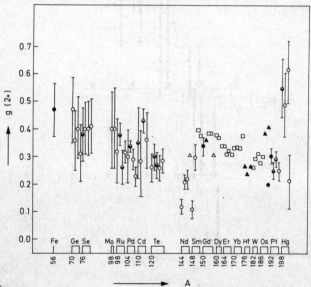

Figur 295:

Experimentelle Resultate für die g-Faktoren von Vibrationszuständen. Diese Figur ist der Arbeit von Grodzins, Ann.Rev.Nucl.Sc. 18, 291 (1968), entnommen.

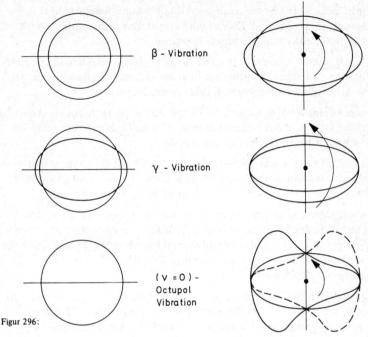

Figur 296:

Schematische Darstellung der γ-Vibration, der β-Vibration und der Oktupolvibration.

Bei den β-Vibrationen bleibt die **Axialsymmetrie des deformierten Kerns** erhalten, die Größe der Deformation schwingt jedoch um ihren Gleichgewichtswert. Bei der γ-Vibration dagegen verformt sich der Kern zu einem axial-asymmetrischen Ellipsoid. Diese beiden Schwingungsformen sind in Figur 296 schematisch dargestellt.

Die Anregungsenergien der γ- und β-Vibration liegen bei den stark deformierten Kernen mit $150 \leqslant A \leqslant 190$ bei etwa 1 MeV. Sie sind leicht von Zweiteilchen-Anregungen durch die Beschleunigung der $E2$-Übergänge zu unterscheiden.

Man kennt die β- und γ-Vibrationszustände bei fast allen stark deformierten gg-Kernen. Auf diesen Zuständen bauen sich wieder Rotationsbanden auf in entsprechender Weise wie bei den Zweiteilchen-Anregungen. Man spricht von der β-Bande und von der γ-Bande.

Wir wollen uns nun den Oktupol-Vibrationen zuwenden.

Hierbei handelt es sich um Oberflächenschwingungen der Form:

$$(673) \qquad r(\theta, \varphi) = R_0 \cdot \left\{ 1 + \sum_{\mu = -3}^{+3} \alpha_{3\mu}(t) \cdot Y_3^\mu(\theta, \varphi) \right\}.$$

17*

Für sphärische Kerne ist der niedrigste Oktupol-Anregungszustand (Ein-Phonon-Anregung) ein 3^--Zustand. Dies ist eine unmittelbare Konsequenz der Auswahlregeln für elektrische Oktupol-Übergänge.

Die 3^--Oktupol-Vibration liegt meist zu hoch, um sie im radioaktiven Zerfall beobachten zu können. Es gelingt jedoch, sie systematisch durch unelastische Streuung energiereicher geladener Teilchen anzuregen.

In Frage kommen hochenergetische Elektronen sowie Deuteronen, Alphateilchen oder Protonen. Schließlich hat man auch die Coulomb-Anregung mit Hilfe schwerer Ionen erfolgreich angewendet.

Figur 297 gibt eine Zusammenstellung der experimentell beobachteten niedrigsten Oktupol-Anregungen von gg-Kernen. Diese Zusammenstellung ist der oben zitierten Arbeit von Hansen und Nathan entnommen.

Die Anregungsenergien sind niedriger, als man sie bei konsequenter Berechnung mit Hilfe des Tröpfchen-Modells (hydrodynamisches Modell*) erwarten würde. Der Gang mit der Massenzahl kommt jedoch richtig heraus. Die eingetragene Linie gibt genau 40% der nach dem Tröpfchen-Modell erwarteten Anregungsenergien wieder.

Die gemessenen $B(E3)$-Werte liegen um einen Faktor zwischen 30 und 130 höher als die Weisskopf-Abschätzung für eine Einzelteilchen $E3$-Anregung. Dies zeigt eindeutig, daß es sich um eine kollektive Anregung handelt.

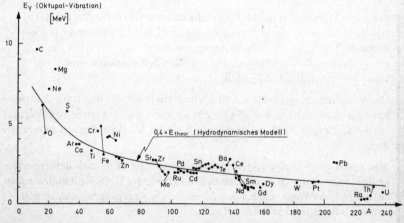

Figur 297:

Anregungsenergien der niedrigsten Oktupolanregungen von gg-Kernen. Diese Figur ist der Arbeit von Hansen und Nathan, Nucl.Phys. 42, 197 (1963), entnommen.

---

*Bohr und Mottelson, Mat.Fys.Medd.Dan.Vid.Selsk. 27, 16 (1953).

Ähnlich wie bei den Quadrupol-Schwingungen treten auch hier Besonderheiten bei den stark deformierten Kernen durch die Kopplung des Vibrationsdrehimpulses an die Deformationsachse auf. Im Prinzip kann die Komponente des Oktupol-Vibrationsdrehimpulses in Richtung der Deformationsachse alle Werte zwischen $K = 0$ und $K = 3$ annehmen. Bisher hat man jedoch nur die $(K = 0)$-Oktupol-Vibration bei einer Reihe von stark deformierten Kernen sicher nachgewiesen.

Für Rotationsbanden, die sich auf einen $(K = 0)$-Zustand negativer Parität aufbauen, folgt aufgrund ähnlicher Überlegungen, wie sie für die Grundniveau-Rotationsbande der gg-Kerne explizit erörtert wurde, daß jeder zweite Rotationszustand wegfällt. Allerdings hat jetzt die negative Parität zur Folge, daß nur die Rotationszustände mit ungeradem Drehimpuls möglich sind, so daß die Rotationsbande einer $(K = 0)$-Oktupol-Vibration die charakteristische Spinfolge hat:

$$I = 1^-; 3^-, 5^-, 7^-; \ldots$$

Ein typisches Beispiel einer solchen Bande findet man im ^{226}Ra (s. Figur 298). Unter den niedrig angeregten Zuständen des ^{226}Ra hat man neben der Grundniveau-Rotationsbande mit der Spinfolge 0+; 2+; 4+; 6+ die $(K = 0)$-Oktupol-Rotationsbande mit der Spinfolge 1−; 3− und 5− identifiziert.

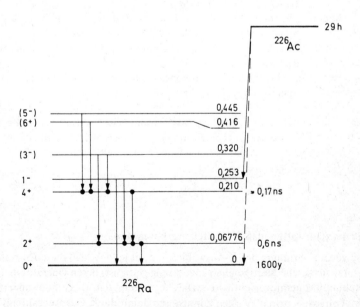

Figur 298:   Termschema des ^{226}Ra.

Die bisherigen Ergebnisse über Vibrationsanregungen von Atomkernen scheinen anzudeuten, daß an diesen kollektiven Bewegungen doch nur verhältnismäßig wenige Nukleonen beteiligt sind. Das stärkste Argument sind die $B(E2)$-Werte, die eine nur mäßige Beschleunigung gegenüber den Einzelteilchen-Übergängen anzeigen.

Eine für die Aufklärung der Struktur der Vibrationsbewegungen sehr wertvolle weitere Information liefert die Untersuchung der Multipol-Mischungen von Übergängen zwischen den tiefsten β- oder γ-Vibrationszuständen der deformierten gg-Kerne und den 2+ Rotationszuständen:

(99) Systematik der $M1$-Beimischungen bei Gamma-Übergängen zwischen Vibrations- und Rotationszuständen stark deformierter gg-Kerne

Lit.: Hamilton, International Conference on Radioactivity in Nuclear Spectroscopy, Nashville (1969)

Bodenstedt, International Conference on Radioactivity in Nuclear Spectroscopy, Nashville (1969)

Günther, Strube, Wehmann, Engels, Blumberg, Luig, Lieder, Bodenstedt und Körner, Z.f.Physik 183, 472 (1965)

McGowan, International Conference on Radioactivity in Nuclear Spectroscopy, Nashville (1969)

Wir wollen zunächst die Übergänge von Gamma-Vibrationsniveaus betrachten. Es handelt sich also um Übergänge von einem 2+ ($K = 2$)-Niveau auf ein 2+ ($K = 0$)-Niveau. Formal wäre nach der K-Auswahlregel

$$\Delta K \leqslant \lambda$$

bereits zu erwarten, daß $M1$-Anteile verboten sind.

Ein genaues Studium der K-Auswahlregel zeigt jedoch, daß diese Auswahlregel nur für solche Multipolübergänge streng gültig ist, deren Operatoren keine Drehimpulsoperatoren enthalten. Dies liegt daran, daß Drehimpulsoperatoren als „Leiteroperatoren" wirken können und damit die K-Quantenzahl um eine Einheit ändern können. Genau dieses Phänomen hatten wir bereits bei der

Behandlung des Entkopplungseffekts bei $(K = 1/2)$-Rotationsbanden unter der Wirkung des Coriolis-Terms

$$\frac{1}{2\theta} \cdot \mathbf{I} \cdot \mathbf{j}$$

ausführlich diskutiert (s. Seite 800).

Der magnetische Dipoloperator enthält aber Drehimpulsoperatoren, und deshalb verschwinden im vorliegenden Fall die $M1$-Matrixelemente trotz $\Delta K = 2$ nicht automatisch.

Das kollektive Modell verlangt das Verschwinden der $M1$-Amplituden aus einem anderen Grunde:

Mit dem kollektiven Drehimpuls $\mathbf{I}$ ist bei Annahme einer gleichmäßigen Beteiligung von Neutronen und Protonen und bei Annahme einer gleichmäßigen Verteilung von Neutronen und Protonen im Kern das magnetische Moment verknüpft:

$$(674) \qquad \mu = \frac{Z}{A} \cdot \mu_k \cdot \frac{\mathbf{I}}{\hbar} \, .$$

Wenn aber der Operator des magnetischen Moments bis auf einen skalaren Faktor gleich dem Drehimpuls-Operator $\mathbf{I}$ ist, dann ist wie oben (S. 772) diskutiert wurde, der Operator des magnetischen Moments in den Kernzuständen diagonal und alle $M1$-Übergangsmatrixelemente verschwinden.

Es ist interessant zu prüfen, wie genau diese Vorhersage des kollektiven Modells erfüllt ist.

Der Nachweis einer geringen $M1$-Amplitude in einem starken $E2$-Übergang ist mit Hilfe von Konversionsmessungen nicht möglich; denn $E2$-Übergänge sind wesentlich stärker konvertiert als $M1$-Übergänge, so daß das Verfahren unempfindlich wird. Außerdem ist die Genauigkeit der berechneten Konversionskoeffizienten beschränkt. Die einzigen in Frage kommenden Verfahren sind Messungen von Gamma-Gamma-Richtungskorrelationen und Messungen der Gamma-Winkelverteilungen nach Coulomb-Anregung der Vibrationsniveaus.

Bei der Richtungskorrelationsmethode hat man prinzipiell zwei Möglichkeiten: man kann die Richtungskorrelation des $2+ (K = 2) \Rightarrow 2+ (K = 0)$-Übergangs mit dem folgenden Rotationsübergang zum Grundzustand messen, oder man kann die Richtungskorrelation mit einem beliebigen Gamma-Übergang untersuchen, der das Gamma-Vibrationsniveau bevölkert (s. Figur 299). Um aus den gemessenen Koeffizienten, A_2 und A_4, die Koeffizienten des $2+ (K = 2) \Rightarrow 2+ (K = 0)$-Übergangs abzuleiten, muß man durch die Koeffizienten des zweiten Übergangs der Kaskade dividieren. Im ersten Fall sind dessen Koeffizienten bekannt, denn der $2+ \Rightarrow 0+$ Rotationsübergang muß

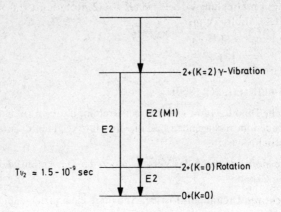

Figur 299:

Schematische Darstellung der in Frage kommenden beiden Kaskaden für die Bestimmung des Multipolmischung des Vibrations-Rotationsübergangs.

ein reiner $E2$-Übergang sein. Im zweiten Fall mißt man gleichzeitig die Richtungskorrelation mit dem „cross-over"-Übergang vom 2+ ($K = 2$)-Vibrationsniveau auf den Grundzustand, dessen Koeffizienten genauso bekannt sind und kann damit die absoluten Koeffizienten des den Vibrationszustand bevölkernden Übergangs ermitteln.

Der $M1/E2$ Mischungsparameter δ hängt sehr empfindlich von den Richtungskorrelationskoeffizienten des 2+ ($K = 2$) $\Rightarrow$ 2+ ($K = 0$)-Übergangs ab. Diese Abhängigkeit ist in Figur 300 dargestellt. Das linke Diagramm beschreibt die

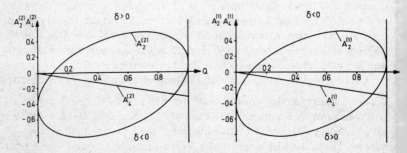

Figur 300:

Abhängigkeit der Richtungskorrelationskoeffizienten $A_2^{(i)}$ und $A_4^{(i)}$ eines $(2 \to 2)$-Übergangs vom $M1/E2$ Mischungsparameter δ. Das linke Diagramm gilt für den Fall, daß der interessierende Übergang der erste Übergang in der Kaskade ist, und das rechte Diagramm, wenn er der zweite Übergang ist.

Koeffizienten für den Fall, daß der interessierende Übergang der erste in der Kaskade ist, und das rechte Diagramm entsprechend, wenn er der zweite Übergang ist. Q ist der prozentuale $E2$-Anteil und hängt mit δ zusammen durch:

$$Q = \frac{\delta^2}{1 + \delta^2} \qquad\qquad \text{(siehe auch Seite 580ff.).}$$

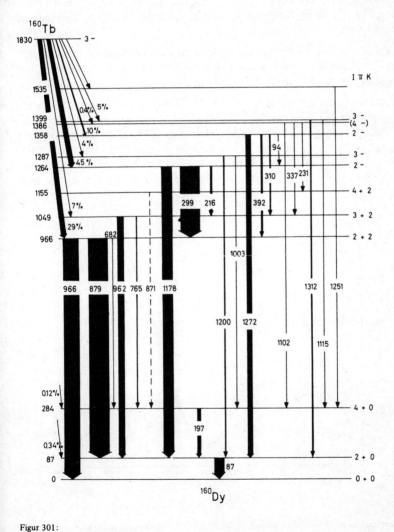

Figur 301:

Zerfallsschema des ^{160}Tb.

Die Steilheit der Ellipse für $A_2^{(i)}$ in der Umgebung von $Q = 1$ liefert die große Empfindlichkeit für den Nachweis kleiner $M1$-Beimischungen. Mißt man außerdem sowohl mit dem vorhergehenden als auch mit dem folgenden Gamma-Übergang, so hat ein endlicher $M1$-Anteil zur Folge, daß man in beiden Fällen einen verschiedenen Wert von $A_2^{(i)}$ erhält. Im einen Fall liegt $A_2^{(i)}$ oberhalb des Berührungspunktes der Ellipse mit der Vertikalen bei $Q = 1$ und im anderen Fall entsprechend darunter. Dies liefert einen empfindlichen Test für systematische Fehler in der Analyse der absoluten Richtungskorrelationskoeffizienten.

Die Schwierigkeiten liegen in der exakten Analyse der Koinzidenzspektren bei komplexen Zerfallsschemata und in der Messung der Abschwächung der Richtungskorrelation im 2+ Rotationsniveau.

Als Beispiel sei die Messung am ^{160}Dy ausführlicher beschrieben (Günther et al.). Figur 301 zeigt das Zerfallsschema des ^{160}Tb. Die mit NaJ-Detektoren integral gemessene Richtungskorrelation der 879 - 87 keV Kaskade (s. Figur 302) enthält erhebliche Beimischungen anderer Kaskaden. Zur Analyse wurde z.B. das Koinzidenzspektrum mit der 87 keV Linie bei drei Winkeln ($\theta = 180°$, $135°$ und $90°$) gemessen und für jeden Kanal einzeln a_0, A_2 und

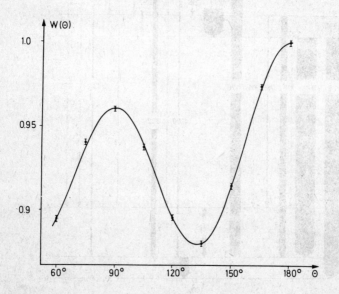

Figur 302:

Meßresultat für die (879 - 87) keV Kaskade im Zerfall des ^{160}Tb. Die Messung wurde mit Hilfe einer Dreidetektor-Apparatur unter Verwendung von NaJ-Detektoren durchgeführt. Die Figur ist der Arbeit von Günther et al., Z.f.Physik 183, 472 (1965), entnommen.

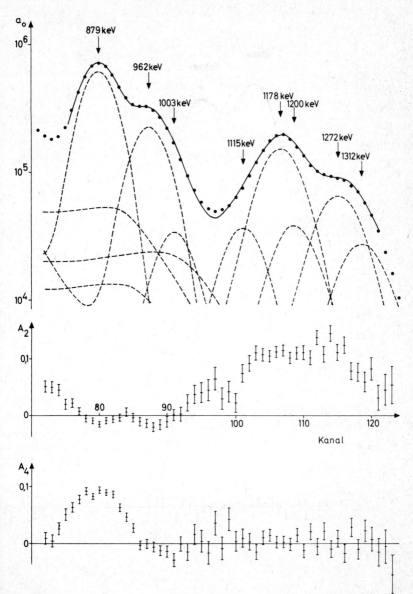

Figur 303:

Meßresultat für das Koinzidenzspektrum mit der 87 keV Linie, aufgenommen bei den drei Winkeln $\theta = 180°$, $135°$ und $90°$. Für jeden Kanal wurden die Richtungskorrelationskoeffizienten a_0, A_2 und A_4 berechnet, und die a_0-Kurve wurde analysiert. Diese Figur ist der zitierten Arbeit von Günther et al. entnommen.

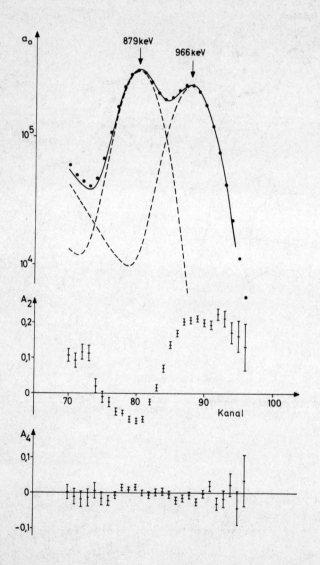

Figur 304:

Meßresultat für das Koinzidenzspektrum mit der 299 keV-Strahlung. Analyse wie in Figur 303. Diese Figur ist der zitierten Arbeit von Günther et al. entnommen.

A_4 berechnet*. Das Ergebnis für A_2, A_4 und a_0 einschließlich der Computer-Analyse von a_0 ist in Figur 303 dargestellt. Die Messung der Koeffizienten des 879 keV Übergangs unter Verwendung der Richtungskorrelation mit der das obere Niveau bevölkernden 299 keV Strahlung ist wesentlich einfacher und exakter, wie das Ergebnis der Messung der Koinzidenzspektren mit der 299 keV Strahlung in Figur 304 zeigt.

Die Ergebnisse der auf Öffnungswinkel, Beimischungen und Abschwächungen korrigierten Richtungskorrelationen liefern für die Koeffizienten des 879 keV Übergangs im ersten Fall:

$$A_2^{(1)} = + 0,071_{14}; \ A_4^{(1)} = - 0,306_8$$

und im zweiten Fall:

$$A_2^{(2)} = + 0,206_{10}; \ A_4^{(2)} = - 1,6_{3,2}.$$

Tatsächlich unterscheiden sich die $A_2^{(i)}$ Werte; der erste liegt unter dem Berührungspunkt der Ellipse und der zweite oberhalb des Berührungspunkts. Das Ergebnis für δ lautet:

$$\delta = + 17,7 \begin{smallmatrix} + 5,2 \\ - 2,8 \end{smallmatrix}.$$

Es entspricht einem prozentualen $E2$-Anteil von:

$$Q = 0,9980 \begin{smallmatrix} + 0,0009 \\ - 0,0012 \end{smallmatrix}.$$

Es ist bemerkenswert, daß ein $M1$-Anteil von nur $2°/°°$ einen solch kräftigen Effekt auf die A_2-Koeffizienten hat.

Zahlreiche weitere Messungen sind durchgeführt worden. Zum Teil gelang es erst unter Verwendung hochauflösender Ge-Detektoren sichere Resultate zu

---

*Die Meßdaten wurden durch Richtungskorrelationen:

$$(675) \qquad W(\theta) = a_0 + a_2 \cdot P_2(\cos\theta) + a_4 \cdot P_4(\cos\theta)$$

beschrieben. Die normierten Koeffizienten sind:

$$A_2 = \frac{a_2}{a_0} \ \text{und} \ A_4 = \frac{a_4}{a_0}.$$

erzielen. Besonders aussichtsreich erscheint auch die Messung der Winkelverteilung des 2+ ($K = 2$) ⇒ 2+ ($K = 0$) Gamma-Übergangs nach Coulomb-Anregung des Vibrationsniveaus. Ein Bericht über mehrere Messungen dieser Art wurde von McGowan et al. auf der Nashville-Konferenz gegeben.

Eine Zusammenstellung der zur Zeit genauesten Ergebnisse ist in der folgenden Tabelle wiedergegeben:

Tabelle 22

Experimentelle Ergebnisse über $M1$-Beimischungen in Übergängen zwischen γ-Vibrationsniveaus und 2+ Rotationsniveaus. (Die Daten sind einem Übersichtsvortrag des Autors auf der Nashville-Konferenz 1969 entnommen):

Isotop	E_γ[MeV] 2+ ($K=2$)⇒2+($K=0$)	δ	Q
^{152}Sm	0,965	$+ 13{,}7^{+\,3{,}4}_{-\,2{,}4}$	$0{,}9947^{+\,19}_{-\,24}$
^{154}Gd	0,873	$+ 10{,}1^{+\,1{,}4}_{-\,1{,}1}$	$0{,}9900^{+\,22}_{-\,25}$
^{156}Gd	1,065	$\delta < - 5$	$> 0{,}96$
^{160}Dy	0,879	$+ 17{,}7^{+\,5{,}2}_{-\,2{,}8}$	$0{,}9980^{+\,9}_{-\,12}$
^{166}Er	0,706	$\delta > + 2{,}5$	$> 0{,}86$
^{168}Er	0,743	$- 65^{+\,26}_{-\,135}$	$> 0{,}9993$
^{182}W	1,120	$+ 4 < \delta < + 10$	$0{,}97^{+\,2}_{-\,3}$
^{184}W	0,793	$+ 15^{+\,1{,}4}_{-\,0{,}9}$	$0{,}9956^{+\,3}_{6}$
^{186}W	0,610	$- 30^{+\,25}_{-\,10}$	$0{,}9990^{+\,6}_{-\,20}$
^{186}Os	0,630	$\delta < - 33$	$> 0{,}999$
^{188}Os	0,478	$+ 18^{+\,5}_{-\,3}$	$0{,}997^{+\,2}_{-\,3}$
^{190}Os	0,371	$+ 14{,}3^{+\,10{,}7}_{-\,4{,}3}$	$0{,}995^{+\,3}_{-\,5}$
^{192}Pt	0,296	$- 6{,}7^{+\,0{,}5}_{-\,0{,}5}$	$0{,}980^{+\,2}_{-\,3}$
^{196}Pt	0,333	$+ 5{,}48^{+\,0{,}1}_{-\,0{,}1}$	$0{,}968^{+\,1}_{-\,1}$

Tatsächlich sind die $M1$-Amplituden durchweg sehr klein. Sie sind jedoch definitiv nicht null. Meist tritt ein positives Vorzeichen von δ auf, in einigen Fällen ist δ jedoch mit Sicherheit negativ.

Man hat auch $M1$-Beimischungen in den γ-Übergängen zwischen 2+ β-Vibrationsniveaus und 2+ Rotationsniveaus untersucht. Da es sich ebenfalls um reine Kollektivanregungen handelt, sollten auch hier die $M1$-Matrixelemente verschwinden.

Für die reduzierte $E2$-Übergangswahrscheinlichkeit liefert das Modell der Oberflächenschwingungen eines inkompressiblen Flüssigkeitströpfchens:

$$B(E2, 2+(K=0)_{\beta vib} \rightarrow 2+(K=0)_{rot}) = 2 \cdot B(E2)_{phon} \cdot \langle 2\,2\,2 - 2 \mid 2\,0 \rangle^2, \text{ *}$$

(676)

wo $B(E2)_{phon}$ die reduzierte $E2$-Übergangswahrscheinlichkeit für den Vibrationsübergang zum Grundzustand bedeutet.

Messungen der Multipol-Mischungen dieser Übergänge sind technisch schwieriger durchzuführen als bei den Übergängen von γ-Vibrationsniveaus. Dies liegt daran, daß die β-Vibrationsniveaus schwach bevölkert werden und daß Beimischungen anderer Kaskaden meist sehr groß sind.

Die umfangreichsten und erfolgreichsten Experimente sind bisher von der Winkelkorrelationsgruppe von Hamilton an der Vanderbilt Universität in Tennessee durchgeführt worden. Er gibt auf der Nashville Konferenz 1969 einen zusammenfassenden Bericht über den Stand dieses Gebiets.

Die Ergebnisse für die verschiedenen Isotope sind recht verschieden: Für den 2+ $(K = 0)_{\beta vib} \rightarrow 2+(K = 0)_{rot}$-Übergang im ^{154}Gd ($E_\gamma = 692$ keV) findet man:

$$\delta = - 10^{+\,5}_{-\,3},$$

was einem Q von 0,98 entspricht; d. h. hier beträgt der $M1$-Anteil tatsächlich nur etwa 2%.

Dagegen ergibt die Messung bei dem entsprechenden Übergang im ^{178}Hf ($E_\gamma = 1183$ keV):

$$\delta = - 0,38_8, \quad \text{oder} \quad Q = 0,124.$$

Hier überwiegt also die Multipolarität $M1$ mit einem prozentualen Anteil von 87,6%.

---

*Bohr and Mottelson in Siegbahn: Alpha-, Beta-, and Gamma-Ray Spectroscopy, North Holland Publ.Comp., Amsterdam 1950, p. 482 (formula 14).

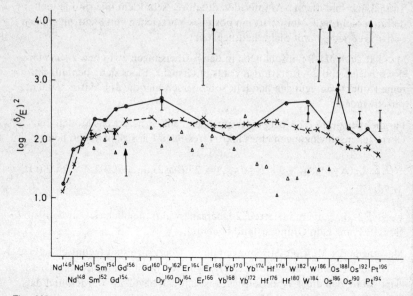

Figur 305:

Vergleich der experimentellen Werte für den $E2/M1$-Mischungsparameter von 2+ Vibrations- 2+ Rotationsübergängen mit theoretischen Berechnungen. Die voll ausgezogene Kurve und die gestrichelte Kurve wurde von Greiner mit etwas verschiedenen Ansätzen berechnet. Die dreieckigen Punkte geben die Berechnungen von Bès et al. wieder. Die Punkte mit Fehlerbalken oder Pfeilen sind die Meßresultate bzw. Werte für unter Grenzen für $\log (\delta/E)^2$.

Über die zu erwartende Größe der $M1$-Beimischungen in γ-Übergängen zwischen γ-Vibrations- und Rotationsniveaus liegen mehrere theoretische Untersuchungen vor.

In Figur 305 sind die experimentellen Ergebnisse mit den Berechnungen von Greiner* und von Bès et al.** verglichen.

Greiner geht bei seinen Berechnungen davon aus, daß die verschieden starke Paarungswechselwirkung zu einer verschieden starken Deformation der Protonenverteilung und der Neutronenverteilung im Kern führen muß.

Der Effekt ist nicht nur der, daß der g_R-Faktor von Z/A abweicht, sondern der Vektor des magnetischen Moments bekommt auch eine

*Greiner, Nucl.Phys. 80, 417 (1966).

**Bès, Federman, Maqueda, and Zuker, Nucl.Phys. 65, 1 (1965).

von I verschiedene Richtung. Man kann dies formal durch Verwendung eines Tensors für das gyromagnetische Verhältnis beschreiben.

Nun verschwinden auch die $M1$-Übergangsmatrixelemente nicht mehr, und Greiner berechnete die Größe der zu erwartenden $M1/E2$-Mischungsparameter.

Er führte zwei numerische Berechnungen durch. In der einen ging er von einer unterschiedlichen Paarungskraft aus; in der anderen verwendete er experimentell beobachtete Abweichungen des g_R-Faktors von Z/A. Die Ergebnisse beider Berechnungen sind in Figur 305 eingetragen.

Bès et al. führten eine mikroskopische Berechnung der zu erwartenden $M1/E2$-Mischungsparameter durch. Ihre Ergebnisse beruhen auf der Annahme, daß Beimischungen von Zwei-Teilchenzuständen zu den Kollektivanregungen für die $M1$-Amplituden verantwortlich sind.

Der Vergleich mit den experimentellen Daten zeigt, daß die beobachteten $M1$-Amplituden im allgemeinen noch kleiner sind, als beide Theorien vorhersagen.

Darüber hinaus ist zu beachten, daß beide Theorien positive Vorzeichen für δ fordern, während mit Sicherheit in einigen Fällen negative Vorzeichen beobachtet wurden.

Kumar und Baranger* konnten bei Elementen im Übergangsgebiet zu sphärischen Kernen in der Platin- und Osmiumgegend auch negative Vorzeichen deuten.

Bei den γ-Übergängen zwischen β-Vibrationsniveaus und Rotationsniveaus sind die experimentellen Ergebnisse zur Zeit noch weniger verstanden. Es wäre nützlich, wenn mehr Daten vorliegen würden.

Ein Modell, das entwickelt wird, um die $M1$-Beimischungen zu erklären, müßte natürlich gleichzeitig auch die Verzweigungsverhältnisse im Zerfall der Vibrationsniveaus richtig wiedergeben.

Die Vibration der Atomkerne ist ein komplexes Phänomen. Das

---

*Kumar and Baranger, Nucl.Phys.A 92, 608 (1967), Nucl.Phys.A 122, 273 (1968).

Modell der Oberflächenschwingungen eines inkompressiblen Flüssigkeitströpfchens ist sicher eine sehr grobe Vereinfachung der wirklichen Verhältnisse. Andererseits ist man heute sicher, daß der Freiheitsgrad der Vibration in der Struktur der Atomkerne eine viel größere Rolle spielt, als man früher angenommen hatte. Wichtig ist in diesem Zusammenhang die Beobachtung, daß in den niederenergetischen Übergängen sehr vieler sphärischer Atomkerne mit ungerader Massenzahl der $E2$-Anteil größer ist, als man nach der Weisskopf-Abschätzung erwartet. In vielen Fällen ist man heute sicher, daß es sich hier um sogenannte „Core-Anregungen" handelt. Der gg-Restkern wird in den 2+ Vibrationszustand angeregt, und der Spin des unpaarigen Einzelteilchens koppelt in verschiedener Weise mit dem Spin des vibrierenden Restkerns. Dies führt zu den sogenannten „Core"-Anregungsmultipletts, die zuerst von de Shalit[*] vorhergesagt wurden; man spricht auch vom de Shalit-Modell.

Zwischen dem Einzelteilchen-Drehimpuls und dem Drehimpuls der Vibrations-Anregung des gg-Restkerns besteht natürlich eine Kopplung, denn mit der Vibration des Restkerns ist eine Veränderung des Potentialtopfs verknüpft. Je stärker diese Kopplung ist, umso größer ist die Termaufspaltung innerhalb des Core-Anregungsmultipletts (s. Figur 306).

De Shalit leitete in der zitierten Arbeit[*] unter der Annahme einer schwachen Kopplung eine Reihe charakteristischer Eigenschaften dieses Multipletts ab.

Eine Beziehung ist als „Schwerpunktsatz" bekannt: die Anregungsenergie des Schwerpunkts der Multiplett-Terme sollte mit der Anregungsenergie der 2+ Vibration des gg-Restkerns zusammenfallen.

Dann sollten die Gamma-Übergänge zwischen den Gliedern des Multipletts und dem Grundzustand beschleunigte $E2$-Übergänge sein, und die reduzierte Übergangswahrscheinlichkeit $B(E2)$ sollte mit dem $B(E2)$-Wert des gg-Restkerns identisch sein.

---

[*]de Shalit, Phys.Rev. 125, 1530 (1961).

Schließlich lassen sich leicht Ausdrücke für die magnetischen Momente der Terme des Multipletts angeben sowie auch für die $M1$-Übergangswahrscheinlichkeiten innerhalb des Multipletts.

De Shalit gab in seiner Arbeit mehrere ungerade sphärische Kerne an, die alle den Spin 1/2 im Grundzustand haben und deren niedrigste angeregte Zustände offensichtlich ein Core-Anregungsdublett bilden. Es handelt sich um die Isotope ^{203}Tl, ^{205}Tl, ^{107}Ag, ^{109}Ag und ^{179}Hg. In allen diesen Fällen liegen beschleunigte $E2$-Übergänge zum Grundzustand vor, und $B(E2)$ ist absolut etwa gleich groß wie der entsprechende Wert für den Vibrationsübergang des gg-Restkerns.

Wenn der Spin des Grundzustands 3/2 beträgt, dann sollte das Multiplett aus vier Termen mit den Spins 1/2, 3/2, 5/2 und 7/2 bestehen, und bei noch größeren Werten des Grundniveau-Spins sollte die Kopplung mit der Restkern-Vibration zu einem Quintett führen.

Tatsächlich hat man bisher nur in sehr wenigen Fällen bei höheren Spins eindeutig „de Shalit-Multipletts" identifizieren können, und meist findet man dann nur einige wenige Terme dieser Multipletts.

Wegen der beschleunigten $E2$-Übergangswahrscheinlichkeit für Übergänge zwischen den Termen des Multipletts und dem Grundzustand stellt die Coulomb-Anregung eine ideale Methode dar, um diese Multipletts anzuregen:

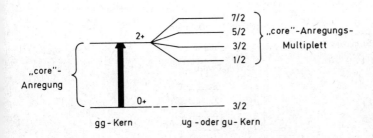

Figur 306:

Schematische Darstellung eines „core"-Anregungsmultipletts.

100 Beobachtung von „Core"-Anregungsmultipletts nach Coulomb-Anregung mit Hilfe von ^{16}O-Ionen

Lit.: Elbek, Gove, and Herskind, Mat.Fys.Medd.Dan.Vid.Selsk. 34, no 8 (1964)
Hertel, Fleming, Schiffer, and Grove, Phys.Rev.Letters 23, 488 (1969)

Besonders reine de Shalit-Multipletts sind natürlich in solchen Fällen zu erwarten, wo die ungerade Nukleonenzahl gerade um eins größer ist als eine magische Zahl. Elbek et al. wählten aus diesem Grunde für ihre Experimente die Isotope ^{63}Cu und ^{65}Cu aus. Die Ordnungszahl von Kupfer ist 29. Der gg-Restkern ^{62}Zn bzw. ^{64}Zn hat deshalb die magische Protonenzahl von $Z = 28$.

Das unpaarige Proton im ^{63}Cu und im ^{65}Cu befindet sich entsprechend der Voraussage des Schalenmodells in einem $p_{3/2}$-Zustand, und beide Isotope haben deshalb im Grundzustand den Spin $3/2-$.

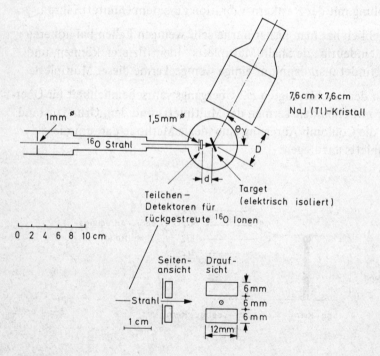

Figur 307:

Experimentelle Anordnung zur Beobachtung von „core"-Anregungsmultipletts nach Coulomb-Anregung mit schweren Ionen. Diese Figur ist der Arbeit von Elbek, Gove und Herskind, Mat.Fys.Medd.Dan.Vid. Selsk. 34, no 8 (1964), entnommen.

Elbek et al. verwendeten für ihre Experimente die beiden in Figur 307 und Figur 308 dargestellten Anordnungen. Die Experimente wurden am 36 MeV ^{16}O-Strahl des Kopenhagener Tandem-Beschleunigers durchgeführt.

In der ersten Anordnung wird die Target-Gamma-Strahlung in Koinzidenz mit den nach rückwärts gestreuten ^{16}O-Ionen beobachtet. Als Gamma-Detektor dient ein großer NaJ(Tl)-Detektor. Für den Nachweis der rückwärts gestreuten ^{16}O-Ionen werden zwei Halbleiter-Detektoren verwendet. Durch die Beobachtung der Koinzidenzen vermeidet man jeglichen Untergrund und erhält so sehr saubere Gamma-Spektren. Außerdem werden die Targetkerne bei einer Rückstreuung der ^{16}O-Ionen um 180° im angeregten Zustand sehr stark ausgerichtet, und man beobachtet eine kräftige Anisotropie der folgenden Gamma-Strahlung.

Elbek et al. untersuchten die Winkelverteilungen der verschiedenen Gamma-Strahlungen, um daraus Rückschlüsse auf Spins und Multipolordnungen zu ziehen.

Die zweite Anordnung wurde dazu benutzt, um absolute Wirkungsquerschnitte für die Coulomb-Anregung der einzelnen Niveaus zu messen. Die Intensität des ^{16}O-Strahls wurde durch die Messung des Target-Stroms bestimmt. Durch eine vorherige Ablenkung des ^{16}O-Strahls mit Hilfe eines Analysator-Magneten ist sichergestellt, daß sich alle ^{16}O-Ionen im 5+ Ladungszustand befinden.

Die Gamma-Spektren, die in der ersten Anordnung für ein ^{63}Cu- und ein ^{65}Cu-Target beobachtet wurden, sind in Figur 309 dargestellt. Die Spektren

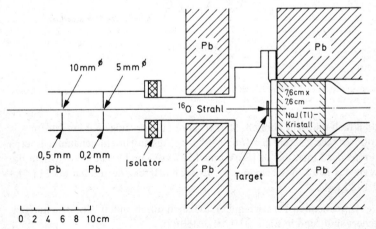

Figur 308:

Experimentelle Anordnung zur Messung des absoluten Wirkungsquerschnitts für die Anregung von Termen des „core"-Multipletts. Diese Figur ist der zitierten Arbeit von Elbek et al. entnommen.

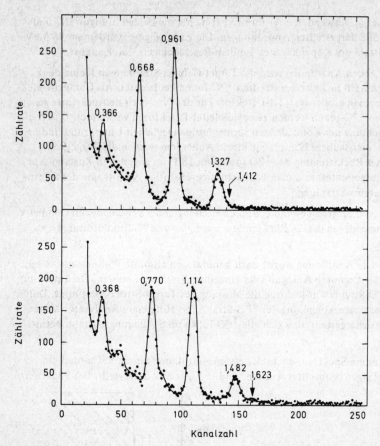

Figur 309:

Gamma-Spektren für ein ^{63}Cu und ein ^{65}Cu Target, beobachtet in der Anordnung von Figur 307. Diese Figur ist der zitierten Arbeit von Elbek et al. entnommen.

sind einfach und sehr ähnlich. Man erkennt einige wenige gut aufgelöste Fotolinien. Die Energie des 366 keV-Übergangs entspricht genau der Energiedifferenz der Linien bei 961 keV und 1327 keV, und genauso entspricht die Energie des 368 keV-Übergangs der Energiedifferenz der Linien bei 1114 keV und 1482 keV.

Die entsprechenden Termschemata, die auch durch andere Untersuchungen gesichert sind, sind in Figur 310 dargestellt.

Aus den gemessenen Winkelverteilungen konnten Elbek et al. eindeutig die Spins 5/2 und 7/2 festlegen. Der Spin 1/2 für den tiefsten Term ist ebenfalls mit den gemessenen Winkelverteilungen verträglich.

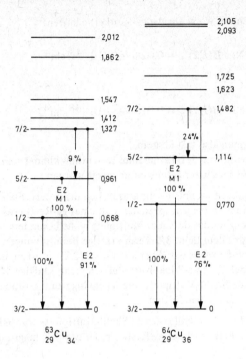

Figur 310:

Termschemata von ^{63}Cu und ^{64}Cu. Die angeregten Zustände mit den Spins 1/2, 5/2 und 7/2 werden als „core"-Anregungsmultiplett interpretiert.

Zum vollständigen de Shalit-Multiplett fehlt noch der 3/2-Term. Von anderen Autoren wurde vermutet, daß der 1862 keV Term des ^{63}Cu und der 1623 keV Term des ^{65}Cu die gesuchten 3/2-Terme sind. Diese Terme wurden jedoch von Elbek et al. nicht mit meßbarer Intensität angeregt.

Die Messungen der Coulomb-Anregungswirkungsquerschnitte ergaben folgende Ergebnisse:

1. Die $B(E2)$-Werte für die beobachteten Niveaus des ^{63}Cu und des ^{65}Cu sind untereinander, innerhalb der Meßfehlergrenzen von wenigen Prozent, gleich.

2. Für die absoluten $B(E2)$-Werte wurden bei den tiefsten Zuständen die Ergebnisse erzielt:

$$^{63}\text{Cu:}\quad B(E2) \downarrow = 0{,}021 \cdot e^2 \cdot 10^{-48}\ \text{cm}^4$$

und:

$$^{65}\text{Cu:}\quad B(E2) \downarrow = 0{,}015 \cdot e^2 \cdot 10^{-48}\ \text{cm}^4.$$

Die entsprechenden Werte für die gg-Restkerne lauten:

$$^{62}\text{Ni: } B(E2) \downarrow = 0,028 \cdot e^2 \cdot 10^{-48} \text{ cm}^4$$

und:

$$^{64}\text{Ni: } B(E2) \downarrow = 0,018 \cdot e^2 \cdot 10^{-48} \text{ cm}^4.$$

Die Werte stimmen also fast überein.

3. Der $B(E2)$-Wert für die 3/2-Terme muß wesentlich kleiner sein, da diese Terme nicht mit meßbarer Intensität angeregt wurden.

Elbek et al. haben ihre Ergebnisse sehr ausführlich diskutiert. Sie kommen zu dem Schluß, daß auch in diesem speziellen Fall eines gg-Restkerns mit einer magischen Protonenzahl das de Shalit-Multiplett nicht besonders rein sein kann. Es müssen vor allem beim 3/2-Term kräftige Beimischungen anderer Einzelteilchenzustände vorliegen. Aber auch der 5/2-Term ist nicht rein, denn die Analyse der Gamma-Winkelverteilungen ergab kräftige $M1$-Anteile, während für reine de Shalit-Multipletts die Übergänge zum Grundzustand reine Multipolarität $E2$ haben sollten.

Der reinste bisher bekannte Fall eines de Shalit-Multipletts wurde kürzlich im ^{209}Bi beobachtet. Hier ist der gg-Restkern der doppelt magische Kern ^{208}Pb.

Im Gegensatz zu den bisher diskutierten Fällen handelt es sich bei der Core-Anregung hier um eine Oktupol-Vibration.

Das unpaarige Proton des ^{209}Bi befindet sich im h 9/2 Zustand, und folglich hat der Grundzustand des ^{209}Bi den Spin 9/2$^-$. Die Kopplung an die Oktupol-vibration des gg-Rumpfes mit dem Spin 3$^-$ führt zu einem Septett mit den Spins:

$$3/2^+, 5/2^+, 7/2^+, 9/2^+, 11/2^+, 13/2^+ \text{ und } 15/2^+.$$

In der oben zitierten Arbeit von Hertel et al. gelang es, durch Coulomb-Anregung mit 18 MeV α-Strahlen und 70 MeV ^{16}O-Strahlen alle sieben Terme dieses de Shalit-Multipletts anzuregen. Das beobachtete Termschema ist in Figur 311 dargestellt. Die Terme zwischen 2493 keV und 2741,4 keV bilden das Multiplett. Für alle sieben Terme wurden die reduzierten $E3$-Übergangswahrscheinlichkeiten zum Grundzustand experimentell bestimmt, sie sind fast gleich und auch nur wenig verschieden vom $B(E3)$-Wert der Oktupolanregung des gg-Restkerns ^{208}Pb.

Kollektive Anregungen des gg-Restkerns muß es natürlich bei allen Kernen mit ungerader Massenzahl A geben. Es zeigt sich jedoch,

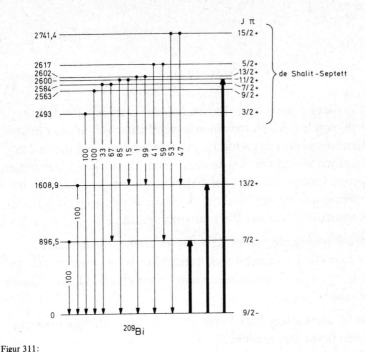

Figur 311:

Termschema des ^{209}Bi. Die obersten Niveaus mit der Spinfolge 3/2+, 9/2+, 7/2+, 11/2+, 13/2+, 5/2+ und 15/2+ werden als „core"-Anregungsseptett interpretiert. Diese Figur ist der Arbeit von Hertel, Fleming, Schiffer und Grove, Phys.Rev.Letters 23, 488 (1969), entnommen.

daß man in den allermeisten Fällen die de-Shalit-Multipletts nicht identifizieren kann, wenn nicht gerade eine oder beide Nukleonenzahlen des gg-Restkerns magisch sind. Die Kopplung des Einzelteilchens an den vibrierenden Restkern ist nur schwach, und man hat immer starke Beimischungen von Mehr-Teilchen-Konfigurationen. Es ist deshalb verständlich, warum die Termschemata der meisten sphärischen Atomkerne so kompliziert sind und warum ihre Analyse bis heute in sehr vielen Fällen noch nicht in befriedigender Weise gelungen ist.

NACHWORT

Es ist in diesem Buch versucht worden, aus einer repräsentativen Auswahl von Experimenten einen wesentlichen Teil unserer heutigen Kenntnisse über die Atomkerne, ihre Struktur und die in den Atomkernen wirksamen Kräfte abzuleiten. Die in dieser Darstellung gegebenen Interpretationen der Experimente beschränken sich im allgemeinen auf die Entwicklung eines phänomenologischen Bildes der Kernstruktur und der Wechselwirkungskräfte.

Für den Physiker, der in der Kernphysik eigene, theoretische oder experimentelle Untersuchungen durchführt, ist es heute jedoch unumgänglich, sich eingehender auch mit theoretischen Entwicklungen auseinanderzusetzen.

Einige für die Kernspektroskopie wichtige theoretische Entwicklungen seien besonders genannt:

1. Das Hartree-Fock-Variationsverfahren zur Auffindung selbstkonsistenter Wellenfunktionen. Das Hartree-Fock-Verfahren versucht, Wellenfunktionen aufzusuchen derart, daß die durch sie beschriebene Nukleonen-Dichteverteilung genau das Potential erzeugt, dessen stationäre Lösungen sie sind.
2. Die Anwendung des von Bardeen, Schrieffer und Cooper entwickelten Variationsverfahrens zur Berechnung des Grundzustands der Supraleiter auf die Atomkerne. Man nennt die Lösungen auch $| \text{BCS} \rangle$ -Wellenfunktionen.
3. Die Bogolyubow-Transformation, der Quasi-Teilchen-Formalismus und die Anwendung der zweiten Quantisierung auf die Kernphysik.
4. Die Tamm-Dancoff Methode zur Berechnung kollektiver Schwingungszustände sphärischer Kerne.
5. Die formalen Methoden zur Behandlung von Stoß-Prozessen wie die DWBA-Methode (distorted wave Born approximation) oder der Lippman-Schwinger Formalismus.

Natürlich enthält diese Liste keinerlei Anspruch auf Vollständigkeit.

Zum Studium dieser theoretischen Entwicklungen sind ausführliche Arbeiten verfügbar. Folgende Lehrbücher der Theorie der Atomkerne seien für ein weitergehendes Studium empfohlen:

Baumgärtner und Schuck: Kernmodelle, BI Hochschultaschenbücher,
Lane: Nuclear Theory (Pairing Force Correlation and Collective
Motion), Benjamin Inc., New York (1964),
Bohr and Mottelson: Nuclear Structure, Benjamin Inc., New York,
Amsterdam (Volume I, 1969),
Eisenberg and Greiner: Nuclear Theory, N.H.P.C., Amsterdam,
London (Volume I, 1970).

Es sei jedoch noch darauf hingewiesen, daß das Studium aller dieser Verfahren und Entwicklungen nicht einfach ist und erhebliche mathematische Kenntnisse erfordert.

Der Autor hofft, daß dieses Buch dazu beitragen möge, die bisherigen Ergebnisse eines faszinierenden Gebiets moderner Forschung einem breiten Interessentenkreis zugänglich zu machen.

Die folgende Darstellung gibt eine statistische Übersicht über die in diesem Buch (Teil I bis III) zitierten wissenschaftlichen Arbeiten und Bericht.

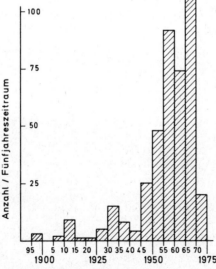

Figur 312:

Zeitliche Verteilung der zitierten wissenschaftlichen Arbeiten und Berichte.

Register